RANMEI JIZU ZHIHUI GONGRE
YU LINGHUO TIAOFENG

燃煤机组
智慧供热与灵活调峰

三河发电有限责任公司 组 编
王金星 袁 军 主 编

中国电力出版社
CHINA ELECTRIC POWER PRESS

内 容 提 要

根据“十四五”能源结构的政策导向中对原有燃煤机组的战略定位，同时综合考虑区域供热的持续增加对原有供热机组的热电比调整的技术挑战，本书从燃煤机组智慧供热及灵活调峰方面进行了系统阐述。本书分别从锅炉、汽轮机、储能、控制 4 个维度深度剖析了机组灵活性改造所涉及的关键技术：锅炉侧重点考虑低负荷稳燃方面：在汽轮机侧分别从供热改造方案对比、余热回收方式优化，以及供热优先原则的深度讨论，最后提出了动态煤耗的修正概念；在储能方面，以当下工程应用最为广泛的储热、飞轮储能以及蓄电池等为背景进行了技术基础设计；在控制方面，基于设备间的特征曲线及响应策略展开了系统分析，期望对燃煤机组供热改造发展提供参考。

本书适合从事燃煤机组供热及灵活调峰的相关人员阅读。

图书在版编目（CIP）数据

燃煤机组智慧供热与灵活调峰/三河发电有限责任公司组编；王金星，袁军主编. —北京：中国电力出版社，2023.1

ISBN 978-7-5198-7175-8

Ⅰ.①燃…　Ⅱ.①三…　②王…　③袁…　Ⅲ.①火力发电—发电机组—供热工程　Ⅳ.①TM621.3

中国版本图书馆 CIP 数据核字（2022）第 198407 号

出版发行：中国电力出版社
地　　址：北京市东城区北京站西街 19 号（邮政编码 100005）
网　　址：http://www.cepp.sgcc.com.cn
责任编辑：孙　芳（010-63412382）
责任校对：黄　蓓　郝军燕
装帧设计：赵姗姗
责任印制：吴　迪

印　　刷：三河市万龙印装有限公司
版　　次：2023 年 1 月第一版
印　　次：2023 年 1 月北京第一次印刷
开　　本：787 毫米×1092 毫米　16 开本
印　　张：12.25
字　　数：272 千字
印　　数：0001—1500 册
定　　价：88.00 元

《燃煤机组智慧供热与灵活调峰》编委会

主　编　王金星　袁　军

副主编　郭云龙　刘　喆　顾永正　高耀岿

编　委　闫卫东　张军峰　阎洪勇　魏书洲　王红武

刘　畅　徐宪龙　宋民航　邵建林　宋海文

赵晏博　王　翔　郭璞维　郝大伟　李金雨

李军烁　孙浩程　彰金宝　任学武　方　旭

杨树旺　李建山　杨双华　谢占军　刘更生

白　洁　姜　林　许宏鹏　庄乾伟　周　兴

白　凌　王东旭　钱江波　钟隆春　白国栋

王　淼　路学刚　张婧雯

前 言

“十四五”能源结构的政策导向改变了原有燃煤机组的战略定位。与此同时，区域供热的持续增加对原有供热机组的热电比调整提出了更高的挑战。在此背景下，本书从燃煤机组智慧供热与灵活调峰方面进行了系统阐述，分别从锅炉、汽轮机、储能、控制 4 个层面深度剖析了机组灵活性改造所涉及的关键技术，期望对燃煤机组供热改造发展提供参考。

本书由王金星博士统筹设计和组织编写，在三河发电有限责任公司袁军董事长的大力指导和协调下，以吸收式热泵、背压机、低压缸零出力供热改造项目为依托，同时汇编了已有的成果报告，对燃煤机组供热改造工作进行了详尽的对比编排。重点邀请了高耀岿博士、刘畅博士、王翔博士和宋民航博士等专家参与部分章节的内容指导，同时三河发电有限责任公司的数位专业技术人员及其他单位专家也参与了协作编排。

第一章：从燃煤机组灵活性改造的缘由开始，介绍了燃煤机组灵活改造的措施及特点，并针对供热机组对比了冷端余热回收供暖的方法。

第二章：以锅炉低负荷稳燃为研究对象，分析了锅炉深度调峰关键问题及研究现状，并对低负荷稳燃技术提出了展望。

第三～六章：从不同供热方案的灵活性、热泵余热回收及其变工况提效方法、供热运行策略优化等方面展开，并首次提出了动态煤耗修正理念。

第七、八章：以储热、飞轮储能以及热电转换等辅助机组调节装置为背景，对 350MW 抽凝供热机组的应用方案进行了实例对比，重点分析了储能参数的匹配性。

第九、十章：分别在低压缸零出力、储热罐及电锅炉等情景下进行了动态模型的构建，对其控制过程的基本原理展开了系统论述。

第十一章：对供热方案及灵活性研究进行了综合评论，并对后续的潜在应用方式做出了推测。

燃煤机组智慧供热与灵活调峰属于新兴技术领域，是一项覆盖面广泛的系统性工程，涉及的一些关键技术仍在研发攻关阶段，产业模式还有待进一步明晰，因此书中难免存在不妥之处，敬请读者见谅，并给予宝贵意见。

作　者

2022 年 7 月

目 录

前言

第一章 概述……1

第一节 燃煤机组改造之源……1

第二节 灵活改造措施及技术特点……2

第三节 冷端余能回收供暖方式及技术特点……6

第二章 灵活调峰过程中的稳燃技术及其应用……15

第一节 燃煤锅炉深度调峰关键问题……15

第二节 燃煤锅炉深度调峰研究现状及解决方案……17

第三节 燃煤锅炉深度调峰技术展望……24

第三章 供热改造方案下的灵活性研究……26

第一节 抽凝机组热力系统模型……26

第二节 约束条件及评价指标……29

第三节 热电负荷区域与标准煤耗……33

第四章 余热利用供热方案的灵活提效研究……40

第一节 余热利用热电联产系统简介……40

第二节 模型的构建与约束设定……43

第三节 热泵系统的提效方法……44

第四节 热泵系统变工况运行特性……48

第五节 余热利用热电联产系统变负荷运行特性……54

第五章 能量深度梯级利用的灵活性评价……56

第一节 背压机运行测试与建模……56

第二节 系统变工况运行策略……58

第三节 供热方案评价……63

第六章 智慧供热系统变工况煤耗分析……67

第一节 系统设计与运行参数……67

第二节 单体模型的构建与验证……69

第三节 动态偏移模型的构建……77

第七章　耦合储能型燃煤热电联产系统……80
第一节　耦合储热系统辅助调峰的参数设计……80
第二节　耦合飞轮储能系统辅助调频的参数设计……86
第三节　耦合热电转换系统辅助调峰的参数设计研究……93
第八章　耦合新能源电力下深度调峰性能……101
第一节　风电—抽凝耦合供暖系统……101
第二节　风—光—蓄电—燃煤互补系统……108
第三节　双储能燃煤互补系统……113
第九章　燃煤机组的热电耦合特性研究……119
第一节　热电联产机组的深度调峰问题……119
第二节　低压缸切除方案及特性……123
第三节　储热罐方案及特性……127
第四节　电锅炉方案及特性……132
第十章　燃煤机组深度热电解耦控制……135
第一节　抽汽供热基本原理及特性分析……135
第二节　吸收式热泵辅助供热模型……136
第三节　含两级旁路供热机组动态模型……147
第四节　储热罐辅助供热模型研究……160
第五节　热网系统计算模型研究……164
第六节　联合供热系统仿真模型……164
第七节　深度热电解耦控制系统……167
第十一章　结论与展望……176

参考文献……178

第一章

概　　述

近年来，温室气体的过量排放对全球气候造成了不可逆的影响，严重危害了人类的生产与生活。为应对气候变化，我国于2020年已提出“30·60”双碳目标，即二氧化碳排放量力争2030年前达到峰值，2060年前实现碳中和。这一目标的提出对未来我国能源经济结构与消费模式转型具有重要的指导意义。目前，我国的能源发电类型中火力发电占到了60%以上，2020年火电机组发电量为4917.7TW·h。由于火力发电的碳排放量过高，发电技术尤其是减碳技术的进步对实现我国“30·60”双碳目标具有重要意义。

第一节　燃煤机组改造之源

一、能源政策助推燃煤机组改造

2016年发布的《“十三五”控制温室气体排放工作方案》就已明确地指出要大力发展非化石能源，严格控制发电企业的二氧化碳排放量[1]，这已然标志着燃煤机组进行低碳排放的开端。2018年发布的《关于印发2018年各省（区、市）煤电超低排放和节能改造目标任务的通知》则明确了各省的节能改造指标。为了增加对新能源的消纳比例，2019年发布《关于建立健全可再生能源电力消纳保障机制的通知》。意味着大量可再生能源电力入网，需要燃煤机组进一步完成灵活性改造以解决可再生能源电力入网导致的电网调峰能力不足的问题[2]。而由2021年国务院印发的《2030年前碳达峰行动方案》和国家发展改革委印发的《全国煤炭机组改造升级方案》不难看出，能源行业在保障能源安全的前提下需要实施煤炭消费的替代和转型升级，而电力行业的煤炭消费占比最高[3]，要实现整个电力行业的“双碳”目标，必然要以牺牲燃煤机组发电量为代价。那么，如何在利润空间被压缩的情况下完成燃煤机组的低碳化改造，这对整个火电行业都是一个不小的挑战。燃煤机组改造政策动态[4-8]如图1-1所示。

二、新能源发电带来的新挑战

根据《中国能源发展报告2020》[9]，我国的新能源发电装机达到了9.8亿kW，占全国发电总装机的45%。但是新能源消费比重却只有15.9%。除了新能源发电自身“看天

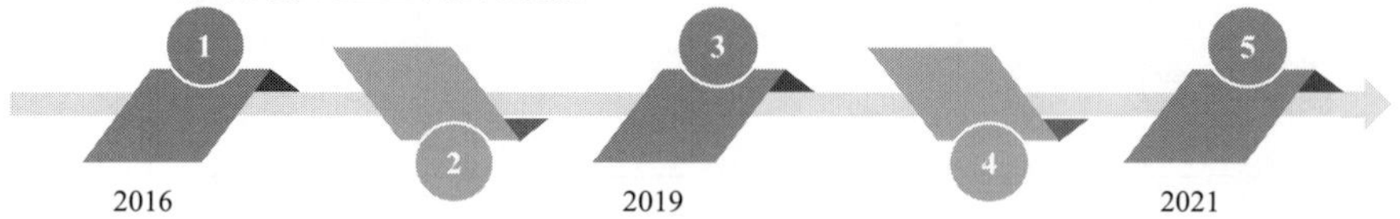

图 1-1　燃煤机组改造政策动态[4-8]

吃饭”的特点之外，大装机容量的新能源发电设施主要布置在西部地区，而将新能源电力通过电网送入用电需求高的东部地区则需要较高的输电成本。其次，由于新能源发电的随机性和波动性，全国各地的可再生能源发电设施都存在弃风弃光现象，2020 年全国弃风电量为 166.1 亿 kW·h，弃光电量为 18.3 亿 kW·h[9]。重要的是，可再生能源大规模并网在极端情况下会严重影响电网的稳定。例如，2021 年 2 月，由于美国得克萨斯州风光发电占比较高，在寒潮发生时，可再生能源无法有效发电而导致了大规模停电事故[10]；在 2019 年，英国地区由于雷击导致风电场连续跳机引发大面积停电事故，约 100 万人生活受到严重影响[11]；在 2021 年底，在我国东北地区，由于火电出力下降，而风电出力不足使得东北电网出现大面积发电缺口，从而导致了东北地区出现“拉闸限电”事故[12]。随着可再生能源电力的大规模并网，需要提高其一次调频能力以保障电网的安全、稳定运行，避免大规模停电事故再次发生。

三、节能环保要求日渐严格

燃煤发电是目前技术最成熟、布置较为灵活的发电形式。相对于新能源发电，燃煤发电受到地理位置制约较小，并可根据需求灵活改变容量[13]。然而“双碳”目标的其中一个实现路径是构建以新能源为主体的新型电力系统，推进现有能源消费模式的转变，燃煤发电更多是承担着削峰填谷的作用[14]，从基础电源转为负荷电源。根据《全国煤炭机组改造升级方案》，2025 年全国燃煤机组平均供电标准煤耗要求降至 300g/（kW·h），同时建立先进高效的脱硫、脱硝和除尘设施以满足超低排放的要求。如何提升火电清洁化、降低能耗与发电成本均是未来燃煤机组转型需要面临的挑战。

第二节　灵活改造措施及技术特点

现有提高燃煤热电联产系统灵活性的有效措施主要包括主、再热蒸汽辅助供热，低压缸零出力供热，增设热泵系统的余热回收，增设电锅炉和电热泵以及耦合储能系统。

一、主、再热蒸汽辅助供热

主、再热蒸汽辅助供热技术是指将主蒸汽以及再热蒸汽的冷、热端抽汽用于供热，在不改变原发电能力的条件下，扩大机组的供热能力。为了提高供热的灵活性，工程上最为简单的措施是采用汽轮机旁路补偿供热[15]。汽轮机旁路技术是利用汽轮机旁路系统经过减温减压直接供热，实现热电比的大范围调节。薛朝囡等[16]在对比分析典型汽轮机旁路供热改造方案技术特点的基础上，以东北地区某超临界 350MW 供热机组为研究对象，分析了汽轮机高、低压旁路联合供热方案对机组供热能力和电调峰能力的影响。郑立军等[17]以 300MW 纯凝机组为例，进行了不同抽汽口的选取，最终认为，变负荷工况运行时，再热冷段抽汽与减温减压器结合的供热方式为最优方案。薛智等[18]以 600MW 超临界纯凝机组的供热改造为例，提出了退出 1 号、2 号高压加热器，将原一、二段抽汽从再热冷段抽出以达到增大对外供热量。

二、低压缸零出力供热

随着区域热负荷的增加以及对燃煤机组电负荷降低的要求，燃煤机组需要进一步扩大热电比以满足新的热电负荷需求。低压缸零出力技术是指通过低压缸导气管蝶阀的开关控制实现低压缸“零出力”，或者将低压缸转子替换为光轴转子，并使汽轮机低压缸不进汽，低压缸转子仅起到扭矩传输作用。陈建国等[19]在 300MW 机组上对低压缸零出力进行了探讨，结果认为，在保证机组安全运行的前提下，低压缸零出力技术不但实现了热电解耦，而且进一步减少了汽轮机冷源损失，提高了机组运行的经济性。张猛等[20]以某 350MW 供热机组为研究对象，结果发现，在不改变额定供热抽汽的前提下，低压缸切除改造能使该机组负荷率降低至 45%以下。李树明等[21]以某 350MW 超临界热电联产机组为例，对储热技术，电锅炉技术，主、再热蒸汽辅助技术，低压转子改光轴技术，以及低压缸零出力技术进行了对比，结果表明，低压缸零出力供热是目前为止应对热电解耦成本最低的方案。

三、增设热泵系统的余热回收

燃煤热电联产系统具有更高的效率和降低排放的特点，其过热蒸汽依次经过汽轮机做功，同时一部分蒸汽抽取出来通过汽水换热器进行换热；另一部分蒸汽通过冷凝器冷凝，所冷凝的热量属于低品位的能量，通常低于 40℃，很难回收。通过吸收式热泵对该部分余热进行回收，势必能够增加热电联产系统的供热容量，系统的能量效率将得到提高。增设热泵系统进行余热回收，其原理[22]示意图如图 1-2 所示。

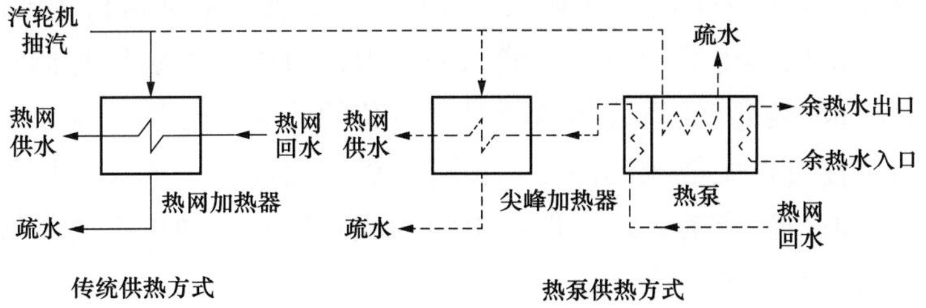

图 1-2　热泵系统余热回收原理示意图

相比于传统供热方式中汽轮机抽汽直接用于热网水加热，热泵供热方式是利用汽轮机抽汽作为热泵的驱动热源，通过回收余热水的热量用于热网水加热，由于受到热泵出口热网水温的限制，一般需要部分汽轮机抽汽经过尖峰加热器对热网水进行二次加热达到热用户要求。余热回收的研究主要在提高热泵能效系数（*COP*）、保证热泵安全运行以及回收多余热源等方面取得了显著成绩。Hanzhi Wang 等[23]研究了不同的热源温度和热源形式的影响，详细阐述了发生器和蒸发器温度对 *COP* 的影响，并实现了对运行参数的优化。当吸收式热泵应用于回收低品位余热时，如何解决温度提升能力和提高能效系数（*COP*）是一个相互关联的问题，Hu Tianle 等[24]提出了可变程吸收循环改进模式，使用了多个吸收器和冷凝器，通过逐渐改变温度梯度实现了热负荷匹配。溴化锂的结晶问题是吸收式热泵进行余热回收的重要约束，Sun Jian 等[25]认为，保证溴化锂浓溶液的浓度不超过 60%能够防止溴化锂结晶的危险。同时该团队[26]认为过大地提升温度差将增加溴化锂结晶的风险。为此，使用了结晶温度差这个评价参数，一般保证该参数不低于 20℃。此外，对于余热源来讲，并不局限于电厂循环水，也有学者在回收烟气余热方面进行了有益探索[27]。事实上，增设热泵系统进行余热回收不仅仅提高了系统的能量利用效率，还能够通过扩大热电比降低来自热负荷的约束。其原理在于，在相同的热负荷条件下，通过提高系统的供热能力大大降低了汽轮机的抽汽量，进而降低了热负荷对系统电负荷的影响。但需要注意的是，热负荷的波动性也将带来热泵系统性能的改变。Lizarte R 等[28]认为在设定条件下溴化锂制冷能达到一个较为理想的工况，但是在非设计条件下，控制条件需要再做调整以达到新的最优工况。为此，对热泵系统回收余热利用的变工况研究是后续燃煤热电联产系统性能优化的一个重要方面。

四、增设电锅炉和电热泵

电锅炉是将电能直接转化为热能，一般设定的功率为 30MW[29]。而电热泵是将电能作为驱动能量用于余热回收，这里的余热包括电厂循环水余热、空气源余热以及地热源余热等。无论是电锅炉还是电热泵，这种将电能转化为热能进行利用的方式，不仅明显提高了热电比，也大大降低了系统最小运行电负荷，为可再生能源发电上网提供了更大的空间。Zhao Shifei 等[30]以 300MW 燃煤热电联产机组为研究对象，将原有设计最低电负荷 70%降到 50%为设定场景，分别对锅炉供暖、电锅炉、电热泵以及储热供暖等灵活性改造措施进行了比较，以一天内的运行数据为基准，计算了灵活性改造方案所降低的煤耗量。Maria G.N 等[31]评价了电热泵和电锅炉两种装置所带来的经济收益，其中运行参数的影响也很大。两种装置通过提高系统的灵活性来增加消纳可再生能源电力的比例。事实上，对于充分挖掘系统消纳可再生能源的潜力，可将两类装置与储热相结合，在扩大热电比的同时，也能够降低系统热负荷对电负荷的约束。这样不仅通过扩大热电比提高了系统消纳间歇性可再生能源的能力，也可以通过提高系统的灵活性加大消纳可再生能源电力的比例。值得注意的是，一般蓄电池的成本较高，通过将能量转换为热能后进行储热可以降低储能的成本。

五、耦合储能系统

由于燃煤热电联产系统供热与发电间存在较高的耦合度，为此系统很难同时满足热电负荷的需求。近年来，储能成为满足热电供需匹配的有效措施之一，其原理示意如图 1-3 所示。其中储热是通过利用储热罐内的热量直接用于供热，而降低了供热季的供热峰值；在供热能力充足时再进行蓄热，用以满足后续的调节需求。当系统的电负荷无法进一步下调时，可以通过蓄电方法平衡系统电功率的需求，一般在研究中表现为蓄电调频。当可再生能源发电嵌入比例过高且热用户需求较大时，将会带来更大的热电比需求，这时带有储能的电热转化装置是调节热电比最有效的措施。

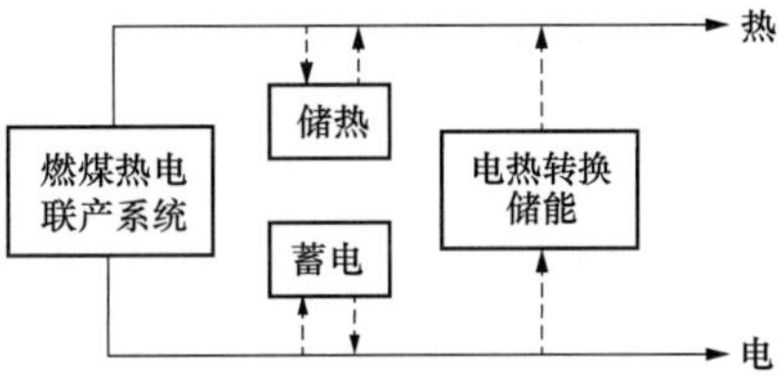

图 1-3 耦合储能系统原理示意图

目前，对耦合储能系统的研究更多的是在考虑可再生能源发电嵌入的基础上展开的。Abigail D.O 等[32]利用已有的特性曲线，分别对光伏和储能组件与居民热电联产系统相结合，进行了经济性的计算。结果发现，储能组件的增设能够更多地消纳光伏能量的嵌入比例。Kang Hu 等[33]在考虑可再生能源嵌入的基础上进行了相变储能的增设，结果表明，热储存提高了热电联产系统的调节能力。Juan P.J.N 等[34]计算了一年内以及一天内以小时为时间尺度的热负荷和电负荷，通过绘制热电负荷对应表，评估了系统灵活性的变化。在添加储热罐之后，通过绘制可再生能源、储热罐、热负荷等曲线的峰谷变化进行评估。Mohsen K 等[35]根据热电联产机组的调度预测，结合机组的安全约束，分别对储热和蓄电参数进行了优化。Zhang Ning 等[36]以我国北方为例，研究了电锅炉和储能装置对热电联产系统的改造，以 300MW 机组为研究对象，优化得到了耦合系统对风电进一步消纳的能力。此外，储能还能够在满足热电需求的条件下实现系统的经济性运行。Benjamin M.D 等[37]利用储热罐调节完成系统热负荷的要求，使系统维持在高效的负荷区域，通过缓解热负荷的要求，实现了系统的灵活性。总的来说，带有储热装置的热电联产系统能够具有高效性和灵活性。此外，对于扩大热电比的方式优选，主要还是依据机组热电负荷的需求特点。

表 1-1 总结了四种提高系统灵活性措施的优缺点。其中，主、再热蒸汽辅助供热技术的优势在于满足热负荷灵活调节的同时，并不影响机组电负荷调节，其缺点是受到锅炉和汽轮机安全的限制，供热能力调节有限，同时增加了供热煤耗；切除低压缸技术不仅减少了冷源损失，而且供热提升空间大，但其缺点为降低了机组的发电能力，在白天电负荷高时机组内供能不足，而且调峰深度取决于热负荷；增设电锅炉是消耗系统的部分电能同时增加了系统的供热能力，解决了热电负荷需求矛盾，机组深度调峰幅度大，但存在“高品位”电能“低用”的问题，运行成本较高，且占地面积大；耦合储热系统不需要改动主机，实现了对热负荷的“削峰填谷”，且运行成本低，但占地面积大，调峰幅度有限，白天蓄热影响高负荷运行，在电网高峰时段，不能进行抽汽蓄热。

表 1-1　　提高系统灵活性措施的优缺点[38, 39]

提高系统灵活性的措施	优　点	缺　点
主、再热蒸汽辅助供热技术	不影响正常机组负荷调整，可全年随时响应调度调峰信号；热负荷调节较灵活	需要与高压管路连接，再热蒸汽供热涉及锅炉、汽轮机安全，需厂家进行评估；主、再热蒸汽供热煤耗约为 40kg/GJ；受机组轴向推力、锅炉再热器冷却限制，供热能力有限

续表

提高系统灵活性的措施	优　点	缺　点
切除低压缸技术	投资较低；冷源损失减少；供热蒸汽量提升大，技术较为成熟；在热负荷一定时，不但减少了低压缸做功，也减少了高中压缸做功	牺牲机组发电能力，白天电负荷高时供能不足；调峰深度取决于热负荷
增设电锅炉	对本体系统改造小，技术成熟，调峰迅速；电负荷可降至“0”，机组深度调峰幅度大	初投资较高，实现70MW调峰能力造价约为2450万kW；占地面积较大；节能性差，供热煤耗一般大约为80kg/GJ，运行成本高，仅适用于峰谷差较大地区
耦合储热系统	储热技术相对成熟，不需要改动主机；运行成本低	储热初投资高，实现70MW调峰能力约4000万kW；占地面积大，调峰幅度有限；白天蓄热影响高负荷运行；在电网高峰时段，不能进行抽汽蓄热

第三节　冷端余能回收供暖方式及技术特点[40]

在热电联产系统中，利用冷端余能供热技术不仅可以提高系统的调峰能力，还能够提高系统的供热能力[41，42]。目前的冷端余能供热主要有高背压供热改造、热泵余热回收供热改造、低压缸“零出力”供热改造三种方式。

高背压供热改造更关注参数优化。然而，热泵余热回收供热改造对驱动源和余热源的应用较灵活，汪滔[43]针对4台350MW机组采用了吸收式热泵与压缩式热泵、气驱热泵与溴化锂吸收式热泵供暖改造方案进行了对比研究。KEIL[44]针对德国利用溴化锂吸收式热泵回收工业余热的3个实施案例进行了研究，结果发现热泵所吸收热量的40%～50%来源于环境而不是驱动热源。在热泵利用率较高的情况下，研究人员对热泵系统进行了优化设计，进一步提高了系统效率，该研究结果表示，今后将集中于地面耦合系统的供暖建设和制冷的节能供应。NYERS[45]利用模拟软件对压缩式水源热泵和化学热泵回收制药厂废热的经济性和环保性进行了仿真模拟比较，并评述了不同工况下热泵的各自特点。低压缸“零出力”供热改造是指将进入低压缸的蒸汽直接用于供热。例如，华能临河电厂300MW机组成功进行了低压缸“零出力”改造并在2017年供热末期进行了试运行，各项运行参数安全、稳定[19]。吕蒙[46]对某300MW机组进行了光轴供热改造并对其进行了研究。高背压供暖改造与其他余能供热方式相比具有投资少、适用范围广、系统简单等优点，热泵余热回收供热改造由于可针对其改造原理进行多方面创新优化，从而得到国际社会广泛关注，低压缸“零出力”供热改造目前主要应用于国内机组。

综上所述，余能供热改造方式均呈现出一定优势，但针对特定机组进行方案优选仍没有固定的标准。本节试图从系统改造特点、能耗、创新优化等方面对3种方式进行比较、评估与展望，希望可以对未来燃煤热电联产系统冷端余能供热改造的相关研究提供参考。

一、高背压供热改造

（一）原理介绍

高背压供热改造以空冷机组的高背压改造为主。其原理是通过提高机组的运行背压，从而提高汽轮机的排汽温度，直接用汽轮机排汽来加热热网回水进行供热。该方法可以有效利用汽轮机的排汽余热，避免冷源损失，从而提高机组的热效率，实现节能减排。同时，可以在不增加机组规模的前提下，增大机组的供热量和供热面积。目前，对高背压供热改造的方式并不统一，以文献[47]中某350MW空冷机组改造为例进行介绍，其高背压供热示意如图1-4所示。机组的循环水转换为热网水，吸收排汽中的余热后水温提升，此加热过程称为一次加热；加热后的水进入供热首站会再次吸收热量提升温度，此过程称为二次加热；由此产生的高温水进入换热站进行换热；冷却后进入凝汽器中加热，重复上述过程，构成循环供暖回路。上述流程可概括为新增凝汽器与热网形成新的循环，利用排汽中的余热加热热网水，被加热后的热网回水进入热网供暖，温度降低后进入凝汽器，从而构成供暖循环。值得注意的是高背压供暖改造后要选择合适的低压缸转子。同时对空冷机组而言，在供暖期进行高背压供暖改造时要切除空冷机组的空冷装置。湿冷机组改造原理与其大体相似，不同之处在于湿冷机组在改造时需要切除湿冷装置。

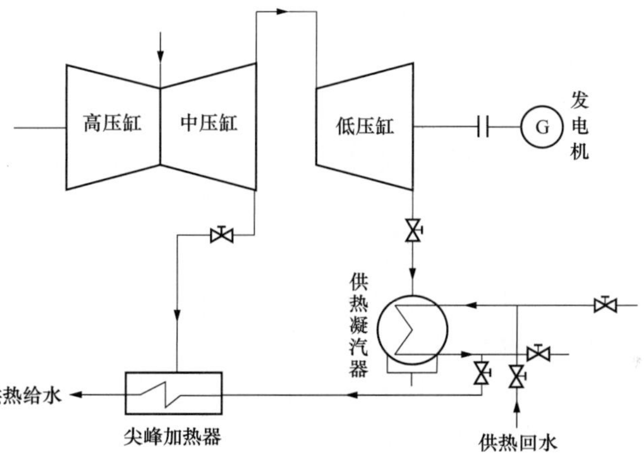

图1-4　高背压供热示意[47]

（二）研究状况

对于供热普遍存在着热负荷供不应求、机组供热能力受限等问题，采用高背压循环水供热改造可以达到改善热电厂周边环境、节能降耗、进一步挖掘热电联产机组余热利用的目的。高背压供热改造实例分析见表1-2。

表1-2　　**高背压供热改造实例分析**

机组及容量	改造方式	具有效益	参考文献
300MW高背压供热机组	利用旧转子改造用于高背压供热运行工况的低压转子主轴，末级及次末级拆除原动叶，并安装假叶根，拆除末级、次末级隔板，更换为导流环	供电煤耗由改造前289.48g/（kW·h）降低至151.04g/（kW·h），热电比由改造前的41.31%提高至183.74%	[48]
330MW空冷高背压供热机组	利用汽轮机排汽余热和机组的低压缸抽汽对热网循环水进行加热	热网循环水供热温度提高至68℃，年供热量增加	[49]

续表

机组及容量	改 造 方 式	具 有 效 益	参考文献
330MW 直接空冷机组高背压供热机组	采用循环水高背压改造方案，改变循环水流量、回水温度和机组排汽流量	采暖期间的平均电负荷为 250MW，平均供热量为 1.30TJ/h。机组平均供电煤耗下降量为 32.10g/（kW・h）	[50]
200MW 三缸三排汽凝汽式汽轮机组	通过连通管蝶阀控制中压缸排汽压力在合理范围内，保持双分流低压缸不动，将中压缸后单排汽低压缸末级隔板和动叶去掉，末级叶轮安装假叶根，用以保护轮槽。在凝汽器 A 与凝汽器 B 之间加隔断	机组供热期的煤耗由 366.50g/（kW・h）降为 321.64g/（kW・h）机组可以低负荷运行，更加灵活地参与电网的深度调峰	[51]
300MW 直接空冷机组	使用 EBSILON 软件进行建模，验证了模型的精确性，根据此热力模型对高背压供暖改造后的机组进行了性能分析	热电比可达 200%，有效地缓解了用热多、用电少的矛盾，同时提高了机组的调峰能力	[52]

通过高背压供热改造实例可知，最大限度地回收乏汽余热可提高供热能力，有效降低机组的平均供电煤耗量，具有较好的供热经济性。但需要对低压缸、凝汽器等设备进行改造，改造工作量较大，改造时需要更换转子，运行检修的工作量增大，维护成本较高。同时对热负荷要求高，需要以热定电。

（三）性能评估

选取不同高背压供热方式进行性能评估。王力[48]针对某 300MW 供热机组的汽轮机特性及其所在热电厂的供热背景，分析了高背压改造存在的关键技术问题，提出了汽轮机本体及主要辅机的改造方案，改造后的高背压循环水供热系统如图 1-5 所示。供热机组采用双转子互换的高背压供热改造项目的成功实施，以及投运后的安全稳定经济运行，证实了汽轮机高背压改造方案的可行性。改造后，机组在高背压带采暖抽汽工况下运行，汽轮机供热能力大幅增加，热经济性大幅提升，机组热耗水平大幅降低。不同供热工况下的机组供电煤耗最低可降至 151.04g/（kW・h）。机组冷源零损失，理论热耗率可达 3669.40kJ/（kW・h），实际热耗率最低可达 3739.88kJ/（kW・h），热电比高达 180%以上。

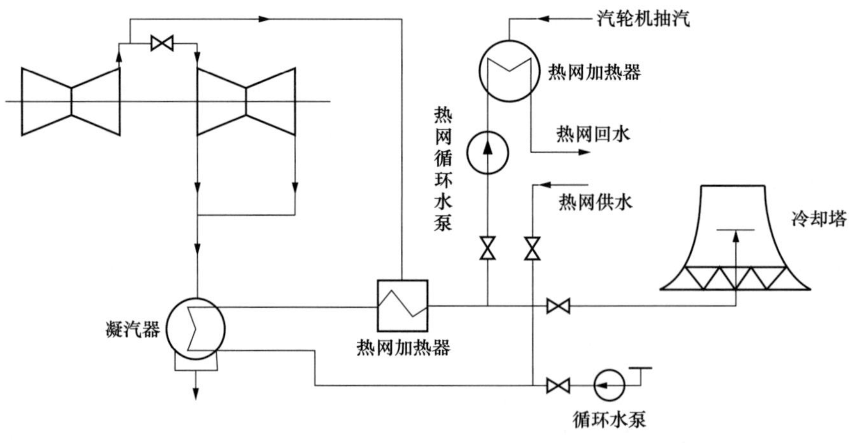

图 1-5 改造后的高背压循环水供热系统[48]

田松峰[49]对330MW空冷机组采用了高背压改造方案中低压缸抽汽方式进行改造，改造原理如图1-6所示。研究发现，利用汽轮机的排汽余热和机组的低压缸抽汽对热网循环水进行加热，由于进入空冷岛的蒸汽量减少，用于冷却排汽的空冷单元可以少用或停用，从而使厂用电率下降。改造后可实现年供热量增加1480TJ，增加水冷凝汽器后可降低机组的供电煤耗，一个供热季可节省约5.77万t标准煤。但改造最关键的是机组运行的安全问题，需要加强型水冷凝汽器并校核叶片强度，根据叶片进入颤振区的深度及时报警，防止叶片损坏，确定机组的最小循环流量和最高背压。

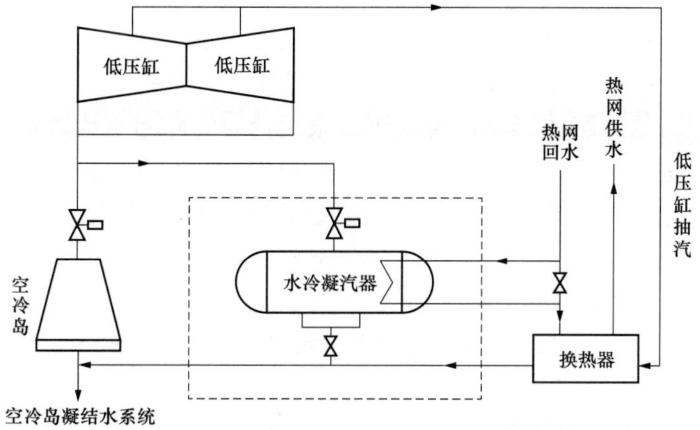

图1-6 330MW空冷机组改造原理[49]

弓学敏[52]针对300MW机组使EBSILON软件（一种商业的热力系统计算软件）进行建模，并验证了模型的精确性，空冷机组高背压供热系统如图1-7所示。根据热力模型对高背压供暖改造后的机组进行了性能分析。结果发现，机组背压一定时，随着抽气量的增加，机组的发电功率会有所降低，且随着机组背压的提高，机组的做功能力下降，发电功率也会降低；与此同时，随着回水温度的提高，机组的排汽利用比降低，发电功

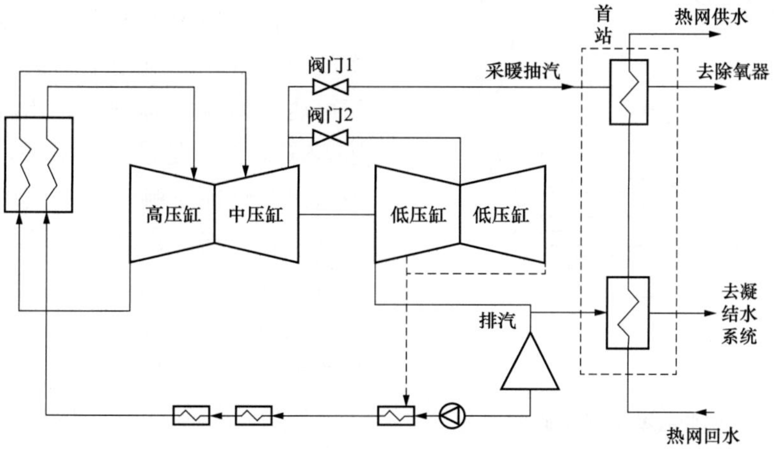

图1-7 空冷机组高背压供热系统[52]

率也有所降低，由此可见，高背压供暖改造适用于回水温度相对较低的地区。机组进行高背压供暖改造后，热电比可达 200%，有效缓解了用热多、用电少的矛盾，同时提高了机组的调峰能力；随着供热面积的上升，高背压机组的发电热效率逐渐上升，机组的发电标准煤耗率逐渐下降，故使用高背压供暖改造技术时，应尽量增大机组的供热面积。

通过以上改造方案分析可知高背压供暖改造主要需考虑工况、末级叶片的选择，热膨胀的影响，保温装置、保护定值及喷水减温装置的设置等问题。在选择工况时，要根据湿冷机组和空冷机组在采暖工况和非采暖工况下对应的背压范围进行选择，同时需考虑抽汽量、凝汽器进出口水温、排汽温度等因素，找到最优方案。在选择末级叶片时，需参照一些典型末级叶片的背压适用范围进行选择，同时要考虑鼓风与颤振的影响。为了应对热膨胀的影响，若低压缸采用径向间隙和落地轴承，需对叶顶径向汽封、隔板汽封进行加工；对于刚性连接、弹簧支撑的凝汽器需要选择合理的刚度以减少热膨胀对机组运行的影响。在装设保温装置时，保温材料要求使用温度为 120～150℃，导热系数小于或等于 376.726J/（m·h·℃），一般选用硅酸铝纤维毯或抹面涂层材料，保温装置中不可含有石棉。为应对排汽温度过高的情况，需设置保护定值并采用喷水减温装置。喷水减温装置可以采用凝结水或除盐水。相较于凝结水，除盐水的用量较低。

二、热泵余热回收供热改造

（一）原理介绍

热泵主要包括吸收式热泵和电驱动压缩式热泵 2 种。2 种热泵的原理大体相似[53]，都是使用驱动源驱动热泵，不同的是吸收式热泵在发生器内采用高参数的蒸汽作为驱动热源，将工质溶液进行分离，而电驱动压缩式热泵采用电能将工质溶液进行分离，一般用于制冷。

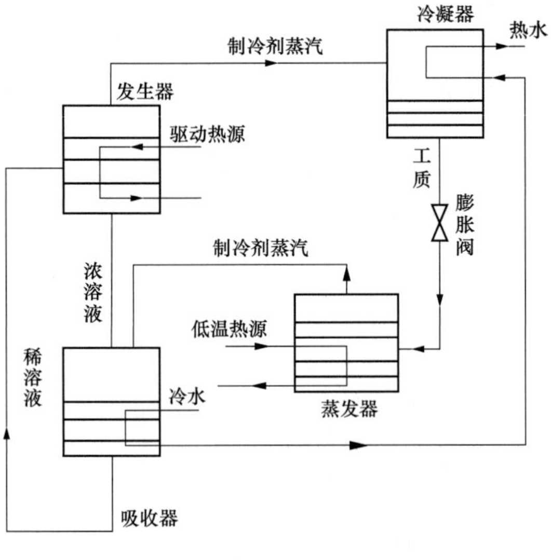

图 1-8　吸收式热泵供热原理

吸收式热泵的优点是运行成本较低。制冷工质溴化锂溶液无毒，且没有损耗，受系统负荷变化影响较小。机组容量大，最高可达 30MW。制热时出水温度较高，可达 85℃。缺点是设备较复杂，发生器内压力对热泵性能影响较大，使用过程中对环境要求较严格，占地面积较大。热负荷变化时，热泵水量无法保障，会出现抢水现象，而且空冷岛容易结冻。吸收式热泵供热原理如图 1-8 所示。

电驱动压缩式热泵以电能直接驱动压缩机做功，回收热电厂乏汽余热，原理如图 1-9 所示[54]。热电厂的乏汽余热经凝汽器先被循环冷却水带走，然后电驱动压缩式热泵从循环冷却水中吸收热量，再通过冷凝器放出热量二次加热热网回水。由于电驱动压缩式热泵对热网回水的升温有限，所以还需要尖峰加热器进行调峰。此外，电驱动压缩式热泵还可以通过利用风力发电所产生的电能，起到电力调峰的作用，WANG[55]研究发现，热电联产系统中，储热利用装置和电驱动压缩式热泵的引入都可增加对风电的消纳，同时电驱动压缩式热泵引入后余热回收利用的效果更好，利用现有的区域供热网络可以实现最佳的风电集成。

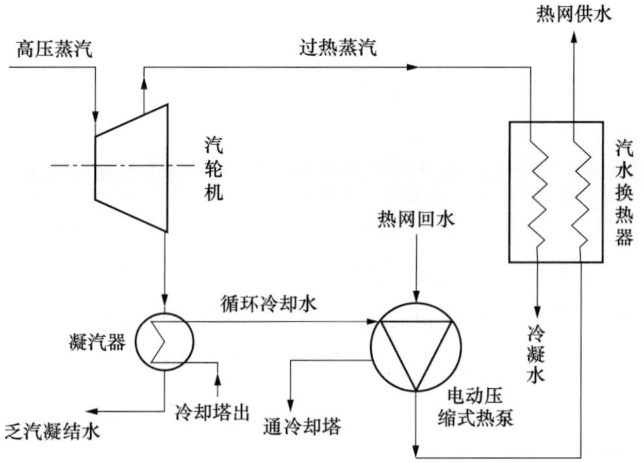

图 1-9　电驱动压缩式热泵回收热电厂乏汽余热供热原理[54]

（二）研究现状

吸收式热泵技术回收火力发电厂循环水余热资源，不仅解决了采暖热源问题，还可减少火力发电厂能源损失。热泵余热回收供热改造实例分析见表 1-3。

表 1-3　　热泵余热回收供热改造实例分析

热泵种类×数量	热泵容量（MW）	机组容量（MW）	供热功率（MW）	取得效益	参考文献
溴化锂吸收式热泵×8	24.887	774	199.096	煤耗下降了 16.49g/（kW·h），供热期盈余为 1107.41 万元	[56]
溴化锂吸收式热泵×2	46.600	300	159.856	供热能力增加 10.85%，增加 27MW 的电负荷调节能力	[57]
溴化锂吸收式热泵×4	32.500	300×2	121.952	回收乏汽余热 130MW，供热收入为 1819 万元。减少了大量 SO_2、CO_2、NO_x及灰渣烟尘的排放	[58]
溴化锂吸收式热泵×1	108.600	300×2	78.692	回收乏汽余热 217MW，静态投资为 23852 万元，投资回收期 5.61 年	[58]

通过以上研究表明，采用热泵余热回收供热改造，回收的热电厂乏汽余热可用于城市供热。在不增加电厂容量且煤耗和发电量都不变的情况下，扩大了热源的供热能力，提高了电厂的能源利用效率，同时减少了煤耗量，以及 SO_2、CO_2、NO_x和灰渣烟尘等污染物的排放，具有良好的经济效益和社会效益。

（三）性能评估

热泵余热回收改造不仅经济效益好，还能节约能源，减少污染。但吸收式热泵对气密性要求很高，漏入少量空气也会影响机组性能，并且机组受环境温度影响显著。溴化锂吸收式热泵，由于溴化锂单价较高，并且在机组制造过程中需要很大的填充量，造成初期投资较高。面对这种情况，可通过吸收循环和驱动热源 2 种方式进行改进。尽管单效溴化锂吸收式热泵在余热利用方面也只能加热温度为 80℃的热网水，高于 80℃的热网水多数是低效的。为了提高温升及热泵的热效率，市面上已出现双效循环、三效循环等吸收式热泵，可以获得更高的热效率。同时，可利用废汽、废热，地热及太阳能等可再生能源，以及少量高温能源作为驱动热源，提高吸收式热泵的热效率。

三、低压缸“零出力”供热改造

（一）改造原理

由于大量分布式可再生能源并入电网，以及受电厂自身热电耦合特性、低压缸冷却蒸汽流量设计限值、“以热定电”运行方式的影响，对于供热面积较大的情况，采暖中期机组负荷率必须在 60%以上才能保证参数正常。常规抽汽凝汽式供热机组灵活性差，很难适应电网深度调峰的需求。为缓解热电之间的矛盾，进一步提升机组灵活性，低压缸“零出力”供热改造既能提高供热能力，又降低了最小电负荷。低压缸“零出力”供热改造原理如图 1-10 所示[59]。

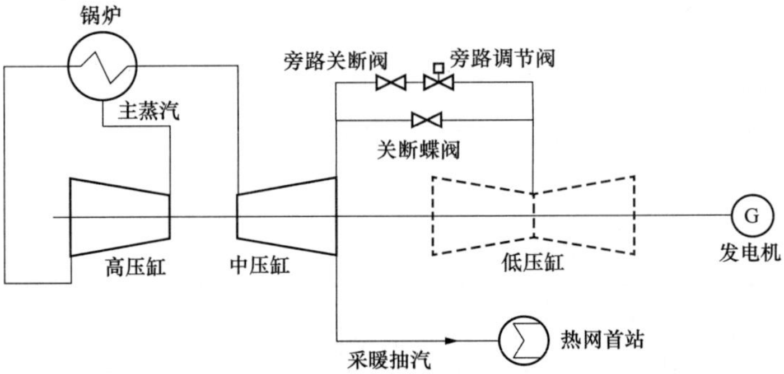

图 1-10　低压缸“零出力”供热改造原理[59]

低压缸“零出力”供热改造分为切除低压缸进汽和光轴供热改造 2 种方式。切除低压缸进汽原理是将中压缸和低压缸之间的连通管更换成新的连通管。这个新的连通管需要把原有通流孔或机械限位的供热蝶阀换成能够完全密封的蝶阀。同时需要新增一条旁路，并在旁路上增设旁路关断阀及旁路调节阀。这样做的目的是可以调控原管道的进汽，实现灵活调节[59]。光轴供热改造是在原抽汽供热机组的基础上进行，将中低压缸连通管拆除，低压转子改为光轴，从而解列低压转子运行做功，使中压缸排汽直供热网采暖。该方案主要是在保证低压缸最小流量正常运行的情况下，主蒸汽由高压主汽门、高压调节汽门进入高中压缸做功。中压排汽（低加回热抽汽切除）全部进入热网加热器供热。低压转子拆除，更换成一根光轴，连接高中压转子与发电机，起到传递扭矩的作用。供热期采用汽轮机的光轴转子运行，中压缸的排汽进入新增的热网加热器，通过热网循环水泵升压后的循环水换热后向外网供热。在非采暖期，汽轮机将光轴换为原有的低压缸转子，中压缸排汽进入低压缸做功，排汽参数恢复到正常水平，即汽轮机恢复原纯凝工况运行[46]。

（二）研究现状

低压缸“零出力”供热改造实例分析见表 1-4。以上分析表明低压缸“零出力”供热改造有效提高了供热能力，在不增大机组负荷的情况下增大抽汽能力，提高机组热负荷适应性，实现热电解耦，提高了电厂的深度调峰能力。

表 1-4　　低压缸“零出力”供热改造实例分析

机组及容量	改造方式	取 得 收 益	参考文献
200MW 供热机组	切除低压缸进汽	相同锅炉蒸发量的情况下，增加采暖抽汽量 140t/h，机组发电负荷下降约 25MW；相同供热能力的情况下，降低机组发电负荷约 58MW	[60]
300MW 供热机组	光轴供热改造	供热能力提高 429GJ/h。增加供热面积约 238.5 万 m^2，提高了电厂热效率，回收乏汽流量 155t/h	[61]
350MW 超临界热电联产机组	切除低压缸进汽	供热蒸汽量大幅度提升，在可调节范围内，采暖抽汽量每增加 100t/h，供热负荷增加约 70MW，电负荷调峰能力增加约 50MW	[21]
200MW 纯凝机组	低压转子光轴改造	节约煤炭资源，发电煤耗低至 268.50g/（kW·h），NO_x、CO_x、SO_x 排放量大大减少	[62]

（三）性能评估

综合以上多种低压缸“零出力”的方法，切除低压缸进汽可大量回收中压缸排汽余热；汽轮机本体基本不需要改造，运行维护费用低，投资少；供热经济性好；运行方式灵活。但仍处于试探性研究阶段，没有长期运行的经验。低压缸小容积流量运行时汽流在动叶根部和静叶出口顶部出现汽流脱离，形成倒涡流区。末级和次末级叶片在小容积流量下被长期冲刷导致水蚀，甚至造成叶片损害断裂，严重威胁机组安全运行。因此，在改造时应增加中压缸和低压缸排汽压力和温度测点，增加低压缸末级、次末级动叶出口温度测点。同时，还需对低压缸末级叶片进行振动实时检测。若出现鼓风工况，会引起低压缸过热、变形等危险发生，需要对低压缸进行喷水减温。当余热利用率较低时建议采用光轴改造方式。同时，低压缸“零出力”工况运行时偏离了原有设计工况，需要对与之相关的辅助热力系统进行改造。光轴改造与其不同，机组电负荷随热负荷的变化而变化，调节方式单一；需更换转子，维护成本高，对热负荷要求高，供热期机组发电功率低。此外，低压缸“零出力”由于其是热备用的工作模式，原有的低压缸仍需有一定流量的冷却蒸汽经过冷凝器被循环冷却水带走热量。

四、改造方案对比

本小节针对高背压供热、热泵供热以及低压缸“零出力”供热三种供热方式列举并分析了具体改造实例，对其改造原理和适应性进行了归纳和总结。冷端余能供热改造方案对比见表 1-5。

表 1-5　　冷端余能供热改造方案对比

改造方案	高背压供热改造	吸收式热泵余热回收	电驱动压缩式热泵余热回收	切除低压缸进汽	光轴供热改造
原理	供暖期更换为高背压的低压缸转子，利用汽轮机排汽对热网循环水进行一级加热	在发生器内采用高温蒸汽作为驱动热源对工质溶液进行分离	采用电能作为驱动热源对工质溶液进行分离	供热期切除低压缸进汽运行，低压缸不做功，中压缸排汽直接供热	用光轴代替原低压转子，切除低压缸，中压缸排汽直接供热
优点	最大限度地回收中压缸排汽余热，供热能力强，供热经济性好	运行成本较低，制冷工质溴化锂溶液无毒，且没有损耗，设备变化负荷不受影响，机组容量大，制热出水温度较高	结构简单，操作灵活，占地面积小，相对于吸收式热泵投资少，能效高	可以大量回收中压缸排汽余热量，汽轮机本体基本不需要改造，运行维护费用低，投资少，供热经济性好，运行方式灵活	可以大量回收中压缸排汽余热，供热能力强，改造工作量少，运维成本低，供热经济性好
缺点	改造工作量较大，改造需要更换转子，运行检修工作量大，维护成本较高，对热负荷要求高	设备比较复杂，发生器内压力对热泵性能影响较大，制热吸收较小，占地面积较大，在热负荷变化时，余热水源无法保障，会出现抢水问题，空冷岛容易结冻	运行成本高，制热温度较低，制冷工质多为有毒有机物，对环境产生破坏	没有长期运行经验，存在低压缸小容积流量运行工况，长期偏离设计工况，运行存在一定危险	机组电负荷随热负荷的变化而变化，调节方式单一；需更换转子，维护成本高，热负荷要求高，机组发电功率低
适用情况	热网回水温度较低的采暖地区适宜采用高背压供热改造方案；改造时，应使实际供热负荷接近最大供热负荷[63]	用于热电厂乏汽余热回收供暖；适用于冷却循环水温度高、抽汽压力大的情况[64]	适用于单个房间或数个房间，既能夏季制冷也能冬季供热，较适用于电能廉价的地区[65]	低压缸转子需要冷却的蒸汽量较大，余热利用率低于光轴改造，但机组改造成本远低于光轴改造成本[66]	同切除低压缸进汽改造一致，在参与电网深度调峰时，有效缓解供热问题。应根据具体经济效益进行选择[67]

光轴供热改造和高背压供热改造后每年供暖期前后需更换转子。高背压改造方案回收余热量最多，改造工作量最大，投资高，光轴供热改造回收余热量相对较少，改造工作量和投资也相对较小。低压缸切除进汽方案回收余热量最少，改造工作量和投资也最少。热泵余热回收改造中，经济效益好，节约能源，减少污染。但在使用过程中对环境要求十分严格，对于工质和驱动热源仍需继续研究，是一种具有前景的供热改造方案。供热机组改造方案的选择需考虑机组全年收益、投资及改造空间、方案自身特点、电厂电热负荷等因素，采用“一机一策”方式进行供热改造。

第二章

灵活调峰过程中的稳燃技术及其应用

由于我国电力供需仍呈现出总体富余、部分地区明显过剩的格局，在电力消费增速、减速换挡及煤电机组投产过多的情况下，煤电机组正为高速增长的清洁能源发电承担着深度调峰和备用电源的功能，使火电机组尤其是煤电机组在未来相当长一段时间内将持续低负荷运行。《关于提升电力系统调节能力的指导意见》明确提出“开展火电机组灵活性改造，提升电力系统调节能力”，以及“优先提升 30 万 kW 级煤电机组的深度调峰能力”。

本章在总结已有针对煤电机组燃烧侧的深度调峰技术及研究成果的基础上，从燃煤锅炉低（变）负荷过程中的燃烧稳定性、运行可靠性、环保性及经济性需求出发，总结了大型燃煤锅炉深度调峰所面临的关键问题，并分别从低（变）负荷运行下燃烧稳定性、环保性和经济性、主要辅机适应性和安全性及热电机组的热电解耦四个方面出发，对目前主要技术内容及进展进行分析总结。在此基础上，提出对燃煤锅炉深度调峰技术的研究及发展展望，为促进大型燃煤锅炉深度调峰提供一定理论支撑。

第一节　燃煤锅炉深度调峰关键问题

一、燃烧稳定性

燃煤锅炉的运行安全性是火力发电厂所关心的首要问题，而燃烧稳定性是运行安全性的重要体现。其中，煤粉燃烧器是决定着锅炉稳燃能力的关键核心设备。常用的煤粉燃烧方式包括直流燃烧及旋流燃烧两种[68, 69]，经过多年技术升级，在满负荷运行工况下能够维持良好的煤粉着火和稳定燃烧，但在低负荷和变负荷运行时，由于整体燃烧特性的改变，使低（变）负荷运行特性大幅偏离满负荷运行，从而引起着火推迟、燃烧不稳定、火焰检测信号弱、尾部烟道二次燃烧等一系列影响锅炉运行安全性的问题，严重时将造成锅炉熄火等重大事故。为了应对燃煤锅炉调峰过程中的燃烧不稳定问题，常采用投油助燃的辅助稳燃措施[70]，但从相关政策来看，投油助燃仅能作为特殊情况下避免锅炉熄火等非停事故的一项紧急手段，开展火电机组深度调峰仍然需要从燃烧设备方面着手[71]。以上问题严重影响着燃煤锅炉灵活调峰过程中的运行安全性及可靠性。

二、环保性及经济性

在低（变）负荷运行下，燃煤机组为了满足燃烧稳定性等需求，通常在较大煤粉燃烧化学当量比下运行，使 NO_x 排放浓度不降反升。加之，为了维持稳燃进行投油的方式也将产生煤油混烧条件下的 NO_x 和 SO_x 生成量增多等问题[72]。以上使机组灵活调峰过程中面临着更加严峻的污染物减排需求，需要开展全负荷脱硫脱硝的相关研究工作。同时，这部分与锅炉负荷不匹配的污染物排放量也将增加调峰过程中的经济成本。

此外，由于深度调峰下锅炉运行工况偏离设计工况较大，使锅炉系统运行效率远低于设计效率。并且，随着机组负荷率的下降，风机、水泵等辅机由于自身容量较大，低负荷下功率又不易调节，使机组供电煤耗率大幅度上升。测试表明，深度调峰将导致综合厂用电率及发电煤耗提高，这直接影响着机组的经济性运行。因此，在调峰机组低负荷运行时，还需要注重经济性分析。

三、主要辅机间的适应性

燃煤锅炉调峰过程中带来的主要辅机运行特性的改变，也是需要关注的重点问题。燃煤发电机组在低负荷下长时间运行时，各辅机设备（包括送风机、引风机、给水泵、磨煤机等）均偏离设计参数运行，将直接影响到辅机系统的运行状态和做功效率。如对风机而言，可能引发风机的抢风和失速，进而导致喘振、跳闸等一系列安全问题。因此，应基于各负荷段下的主要辅机运行特性，加强对设备运行状态的监测、分析和管理，提高辅机设备的可靠性，开展自身运行特性及辅机间运行协同性的系统研究，从而保证深度调峰运行下，包括磨煤机，三大风机，脱硝、脱硫、除尘设备，锅炉本体受热面，汽水系统等在内的锅炉本体及主要辅机设备的稳定运行，提高燃煤锅炉主要辅机间的适应性及安全性。

四、热电机组的热电解耦问题

在燃煤机组整体调峰能力本就不足的情况下，处于供暖季的热电机组无疑更是限制了燃煤机组的调峰能力。因此，需解耦其“以热定电”的约束，开展针对热电机组的热电解耦技术开发及示范应用，从而缓解热电机组深度调峰与供暖季供热之间的矛盾。在热电解耦技术中，核心是就近吸收供热产生的电负荷，或通过电加热、电能替代等方式将电能直接转化为热能或化学能储存起来，待需要时送出。目前代表性的技术有储热罐及热泵供热、储热电锅炉、汽轮机旁路补偿供热、切除低压缸供热等。然而，尽管以上热电解耦技术已在不同程度上应用于供热调节及灵活调峰上，但仍存在部分问题需要完善。主要体现在，已有的研究多集中于对热电解耦前后促进新能源消纳效果的对比分析，而对改造前后机组运行所带来的经济效益变化还有待进一步深入分析[73]。同时，采用不同类型技术对热电联产机组进行热电解耦所带来的电源侧灵活性提升规模，仍有待系统评估。基于以上问题，图 2-1 给出了燃煤锅炉深度调峰下的关键问题及对应的重点关注内容。下文将结合图中所述内容开展详细分析。

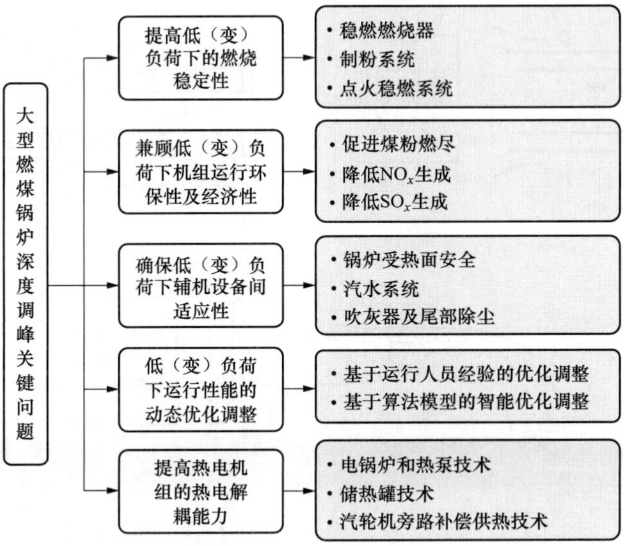

图 2-1　燃煤锅炉深度调峰下的关键问题及对应的重点关注内容

第二节　燃煤锅炉深度调峰研究现状及解决方案

一、燃煤锅炉的燃烧稳定性

（一）稳燃燃烧器

在挖掘煤粉燃烧器的低负荷稳燃性能方面，目前形成了几类主流的技术措施，包括强化煤粉高效浓缩及高温烟气回流[74]、优化燃烧器结构及运行参数[75]、构建各负荷段下接近的燃烧特性[76]，以及研究低（变）负荷下的煤粉燃烧机理[76]等方面。图 2-2 给出了几种典型电站锅炉旋流煤粉燃烧器的结构示意图。针对采用外层淡煤粉气流包裹中心浓煤粉气流的中心给粉旋流煤粉燃烧器［如图 2-2（a）所示］，在燃用难燃、低挥发分的煤种时，降低负荷将推迟煤粉气流的着火，但仍能在 40%负荷附近维持稳定燃烧，并伴随着较小的炉内负压波动[77]。在强化高温回流区促进稳燃方面，通过设置钝体及利用高速旋转气流可构建低压区卷吸高温烟气形成回流。具体可根据实际需求，构建单一高温回流区，或以上几种方式的多级组合回流区，用以强化高温烟气回流的稳燃效果。此外，针对煤粉燃烧器的运行参数优化也是一种常见的促进稳燃措施[76]。

以上研究工作从燃煤锅炉的源头开展燃烧器稳燃能力的提升，对提高燃煤锅炉灵活调峰能力具有先天优势。

（二）制粉系统

锅炉低负荷运行时对于制粉系统，尤其是煤粉细度及均匀性指数的要求更高，构建适应于不同负荷需求的煤粉细度及均匀性，有利于促进煤粉及时着火稳燃、降低飞灰可燃物含量、增强煤种适应性，从而增强机组的调峰能力。因此，需要根据锅炉不同负荷需求，通过对磨煤机及制粉系统的特性研究及优化改造，实现连续、均匀、有调节地供应质量合格的煤粉。

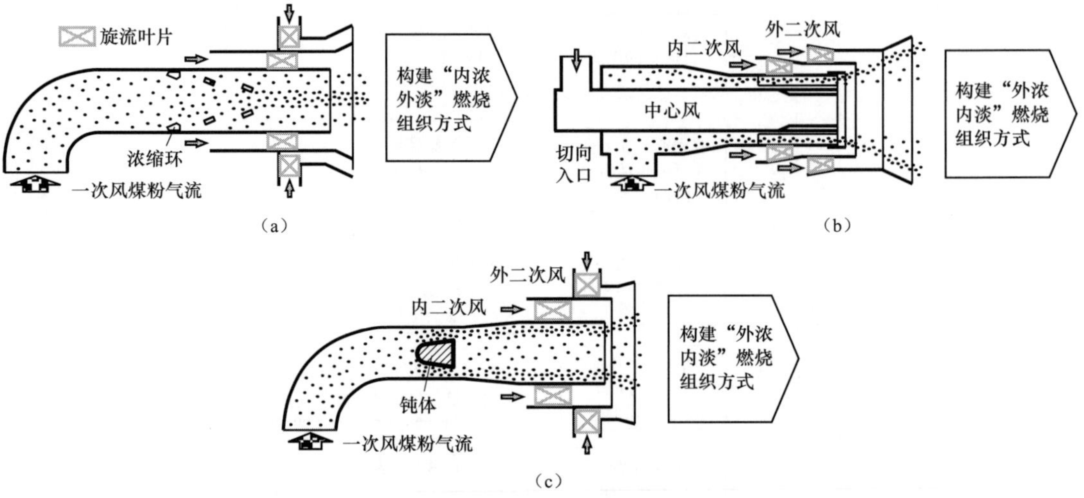

图 2-2　典型电站锅炉旋流煤粉燃烧器的结构示意图

（a）中心给粉旋流煤粉燃烧器；（b）LNASB 轴向旋流燃烧器；（c）强化点火双调风旋流燃烧器

在提高煤粉浓度、促进稳燃方面，通过对各根一次风管风速的调平及适当降低一次风速提高煤粉浓度，可以有效提高锅炉的低负荷稳燃能力[71]。但实际过程中，为了实现对煤粉的气力输送，决定了一次风速不能低于煤粉的临界输送速度，因此通过该种方式对煤粉浓度的提升幅度有限。通过调整动态分离器转速，可以对煤粉细度及均匀性进行有效调节，是促进低负荷下不同煤种及时着火稳燃的一项重要措施[78]。结合燃用烟煤的低负荷稳燃试验表明，通过增大动态分离器转速降低煤粉细度（R_{90}由 23%降至 10%），能够降低锅炉最低稳燃负荷至 30%[79]。通过增加 350MW 机组的磨煤机运行数量（2 台增加至 3 台），可以促进锅炉 30%负荷下的稳定运行，有效避免了由于燃烧不稳定造成的非停事故[80]。但无论是增加动态分离器转速还是增加磨煤机运行数量，都将使设备用电量增加，提高了机组低负荷运行能耗。

（三）点火稳燃系统

为了缓解常规投油稳燃所产生的高额费用问题，研究人员设计开发了等离子体点火稳燃[81]、小油枪微油助燃[82]及电加热稳燃等方式[83]。如图 2-3（a）所示，等离子体稳燃的主要特点是采用等离子体枪，通过高温电弧的瞬间放热，促进煤粉快速着火及稳燃，相对来说安全、环保，运行费用较低，缺点是初期投资费用较高、电极寿命较短且煤质适应性较差，常用于燃烧高挥发分烟煤的锅炉。如图 2-3（b）所示，微油稳燃是使用少量油率先点燃浓煤粉气流，而后通过自身的燃烧放热加热并点燃与其相邻的煤粉气流，如将小油枪穿过旋风筒煤粉浓缩器并伸入浓煤粉气流的中心，用以强化煤粉着火并引燃周围煤粉气流。该方法具有节油及煤种适应性强的优势，但长期运行中仍然会对尾部电除尘及脱硫设备产生一定的负面效果。如图 2-3（c）所示，中频电加热稳燃是利用中频电加热技术实现煤粉气流的快速升温着火[83]。目前，该技术已应用于实验室规模的直流煤粉燃烧器，实验结果表明可以在燃烧神华煤条件下实现 13.6%～100%宽负荷下的稳定燃烧，该技术有待进一步在实际锅炉进行应用验证[84]。

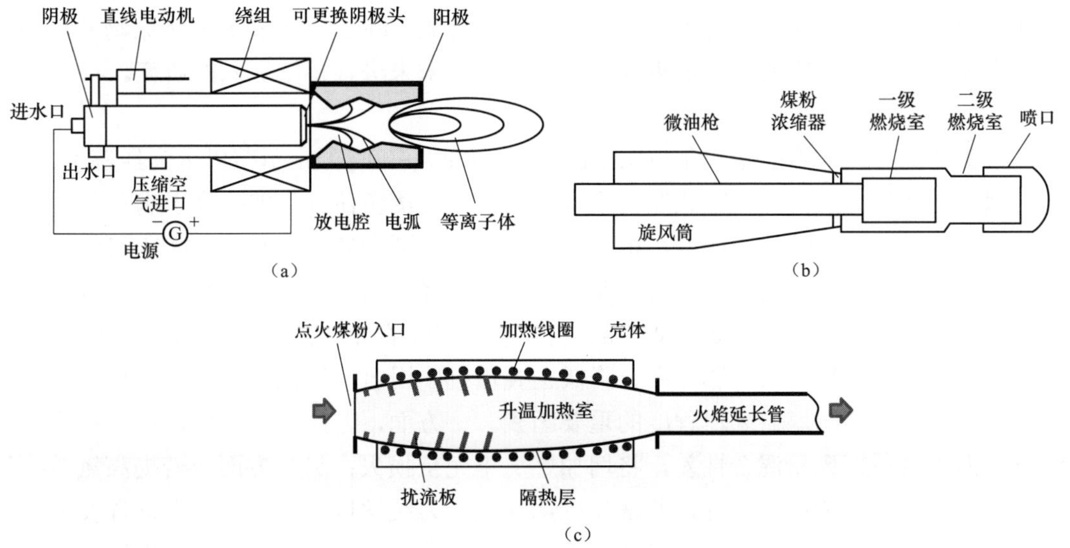

图 2-3　典型点火稳燃器类型

（a）等离子体点火稳燃枪；（b）微油助燃枪；（c）电加热点火稳燃枪

二、燃煤锅炉运行环保性及经济性

（一）降低污染物排放

当前，针对调峰过程中的污染物排放问题，主要聚焦于 NO_x 和 SO_x 减排方面。在锅炉低负荷运行下，由于风煤比增大，使锅炉运行氧量偏高，容易造成 NO_x 生成量偏高的问题[85]。通过对比前后墙对冲锅炉和四角切圆锅炉的运行结果得到，随着锅炉负荷的降低，过量空气系数增加，燃料型 NO_x 的增加量要远高于热力型 NO_x 的减少量，使 NO_x 生成量总体上与锅炉负荷变化趋势相反[86]。目前，聚焦于深度调峰对脱硫影响的研究报道较少。在常规低负荷运行情况下一般不采用投油稳燃措施，对脱硫的影响主要体现在由于过量空气系数增大，使 SO_3 生成量有所增加，将一定程度上加剧对尾部烟道的腐蚀效果。但在极低负荷运行时，深度调峰机组还需采取投油稳燃措施。研究表明未完全燃尽的燃油及其产物将与脱硫浆液产生一系列物化反应，严重时将导致脱硫浆液“中毒”，影响脱硫系统的正常运行并降低脱硫效率[87]。

污染物的减排路径可分为两方面，一方面为抑制炉内的生成，另一方面为生成后的尾部脱除。针对炉内抑制 NO_x 生成方面，常采用具有强稳燃能力的低氮燃烧器、优化炉内分级配风、烟气再循环等技术手段控制炉内的 NO_x 生成。在尾部脱硝方面，面临的主要问题是低负荷下选择性催化还原法（Selective Catalytic Reduction，SCR）入口烟温常低于催化剂的正常工作温度窗口（通常为 300～400℃），容易造成 SCR 反应器无法正常投入，影响 NO_x 的达标排放。为缓解这一问题，可结合对分级省煤器、省煤器烟气旁路、省煤器水旁路、热水再循环等进行改造以提高 SCR 入口烟温[88]。研究表明，通过采用锅炉启动技术和省煤器分级技术组合方案，可实现 600MW 亚临界机组的超低负荷脱硝[89]。此外，对喷氨管路进行优化布置也是降低 NO_x 排放的一项重要措施。在降低 SO_x 排放及缓解尾部脱硫设备负担方面，需要在低负荷运行下避免投油稳燃的运行方式，采用新型稳燃技术及优化尾部脱硫工艺来降低 SO_x 排放。除了 NO_x 和 SO_x 污染物外，颗粒物及重金属减排也是需要关注的重要方面，需要在未来进行持续深入的研究。

（二）提高机组运行经济性

一般情况下，采用中储式制粉系统的机组，80%～90%额定负荷以上为经济负荷区，此时锅炉效率最高，而配直吹式制粉系统的机组，经济负荷区可能略高于满负荷时[90]。随着负荷的降低，锅炉效率降低，机组运行经济性逐渐变差。以某 330MW 机组低负荷运行为例，由于偏离额定工况，会引起经济性的下降，当负荷降到 60%时，装置效率相对降低 1.3%，煤耗增加约 10g/（kW·h），并随着负荷的降低，运行煤耗将进一步增加[90]。因此，需要从包括提高煤粉燃尽率、降低主要辅机厂用电率等在内的多方面整体考虑。

炉内氧量是影响煤粉燃尽程度的重要因素。一方面，若燃烧氧量低，虽有利于着火稳燃，但燃烧后期风粉混合性差，将增加燃烧不完全损失；另一方面，若提高氧量，将使炉温降低，影响燃烧稳定性，并增加排烟损失。为缓解以上矛盾，在保证挥发分完全燃烧及煤粉气力输送的前提下，可适当减小一次风量（风压）及降低煤粉细度、深化炉内空气分级燃烧、提高燃烧器入口风粉温度等，从而提高煤粉燃尽率。针对某机组 65%最大连续蒸发量（Maximum Continuous Rating，MCR）运行下，减小一次风压由 10MPa 至 7.5MPa，能够降低飞灰可燃物含量至 2.7%，锅炉效率达到 87.71%[91]。在发电厂厂用电量方面，厂用电量约占机组容量的 5%，其中主要辅机设备消耗的电能约占厂用电的 70%～80%，因此，优化组合主要辅机运行方式，充分挖掘低负荷运行过程时辅机的节能潜力，是非常必要的[92]。具体可通过减少磨煤机投运台数、风机单侧运行、降低风机能耗、受热面定期吹灰等方面降低厂用电率[90]。其中，采用合理的轮换方式对受热面定期吹灰，不仅可以提高受热面吸热能力，还可以减少烟道阻力及风机电耗、降低尾部空气预热器堵灰可能性[91]。此外，采用汽轮机滑压运行[93]，降低机组调峰过程中污染物生成及相关处理费用，以及进行热电解耦[94]，也是提高机组运行经济性的重要措施。

三、燃煤锅炉主要辅机协同配合

（一）锅炉受热面

在燃煤锅炉深度调峰运行时，负荷的变化将加剧壁温波动，加上给水流量偏低，使锅炉单根水冷壁管进水均匀性下降及分配不均，容易造成局部过热现象，增加了水冷壁爆管的可能性。同时，由于产汽量小，也将出现工质偏差增大的问题，易产生氧化皮并加速材料老化。为缓解该问题，可通过壁温核算、增加壁温测点、优化报警值、升级受热面等措施，更加有效地监控水冷壁超温点，并有针对性地进行燃烧区域调整和受热面吹灰，从而增强受热面运行安全。

（二）汽水系统

在快速升降负荷过程中，由于压力的大幅变化，将使汽包工质汽化现象加剧，水位波动幅度增加，难以控制。通过对汽包内汽水工质循环过程的简化分析，建立汽包水位动态模型，采用该模型计算得到燃料量与汽包压力变化是引起汽包“虚假水位”、波动剧烈的主要原因，并且在超低负荷下该问题更为严重[95]。经过研究发现，可以通过给水控制系统调节给水量，使其适应不同负荷下的蒸发量变化，维持汽包水位在合理的范围内，保证安全运行。针对水循环安全，基于 350MW 机组亚临界自然循环锅炉建立的水冷壁流量和壁温计算模型，可以计算得到深度调峰工况的水动力结果，结果表明，深度调峰 25%热耗率验收工况（Turbine Heat Acceptance，THA）负荷下的循环倍率均大于界限循环倍率，可以满足锅炉安全运行，且流量和循环流速较为合理，四面墙各墙回路流量分配均匀，金属温度能够满足材料强度和抗氧化要求，但应确保炉内燃烧稳定、火焰充满度好且热负荷分布均匀，以避免个别受热较弱的上升管发生停滞爆管[96]。

（三）吹灰器及尾部除尘

基于低（变）负荷下的受热面及主要辅机积灰形成机制，并结合实际燃煤锅炉运行情况，评估制定锅炉各负荷段下的吹灰策略，包括吹灰频率、压力、吹灰器布置位置等工作运行参数。通过监控烟温、壁温、汽温、负压等锅炉运行参数，以及优化吹灰器布置及数量，确保吹灰可靠性及有效性，最大限度上降低吹灰扰动和风险，避免塌灰等问题。

燃煤机组尾部除尘技术主要有低低温静电除尘技术、湿式电除尘技术、电袋负荷除尘技术等，其中，低低温静电除尘技术将受深度调峰过程的影响较大，这是由于深度调峰时的烟气温度降低，使烟气中飞灰比电阻降低，有利于捕捉飞灰颗粒及提高除尘效率，但负荷的降低使得低温省煤器出口温度更低，酸性腐蚀性气体物质易黏结于除尘设备上，影响设备正常运行[97]。因此，需要根据实际运行需求，开展除尘设备选型及优化改造。

四、燃煤锅炉运行性能优化调整

（一）基于运行人员经验的优化调整

针对燃煤锅炉调峰性能进行优化调整是电厂运行人员采用的常规措施[98]。具体是通过机组运行数据分析、现场实验测试等方式，结合设备改造、参数优化等技术升级，对机组性能进行优化提升，挖掘机组的调峰能力[99]。表 2-1 给出了几类常用的燃煤锅炉优化调整常用措施。

表 2-1　　燃煤锅炉优化调整常用措施

类型	项　　目
燃料方面	（1）掺烧多煤种。 （2）掺烧天然气等
制粉系统	（1）降低煤粉细度及提高煤粉均匀性。 （2）优化一次风速及风温。 （3）一次风调平及优化磨煤机运行
煤粉燃烧器	（1）优化燃烧器配风特性。 （2）优化燃烧器运行数量及位置
炉内配风	（1）优化炉膛配风位置及风量。 （2）优化气流入射角度
其他	优化炉内高温区分布、控制减温水量、优化出口烟温、辅机启停优化、煤水比调节等

对于采用燃烧器对冲布置的锅炉而言，低负荷运行下容易出现炉内火焰不对称分布现象，造成炉膛出口烟温偏差及热负荷分布不均等问题，通过优化燃烧器运行位置及数量，可有效缓解该问题[100]。针对应用某种旋流煤粉燃烧器锅炉的研究表明，增大旋流叶片角度能够强化回流区卷吸高温烟气的效果，使燃烧器出口区域温度达到1200℃以上，火焰检测信号稳定，炉内负压波动降低（±100Pa内），有利于提升机组的低负荷稳燃性能[101]。在挖掘机组调峰性能方面，结合减小一次风速、增大旋流强度、提高二次风速及降低煤粉细度，能够实现30%负荷下的稳定燃烧[102]。此外，燃煤掺烧比例优化、制粉系统优化、炉内氧量调整、磨煤机运行方式调整、尾部烟气挡板开度调整、辅机启停优化、煤水比调节也是优化机组深度调峰运行的常见措施[103]。以上调整中的一个重要核心内容是对风煤比的调节，适当的风煤比，不仅可以促进煤粉燃尽提高锅炉效率，还可以降低 NO_x 生成，以及根据负荷情况，调整炉内火焰中心位置、着火点远近等。

以上所述的优化调整，其弊端主要体现在两方面，一方面因受限于实际锅炉的巨大空间尺寸，只能进行宏观调节；另一方面该类优化严重依赖于运行人员的经验，为了避免非停事故发生，常采用较保守的优化调整策略，产生运行能耗增加等问题。

（二）基于算法模型的智能优化调整

随着信息技术的飞速发展，燃煤锅炉逐渐走向数字化和智能化，成为火电机组灵活调峰发展的一个重要趋势。张振宇等[104]针对一台330MW机组，综合开展现场设备治理、优化负荷指令前馈函数和最小流量再循环阀控制逻辑，对机组自动发电控制（Automatic Generation Control，AGC）及协调控制系统进行分析优化，在不投油助燃情况下，实现了30%额定负荷的深度调峰，并能够适应负荷的频繁、快速、深度调整需求。鲍铁军等[105]在机组燃烧优化与机炉协调控制方面，采用先进控制技术建立数学模型，对440t/h的循环流化床（Circulating Fluidized Bed，CFB）锅炉进行燃烧参数优化，实现了深度调峰时的协同控制系统（Coordination Control System，CCS）控制，使锅炉煤耗降低1%，同时减轻了运行人员劳动强度。王立等[106]通过在控制器中加入入口烟温低于300℃时闭锁减锅炉负荷的逻辑，并结合脱硝系统入口 NO_x 排放浓度调节，用于实现最优负荷运行。

图2-4给出了一种根据核函数及寻优得到的模型参数结果建立的 NO_x 排放量预测模型，能够对低（变）负荷运行下的 NO_x 排放浓度进行预测，从而有针对性地进行优化调控[107]。目前基于算法模型的智能优化，往往多基于数据和算法模型，能够一定程度上预测并指导机组运行，但由于缺乏炉内多相流动、燃烧及传热机理的理论模型支撑，实际应用过程中存在预测精度不足的问题，而基于机理模型的智能优化将有助于提高优化调控精度及可靠性。因此，应以相关机理模型为基础，耦合人工智能优化方法来指导机组的调峰运行，从而提高智能优化的准确度。目前，基于机理模型的智能优化已成为能源及控制交叉领域的研究热点，但相关研究及报道较少[108]，有待后续的持续深入研究。

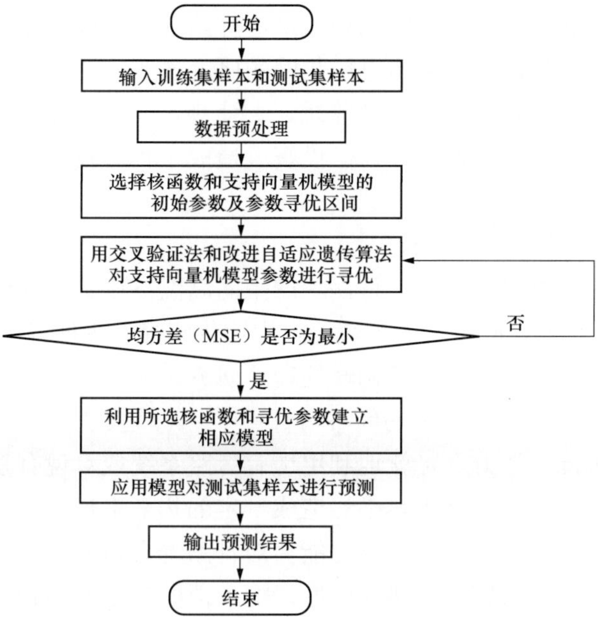

图 2-4　参数优化和模型建立流程图

五、热电联产机组的热电解耦

（一）储热罐技术

储热罐技术是利用水或者熔盐的显热将热量存储到储热罐内。对于供热量大的热电机组，可考虑安装大型储热装置，当热电机组降低出力时，输出热量补齐热力缺额；当热电机组增加出力时，储存富裕热量，实现“热电解耦”运行。图 2-5 给出了一种典型储热罐进行调峰的布置工艺。在该技术中，储热的供热功率、储热的热容量、机组供热能力与热负荷的比值是影响其调峰幅度的重要因素[109]。目前，储热罐技术已在国内外一些企业得到了成功应用，如丹麦的 Fyn 电站，配置的热水箱可存储 13500GJ 的热能，占电站满负荷供热功率的 70%以上。

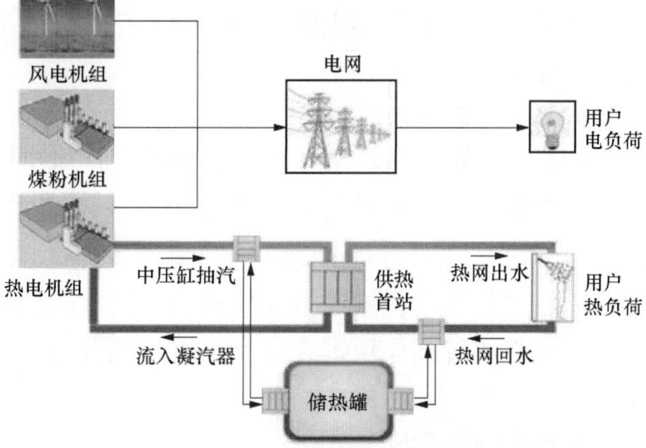

图 2-5　采用储热罐进行调峰的布置工艺图

此外，也可以将储热罐技术与电锅炉技术进行结合，形成储热电锅炉，使设备更加集成化，拓宽其应用场景。针对某热电厂热网的研究表明，通过经济性分析和储热电锅炉装机容量优化，可以满足采暖期供热需求，并实现经济收益最大化[110]。目前，储热罐及储热电锅炉技术的热经济性较好，但投资改造成本相对较高，占地面积也较大，是限制其大范围推广的主要因素。

（二）汽轮机旁路补偿供热技术

旁路供热技术是在机组调峰时，将锅炉产生的高温高压蒸汽经由旁路系统减温减压后直接向用户供热，也就是减少输入到汽轮机中的供汽量以降低发电功率，接纳新能源。针对热电机组通过旁路运行进行灵活调峰的理论研究表明，对于大型机组而言，采用旁路供暖运行方式接纳风电具有一定的经济可行性[111]。就投资成本而言，热电机组一般安装有旁路系统，因此，该方案可就地利用现有旁路系统或对现有系统进行改造，整体成本低。不足之处在于使用旁路供热必然造成一定的热效率损失，包括减温减压热损失等，同时，频繁使用旁路补偿供热，也可能会对管路寿命造成影响。此外，同类型的切除低压缸供热技术能够实现较好的热经济性，但目前的应用业绩较少，安全性还有待进一步验证。

第三节　燃煤锅炉深度调峰技术展望

一、持续挖掘燃煤锅炉深度调峰潜能

目前，针对燃煤锅炉的深度调峰需求，在低负荷稳燃、机组运行效率提升、污染物减排及安全稳定运行等方面，均取得了较为丰富的研究成果及运行经验，但尚存在较大提升空间，仍需进一步挖掘燃煤机组在最低稳燃负荷、快速启停、提高变负荷速率及降低 NO_x 排放等方面的潜力。

对于今后的研究重点，燃烧系统、辅机设备[78]、运行系统[112]、耐高温腐蚀的优质材料仍然是需要持续关注的核心内容，并同时结合精细化优化控制技术，提升机组的调峰能力。此外，除了聚焦于燃煤锅炉自身外，可积极探索燃煤锅炉与其他类型技术间的耦合效果，如结合固体燃料气化技术与燃煤锅炉提升低负荷稳燃能力、热电解耦技术促进电力调峰、储热技术进行能源消纳等。

二、深化机组智能调峰及电力调度

在确保电力系统安全稳定的前提下，基于算法预测模型，对燃煤机组的调峰过程进行演算和预测，是深化燃煤机组智能调峰的一项重要研发形式[113]。同时，需要以节能环保低碳为目标，制定科学可行的电力系统调度原则和具体措施，确定各类机组的发电优先序位、机组调峰及轮停序位等。在推进节能低碳电力调度的同时，加强对新能源发电功率的预测，发挥电网联络线调剂作用，在提高可再生能源消纳的同时，减少能源、资源消耗及污染物排放。

三、建立健全国家及地方政策激励

由于燃煤锅炉深度调峰的整体经济效益并不恒定，呈波动性变化，因此，合理的燃

煤机组调峰价格与补偿机制是推动燃煤锅炉灵活调峰的重要基础[114]。为了激励燃煤机组积极参与调峰，提升系统调峰能力，需要在燃煤机组分段调峰成本模型和市场参考定价模型的基础上，国家及各地区不断建立健全灵活调峰下的污染物排放政策、调峰辅助补偿机制，优化推广发电侧和用户侧峰谷电价方案，整合系统运行、市场交易和用户数据，提高负荷侧大数据分析及响应能力，引导用户错峰用电。

第三章

供热改造方案下的灵活性研究

低负荷运行[115]被认为是提高燃煤机组灵活性的有效措施之一。然而在北方供暖季节燃煤热电联产系统由于其具有“以热定电”和“以热限电”的特点而大大降低了燃煤机组参与电网灵活调峰的能力。因此，针对我国清洁集中供暖的需求，本章研究了350MW燃煤凝汽机组改造为热电联产机组典型技术方案，通过Ebsilon商业软件构建热力系统模型，根据中压缸排汽抽汽（简称直接抽汽）、电锅炉与抽汽联合、电热泵、电热泵与抽汽联合、吸收式热泵供热以及切除低压缸供热等运行方式，分别从热电负荷区域和平均标准煤耗率两个方面进行了对比，并对特定供热负荷下的灵活调峰能力和标准煤耗进行分析，以获得燃煤热电联产系统不同供热方式下的灵活运行特性[116]。

第一节　抽凝机组热力系统模型

本节以某350MW中压缸抽汽供热的燃煤凝汽机组为研究对象，不同负荷下设计参数见表3-1，供热方案示意图如图3-1所示。中压缸抽汽供热方式满负荷在不同抽汽工况下的设计参数见表3-2。该四组工况下低压缸的蒸汽进汽量在纯凝机组30%～100%额定电负荷工况范围内，用于验证模型。

表3-1　　纯凝机组不同负荷下设计参数

参　　数	100%电负荷	75%电负荷	50%电负荷	40%电负荷	30%电负荷	105%电负荷
发电功率（MW）	350	263	175	140	105	371
主蒸汽压力（MPa）	16.67	16.00	12.85	12.85	12.85	16.67
主蒸汽温度（℃）	538	538	538	538	538	538
主蒸汽流量（t/h）	1052	777	516	419	322	1136
再热蒸汽压力（MPa）	3.91	2.74	1.86	1.52	1.18	3.93
再热蒸汽温度（℃）	538	538	538	538	530	538
再热蒸汽流量（t/h）	851	639	433	355	275	915
中压缸排汽温度（℃）	316	323	327	325	325	317

续表

参　　数	100%电负荷	75%电负荷	50%电负荷	40%电负荷	30%电负荷	105%电负荷
中压缸排汽压力（MPa）	0.84	0.64	0.44	0.36	0.28	0.90
低压缸入口流量（t/h）	747	569	392	322	253	800
给水泵汽轮机入口蒸汽流量（t/h）	38	29	19	17	12	42

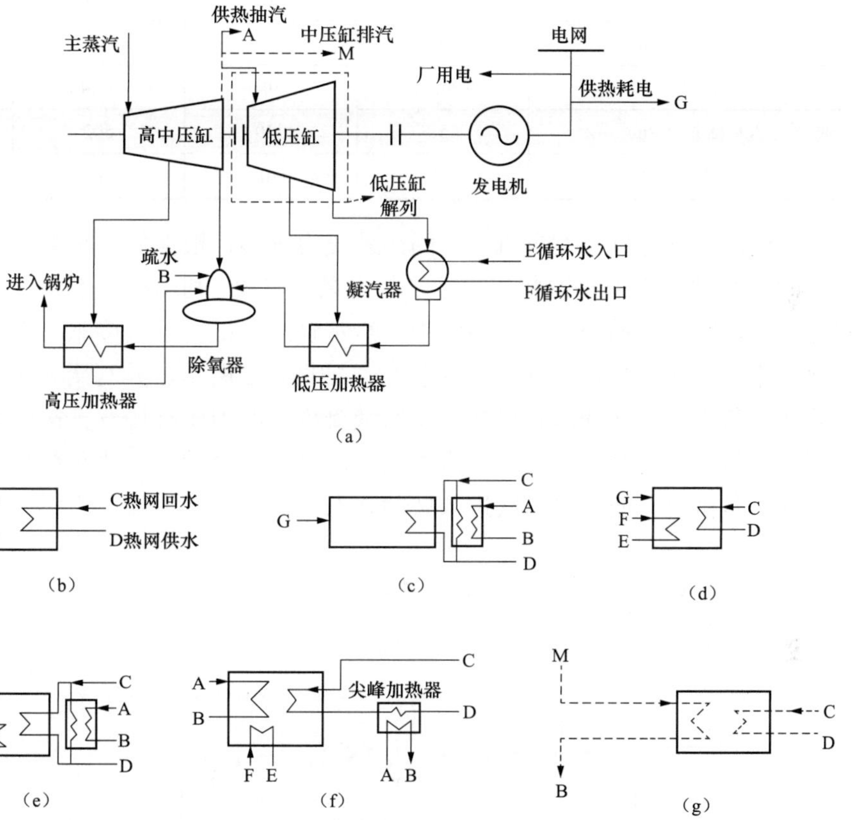

图 3-1　凝汽机组供热方案示意图

（a）系统图；（b）直接抽汽；（c）电锅炉+抽汽；（d）电热泵；（e）电热泵+抽汽；（f）吸收式热泵；（g）切除低压缸

表 3-2　　　　不同抽汽工况下的设计参数

参　　数	工况 1	工况 2	工况 3	工况 4
发电功率（MW）	289	305	320	333
主蒸汽压力（MPa）	16.67	16.67	16.67	16.67
主蒸汽温度（℃）	538	538	538	538

续表

参　　数	工况 1	工况 2	工况 3	工况 4
主蒸汽流量（t/h）	1052	1052	1052	1052
再热蒸汽压力（MPa）	3.73	3.73	3.73	3.73
再热蒸汽温度（℃）	538	538	538	538
再热蒸汽流量（t/h）	864	864	864	864
中压缸排汽温度（℃）	310.85	310.85	310.85	310.85
中压缸排汽压力（MPa）	0.80	0.80	0.80	0.80
中压缸抽汽流量（t/h）	300	225	150	90
疏水温度（℃）	170.40	170.40	170.40	170.40
低压缸入口流量（t/h）	458	530	602	660
给水泵汽轮机入口蒸汽流量（t/h）	40	40	40	40

本节以锅炉、汽轮机、发电机以及回热系统为核心，根据质量平衡和热量平衡，利用 Ebsilon 商业软件[19]对抽凝机组进行了热力系统建模。利用机组不同负荷下的运行参数，建立凝汽机组热力系统模型，系统中的给水泵汽轮机用于直接驱动主给水泵。在此基础上建立带有中压缸抽汽供热的系统模型，如图 3-2 所示，并利用表 3-2 中的参数进行模型验证。其中，切除低压缸供热是将原纯凝机组的中压缸排汽直接用于供热，而低压缸解列不再做功，同时只有少量蒸汽进入低压缸用于冷却。当热负荷小于低压缸解列运行的最低热负荷时，低压缸再次进入做功状态。

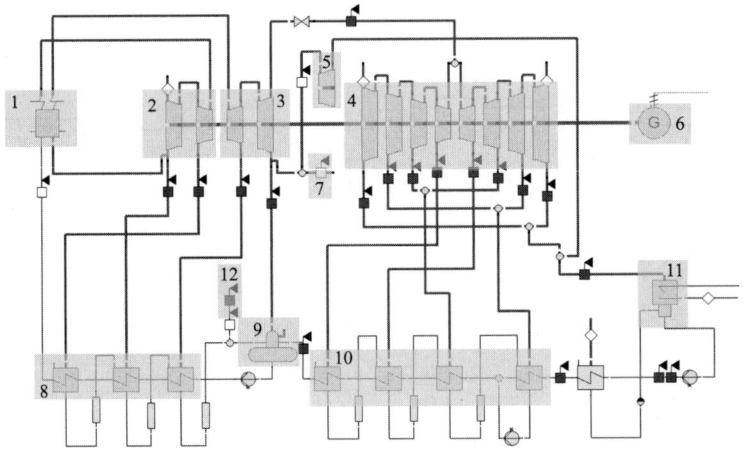

图 3-2　抽凝机组热力系统模型

1—锅炉；2—高压缸；3—中压缸；4—低压缸；5—给水泵汽轮机；6—发电机；7—抽汽供热；8—高压加热器；9—除氧器；10—低压加热器；11—凝汽器；12—供热回水

汽轮机变工况计算时，需分析各级组变工况特性，级组计算模型如图 3-3 所示。

对于变工况建模，当级组在非设计工况时，满足弗留格尔公式[117]，即

$$\frac{G_D}{G_O}=\sqrt{\frac{p_{i,D}^2-p_{j,D}^2}{p_{i,O}^2-p_{j,O}^2}}\sqrt{\frac{T_{i,O}}{T_{i,D}}} \tag{3-1}$$

式中：G 为流经级组蒸汽流量；下标 D 为汽轮机级组的设计工况；下标 O 为汽轮机级组的非设计工况；下标 i 为汽轮机级组的进口参数；下标 j 为汽轮机级组的出口参数（p_i 和 p_j 分别表示级组前后压力；T_i 表示级组入口蒸汽温度）。

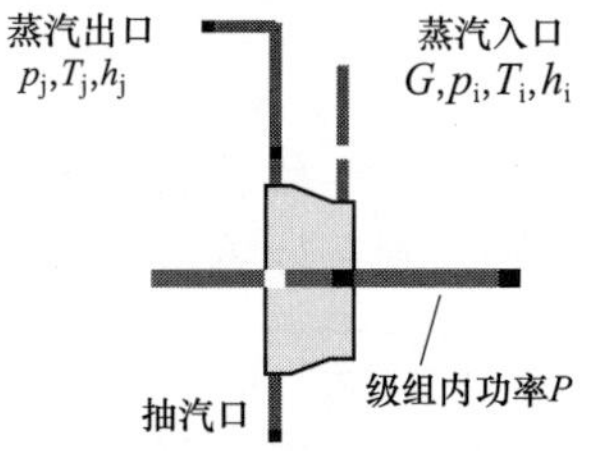

图 3-3　汽轮机级组计算模型

当蒸汽在汽轮机级组内膨胀做功时，是一个非等熵过程。为此，本节通过等熵效率对级组变工况运行进行修正。等熵效率 ξ 可表示为

$$\xi=(h_i-h_{j,act})/(h_i-h_{j,is}) \tag{3-2}$$

式中：h_i 为级组入口蒸汽焓；$h_{j,act}$ 为典型工况出口蒸汽焓值；$h_{j,is}$ 为典型工况（包括额定负荷运行的设计工况，75%、50%、40%、30%以及 105%额定负荷运行的非设计工况）出口蒸汽等熵焓值。

等熵效率直接影响着汽轮机效率和模型的准确性，因此，在通过表 3-1 所给出的运行参数建立模型后，对汽轮机变工况运行的等熵效率进行了修正。本节分别对中压缸抽汽量为 300、225、150t/h 以及 90t/h 四组工况的发电功率进行计算，并与设计热力平衡图的计算值进行比较，见表 3-3。

表 3-3　　不同抽汽量工况下相对误差

抽汽量（t/h）	计算值（MW）	模拟值（MW）	相对误差（%）
300	289	292	0.85
225	305	306	0.39
150	320	322	0.53
90	333	335	0.60

从表 3-3 可以看出，Ebsilon 模拟值与计算值的最大相对误差为 0.85%，满足工程计算要求，因此该计算模型可用于抽凝机组变工况计算。

第二节　约束条件及评价指标

一、约束条件

（一）系统功率

分别用 P_{th}、P_e、$P_{th.unit}$ 和 G_{lp} 代表供热负荷、供电负荷、抽凝机组热耗功率以及低压缸排汽量。设定热网回水温度为 40℃（0.2MPa 下焓值为 167.72kJ/kg），热网供水温度为 100℃（0.2MPa 下焓值为 419.17kJ/kg）。抽凝机组需要始终满足式（3-3）和式（3-4）约束条件，即

$$P_{\text{th.unit.min}} \leqslant P_{\text{th.unit}} \leqslant P_{\text{th.unit.design}} \tag{3-3}$$

$$G_{\text{lp.min}} \leqslant G_{\text{lp}} \tag{3-4}$$

式中：$P_{\text{th.unit.min}}$ 为抽凝机组热耗功率的最小值，根据纯凝机组 40%电负荷（最小燃料量的限制）计算得到；$P_{\text{th.unit.design}}$ 为抽凝机组额定负荷下的设计值，根据额定电负荷（锅炉满负荷运行）计算得到；$G_{\text{lp.min}}$ 为代表低压缸最小排汽流量（保证低压缸末级叶片安全），通过纯凝机组 30%电负荷状态下计算得到。

（二）直接抽汽供热

对于直接抽汽供热方式，供热负荷 P_{th} 完全由中压缸抽汽，如图 3-1（b）所示，热、电负荷需要满足式（3-5）、式（3-6）和式（3-7）约束条件，即

$$P_{\text{th}} = P_{\text{th.cu}} \times \lambda_{\text{cq}} \tag{3-5}$$

$$0 \leqslant P_{\text{th.cu}} \leqslant P_{\text{th.cu.max}} \tag{3-6}$$

$$P_{\text{e.min}} \leqslant \frac{P_{\text{e}}}{1-\mu} \leqslant P_{\text{e.design}} \tag{3-7}$$

式中：$P_{\text{th.cu}}$ 为抽凝机组热负荷；λ_{cq} 为管路效率，一般采用 98%；$P_{\text{th.cu.max}}$ 为抽凝机组最大供热功率；μ 为厂用电率，对于 350MW 机组，按厂用电率为 6%计算；$P_{\text{e.min}}$ 和 $P_{\text{e.design}}$ 分别为抽凝机组最小发电功率、设计工况发电功率。

（三）电锅炉与抽汽联合供热

根据已有文献报道可知电锅炉的电热转换效率 η_{dr} 通常在 95%以上[118]，将采用 95%来进行计算。在电锅炉与抽汽联合（电锅炉+抽汽）供热的方式下，如图 3-1（c）所示，运行过程中抽凝机组和电锅炉共同分担系统热负荷，其中，中压缸抽汽优先供热，电锅炉辅助供热。假设电锅炉可完全消耗系统发电功率，实现零供电负荷，则电锅炉耗电功率 P_{dgl} 需满足约束条件见式（3-8）～式（3-11），即

$$P_{\text{th}} = P_{\text{th.cu}} \times \lambda_{\text{cq}} + P_{\text{dgl}} \times \eta_{\text{dr}} \tag{3-8}$$

$$0 \leqslant P_{\text{th}} \leqslant P_{\text{th.cu.max}} \times \lambda_{\text{cq}} + P_{\text{dgl}} \times \eta_{\text{dr}} \tag{3-9}$$

$$P_{\text{e.min}} \leqslant \frac{P_{\text{e}} + P_{\text{dgl}}}{1-\mu} \leqslant P_{\text{e.design}} \tag{3-10}$$

$$0 \leqslant P_{\text{dgl}} \leqslant P_{\text{dgl.max}} \tag{3-11}$$

式中：$P_{\text{dgl.max}}$ 为电锅炉耗电功率的最大值；P_{dgl} 为电锅炉耗电功率。

（四）循环水余热电热泵供热

电热泵的 COP_{drb} 设定为 3[119]，其出口热网水温度可达到 100℃。由于电热泵需要回收电厂循环水余热用于供热，这使得其耗电功率将受到机组循环水量的限制。为此，考虑电热泵的两种供热方式：电热泵供热，如图 3-1（d）所示；和电热泵与抽汽联合（电热泵+抽汽）供热如图 3-1（e）所示。

电热泵供热方式是指所有热负荷全部由电热泵提供，此时电热泵的耗电功率 P_{drb} 由

纯凝机组额定电负荷下的循环水余热量所决定，并进一步影响系统热电负荷的调节范围。P_{drb} 需满足的约束条件为

$$P_{th} = P_{drb} \times 3 \tag{3-12}$$

$$P_{e.min} \leqslant \frac{P_e + P_{drb}}{1-\mu} \leqslant P_{e.design} \tag{3-13}$$

$$0 \leqslant P_{drb} \leqslant P_{drb.D.max} \tag{3-14}$$

式中：$P_{drb.D.max}$ 为电热泵耗电功率的上限；P_{drb} 为电热泵耗电功率。

对于电热泵与抽汽联合供热，采用直接抽汽供热为主供热负荷，该方式下的电热泵耗电功率 $P_{drb.fz.max}$ 需要满足的约束条件为

$$P_{th} = P_{th.cu} \times \lambda_{cq} + P_{drb} \times 3 \tag{3-15}$$

$$0 \leqslant P_{th} \leqslant P_{th.cu.max} \times \lambda_{cq} + P_{drb} \times 3 \tag{3-16}$$

$$0 \leqslant P_{drb} \leqslant P_{drb.fz.max} \tag{3-17}$$

（五）循环水吸收式热泵余热利用供热

吸收式热泵受到内部参数的限制，设定其出口热网水温度为 80℃（0.20MPa 下焓值为 335kJ/kg），之后的温度提升由中压缸抽汽经过尖峰加热器实现，如图 3-1（f）所示。吸收式热泵与尖峰加热器之间的热负荷分配比为 1.99:1，此时 COP_{xrb} 为 1.70[120]。由于吸收式热泵的驱动热源与尖峰加热器的热源均来自抽凝机组的中压缸抽汽，因此该供热方式需要满足式（3-6）和式（3-7）。此外，其约束条件还包括式（3-18）～式（3-20），即

$$P_{th} = P_{th.xrb} + \frac{P_{th.xrb}}{1.99} \tag{3-18}$$

$$P_{th.cu} = \left(\frac{P_{th.xrb}}{1.7} + \frac{P_{th.xrb}}{1.99} \right) \cdot \frac{1}{\lambda_{cq}} \tag{3-19}$$

$$0 \leqslant P_{th.xrb} \leqslant P_{th.xrb.max} \tag{3-20}$$

式中：$P_{th.xrb}$ 为吸收式热泵的热功率；$P_{th.xrb.max}$ 为吸收式热泵的最大供热功率。

（六）切除低压缸供热

为了保证中压缸排汽将热网水加热到 100℃，将切除低压缸供热方式下的疏水温度设定为 102℃（当压力在 0.2～0.8MPa 时，其焓值为 428kJ/kg）。同时需要满足式（3-21）～式（3-23）的约束，即

$$P_{th} = P_{th.cl} \times \lambda_{cq} \tag{3-21}$$

$$P_{th.cl.min} \leqslant P_{th.cl} \leqslant P_{th.cl.max} \tag{3-22}$$

$$P_{e.cl.min} \leqslant \frac{P_e}{1-\mu} \leqslant P_{e.cl.design} \tag{3-23}$$

式中：$P_{th.cl}$ 为切除低压缸机组的热负荷，MW；$P_{th.cl.min}$ 为锅炉最小燃料量时的供热负荷，MW；$P_{th.cl.max}$ 为切除低压缸机组的最大热负荷，MW，可根据锅炉满负荷运行时，中压缸排汽量计算得到；$P_{e.cl.min}$ 和 $P_{e.cl.design}$ 分别为锅炉最小燃料量和满负荷运行时，切除

低压缸机组的最小发电功率、最大发电功率，MW。

为进一步说明不同供热方式下参数间的关系，绘制了不同供热方式下的参数关系图，见图 3-4。各约束条件的边界参数如表 3-4 所示。结合表 3-4 中抽凝机组热耗功率的最小值和额定负荷下的设计值可以得到，最小电负荷下的热效率为 39%，额定负荷下的热效率为 43%，本研究用热力平衡设计参数进行分析，而实际运行中的热效率会比理论值偏低。

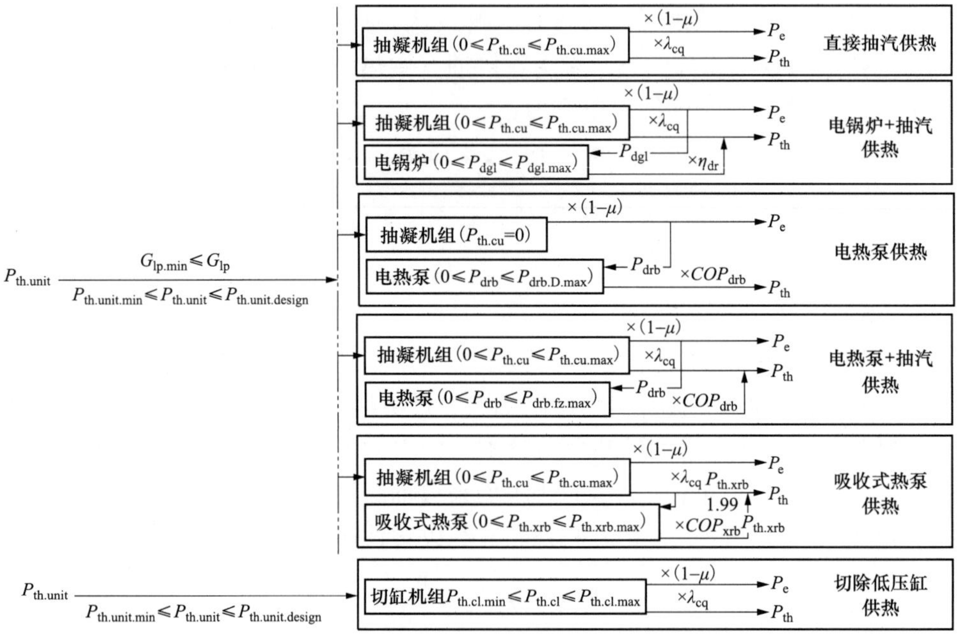

图 3-4　不同供热方式下的参数关系图

表 3-4　约束条件的边界参数

符号	单位	数值	符号	单位	数值	符号	单位	数值
$P_{th.unit.min}$	MW	338	$P_{th.unit.design}$	MW	766	$P_{th.cl.max}$	MW	556
$G_{lp.min}$	t/h	228	$P_{th.cu.max}$	MW	343	$P_{e.cl.min}$	MW	78
$P_{dgl.max}$	MW	242	$P_{drb.D.max}$	MW	210	$P_{e.cl.design}$	MW	207
$P_{drb.fz.max}$	MW	96	$P_{th.xrb.max}$	MW	296			

二、评价指标

对于燃煤热电联产机组，采用热量分配法分别计算供热和发电两部分热耗功率，然后得到供热标准煤耗率、发电标准煤耗率以及平均标准煤耗率。

供热部分热耗功率为

$$P_{th.unit(th)} = P_{th.cu} + P_{th.E(th)} \tag{3-24}$$

$$P_{th.E(th)} = \frac{P_{E(e)}}{\eta_{th(e)}} \tag{3-25}$$

式中：$P_{\mathrm{th.unit(th)}}$ 为机组用于供热的热耗功率，MW；$P_{\mathrm{th.E(th)}}$ 为电锅炉或电热泵耗电所对应的发电热耗率，MW；$P_{\mathrm{E(e)}}$ 为电锅炉或电热泵耗电功率，MW；$\eta_{\mathrm{th(e)}}$ 为供电效率。

机组供电部分热耗功率[120]为

$$P_{\mathrm{th.unit(e)}} = P_{\mathrm{th.unit}} - P_{\mathrm{th.unit(th)}} \tag{3-26}$$

供热效率为

$$\eta_{\mathrm{th(th)}} = \frac{P_{\mathrm{th}}}{P_{\mathrm{th.unit(th)}}} \tag{3-27}$$

供电效率[121]为

$$\eta_{\mathrm{th(e)}} = \frac{P_{\mathrm{e}}}{P_{\mathrm{th.unit(e)}}} \tag{3-28}$$

将式（3-17）～式（3-19）代入式（3-24），可得

$$\eta_{\mathrm{th(e)}} = \frac{P_{\mathrm{e}} + P_{\mathrm{E(e)}}}{P_{\mathrm{th.unit}} - P_{\mathrm{th.cu}}} \tag{3-29}$$

供热标准煤耗率为

$$b_{\mathrm{th}} = \frac{3600}{\eta_{\mathrm{th(th)}} q_{\mathrm{b}} \zeta} \tag{3-30}$$

式中：b_{th} 为供热标准煤耗率，g/（kW·h）；q_{b} 为标准煤的发热量，29.307kJ/g；ζ 为锅炉效率，取 92%[122]。

供电标准煤耗率为

$$b_{\mathrm{e}} = \frac{3600}{\eta_{\mathrm{th(e)}} q_{\mathrm{b}} \zeta} \tag{3-31}$$

式中：b_{e} 为供电标准煤耗率，g/（kW·h）。

平均标准煤耗率为

$$b_{\mathrm{av}} = b_{\mathrm{th}} \cdot \frac{P_{\mathrm{th}}}{P_{\mathrm{th}} + P_{\mathrm{e}}} + b_{\mathrm{e}} \cdot \frac{P_{\mathrm{e}}}{P_{\mathrm{th}} + P_{\mathrm{e}}} \tag{3-32}$$

式中：b_{av} 为平均标准煤耗率，g/（kW·h）。

标准煤耗量为

$$M = b_{\mathrm{av}} \cdot (P_{\mathrm{th}} + P_{\mathrm{e}}) \cdot \tau / 1000 \tag{3-33}$$

式中：M 为标准煤耗量，t；τ 为系统运行时间，h。

第三节　热电负荷区域与标准煤耗

一、热电负荷区域

图 3-5 给出了六种供热方式的热电负荷灵活调节区域，根据抽凝机组仿真模型首先计算得到直接抽汽供热方式下的热电负荷区域 *ABCD*（见图 3-5），其中设定低压缸最小排汽

量为机组降低电负荷的约束条件。在此基础上，分别计算了电锅炉与抽汽联合、电热泵、电热泵与抽汽联合以及吸收式热泵四种供热方式下热电负荷调节区域，在抽凝机组仿真模型的基础上，切除低压缸，其约束条件为锅炉的最小燃料量（纯凝机组 40%电负荷），计算得到切除低压缸供热方式下的热电负荷灵活调节区域。

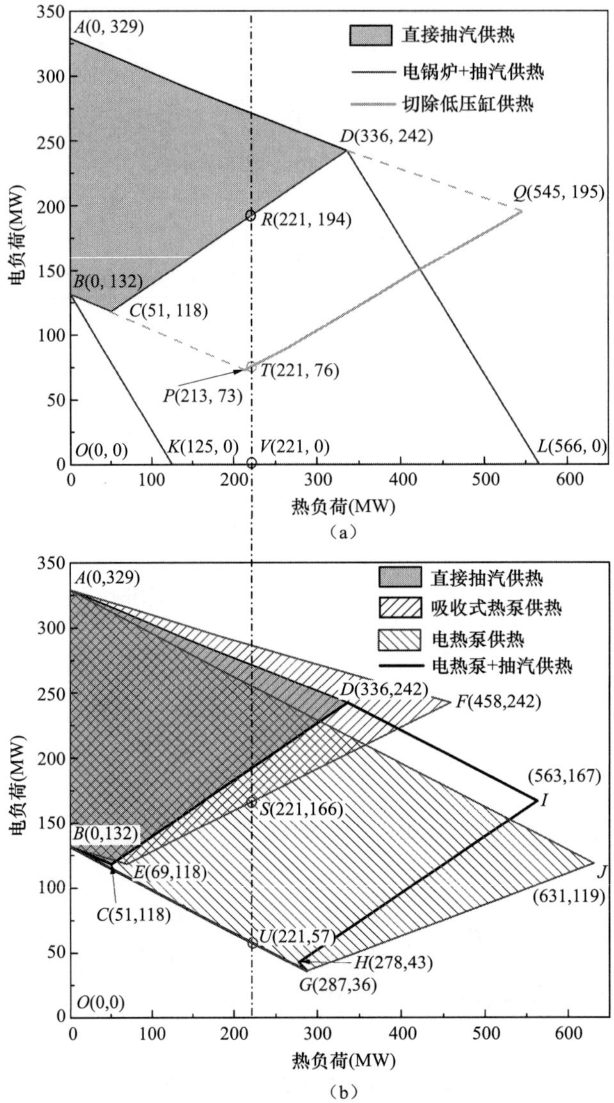

图 3-5　热电负荷灵活调节区域

（a）直接抽汽、电锅炉、切除低压缸供热方式；（b）循环水余热利用供热方式

从图 3-5（a）可以看出 *ABCD* 围成了直接抽汽供热方式下热电负荷灵活调节区域。其中 *A* 点和 *B* 点分别为纯凝条件下最小和最大输出电负荷工况，*C* 点和 *D* 点分别为最小燃料量和满负荷运行条件下的最大抽汽量工况。*BC* 和 *AD* 分别为最小燃料量和满负荷运行时不同抽汽量下所对应的热电负荷特性，*CD* 代表不同负荷下维持低压缸最小排汽流量所达到的热电负荷特性。在电锅炉与抽汽联合供热情景下，热电负荷灵活调节区域为

ABKLD，其中相比于直接抽汽供热方式所扩大的范围是 *BKLDC*。电锅炉是通过消耗电能转化为热能的装置，热电转化效率为 95%，这决定了 *BK* 和 *DL* 的斜率。对于进一步降低电负荷的需要，可以通过电锅炉将供电功率完全转换为供热，实现系统的零电负荷，即 *KL* 直线。相比于直接抽汽供热，电锅炉与抽汽联合供热方式将最大热负荷由 *D* 点扩大到 *L* 点，扩大了 230MW，相比于直接抽汽供热增加了 68.45%，最小电负荷也由 *C* 点的 118MW 降低到了 0MW。切除低压缸供热是将原抽凝机组的低压缸解裂，将中压缸排汽直接用于热网水加热。由于中压缸排汽压力与主蒸汽量（锅炉负荷）呈一一对应关系，因此当主蒸汽量确定时，高中压缸的进出口焓差及中压缸排汽与疏水的焓差亦为定值，即切除低压缸机组的热电负荷与主蒸汽量呈一一对应关系。*Q* 点和 *P* 点分别为锅炉满负荷和最小燃料量下的最大供热负荷工况，当设定最小切换热负荷的最大值 $P_{\mathrm{th.cl.max}}$ 后，*CD* 线到 *PQ* 线间的转换。相比于直接抽汽供热，切除低压缸供热的最大供热功率由 336MW（*D* 点）分别增加至 545MW（*Q* 点），增加了 62.20%。而最小电负荷由 118MW（*C* 点）降低至 73MW（*CP* 线），最大热电比由 1.39 增加至 2.92。在抽凝机组 300t/h 抽汽量时，其热负荷为 221MW。在该热负荷条件下，直接抽汽供热、电锅炉与抽汽联合供热和切除低压缸供热方式下的最小电负荷分别为 194MW（*R* 点）、0MW（*V* 点）和 76MW（*T* 点），相对于 329MW 额定电负荷，三种供热方式下的最小电负荷依次为 59%、0%和 23%额定电负荷。

如图 3-5（b）所示，相比于直接抽汽供热，吸收式热泵供热方式扩大了机组的供热负荷，最大供热负荷从 336MW 增加到 453MW，最大热电比由 1.39 扩大至 1.87，在 *ABEF* 区域，在不增加电负荷下提高了供热负荷，当发电量为 242MW 时，供热负荷增加了 34.82%。

电热泵是通过电能驱动制冷剂运行，回收循环水余热用于供热。采用了两种运行模式，分别为电热泵供热（热电负荷灵活调节区域为 *ABGJ*）和电热泵与抽汽联合供热（热电负荷灵活调节区域是 *ABGHID*，其中相比于直接抽汽供热方式所扩大的范围是 *BGHIDC*）。设定电热泵的 COP_{drb} 为 3，这决定了 *BG*、*AJ* 和 *DI* 的斜率。*G* 点和 *J* 点分别代表了抽凝机组为 *B* 点纯凝最小发电功率工况和抽凝机组为 *A* 点纯凝最大发电功率工况，在此基础上，电热泵均可通过消耗电能实现完全回收循环水余热用于供热的工况。*H* 和 *I* 点分别代表了抽凝机组为最小燃料量和满负荷运行条件下的最大抽汽量（*C* 点和 *D* 点）工况时，电热泵完全回收循环水余热所达到的热电负荷。因此，*HI* 线代表抽凝机组为对应的 *CD* 工况，同时循环水余热通过电热泵消耗电能被完全回收。与直接抽汽供热方式相比，电热泵供热方式和电热泵与抽汽联合供热方式的最大供热负荷能够由 336MW（*D* 点）分别增加至 631MW（*J* 点）和 563MW（*I* 点），与直接抽汽供热方式相比，分别增加了 87.80%和 67.56%。而最小电负荷均由 118MW（*C* 点）降低至 36MW（*G* 点），最大热电比由 1.39 增加至 7.97。在 221MW 热负荷（在直接抽汽供热方式下抽汽量为 300t/h）时，吸收式热泵供热、电热泵与抽汽联合供热以及电热泵供热方式下的最小电负荷分别为 166MW（*S* 点）、57MW（*U* 点）和 57MW（*U* 点），相对于 329MW 额定电负荷，三种余热回收利用供热方式下的最小电负荷依次为 50%、17%和 17%额定电负荷。

二、平均标准煤耗率

为了进一步比较不同供热方式下机组的能耗特性，针对热电负荷区域下的平均标准煤耗率进行了计算。并将电锅炉与抽汽联合供热、电热泵供热、电热泵与抽汽联合供热、吸收式热泵供热以及切除低压缸供热五种不同供热方式情景下的平均煤耗情况分别与直接抽汽供热方式下的平均煤耗情况进行了对比，以便能够更清晰地展示不同供热方式下热负荷、电负荷以及平均标准煤耗率间的关系，其结果分别如图 3-6 所示。

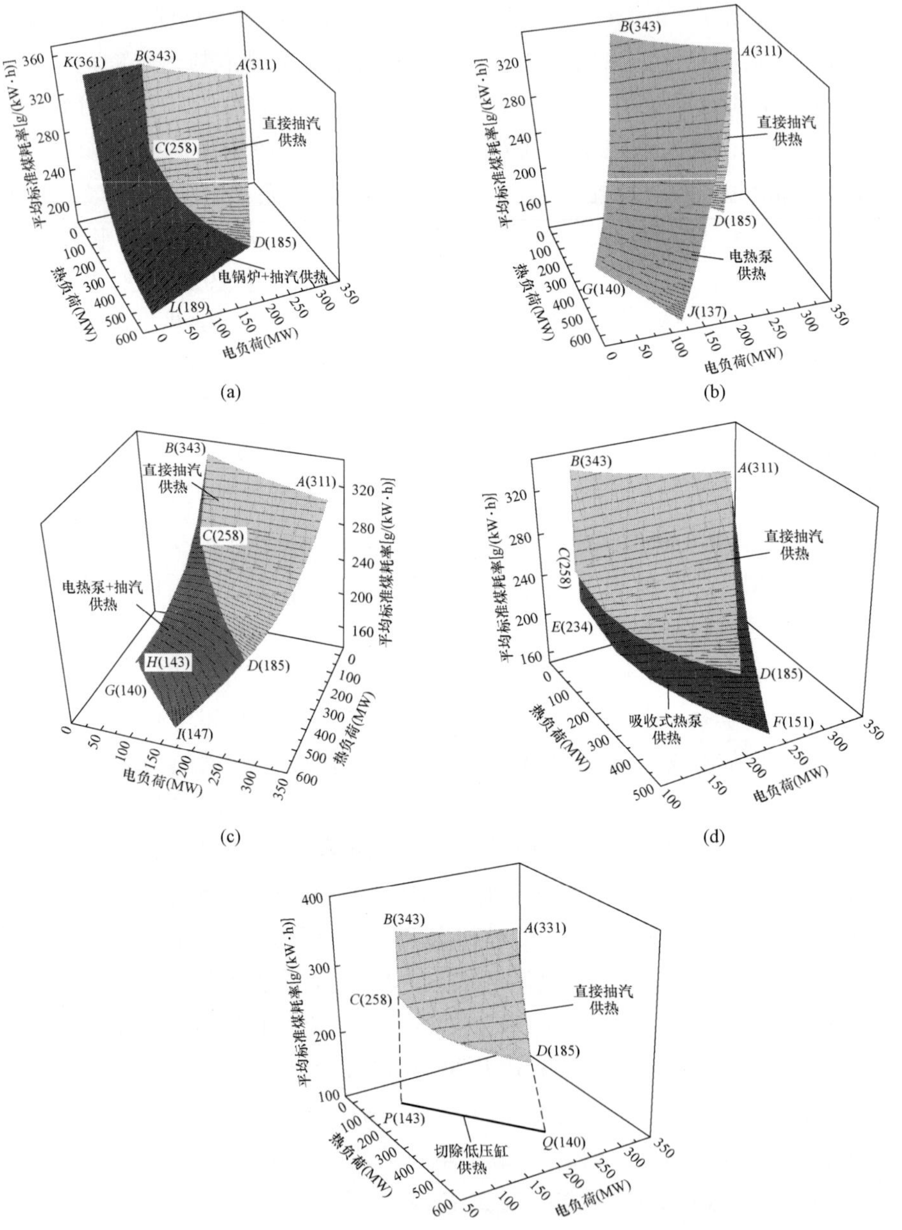

图 3-6　热负荷、电负荷区域下的平均标准煤耗率

（a）电锅炉供热方式；（b）电热泵供热方式 I；（c）电热泵供热方式 II；（d）吸收式热泵供热；（e）切除低压缸供热

从图 3-6（a）可以发现，电锅炉与抽汽联合供热方式下最大供热功率 *L* 点的平均标准煤耗率为 189g/（kW·h），相比于直接抽汽供热方式下最大热电比工况 *D* 点的 185g/（kW·h），增加了 2.16%。这是因为通过电锅炉扩大系统的热电比的同时，需要将电能转换为热能，而电能是通过热能产生蒸汽做功得到的，其效率在 40%左右。从图 3-6（b）中可以看出，电热泵供热方式下最大热电比 *G* 点的平均标准煤耗率为 140g/（kW·h），这与图 3-6（c）所示的电热泵供热方式相同，相比于直接抽汽供热方式下最大热电比工况 *D* 点的 185g/（kW·h），降低了 24.32%。此外，电热泵供热方式及电热泵与抽汽联合供热方式下的最大供热功率点分别为 *J* 点和 *I* 点，平均标准煤耗率为 137g/（kW·h）和 147g/（kW·h）。从图 3-6（d）中可以看出，直接抽汽供热方式与吸收式热泵供热方式下的平均标准煤耗率重合于 *AB* 线，该线代表着纯凝工况，其中最大电负荷 *A* 点和最小电负荷 *B* 点的平均标准煤耗率分别为 311g/（kW·h）和 343g/（kW·h）。吸收式热泵供热方式下最大热电比工况 *F* 点的平均标准煤耗率为 152g/（kW·h），相比于直接抽汽供热方式下最大热电比工况 *D* 点下降了 17.84%。还可以发现，随着热负荷增加，两种供热方式的平均标准煤耗率差值有所增加，这是因为热负荷的增加，需要进一步提高吸收式热泵的热功率，进而增加了回收循环水的余热量。从图 3-6（e）中可以发现，切除低压缸供热方式下的最大热电比工况（*P* 点）和最大供热功率工况（*Q* 点）的平均标准煤耗率分别为 143g/（kW·h）和 140g/（kW·h），相比于直接抽汽供热方式下最大热电比工况（同时为最大供热功率工况）*D* 点［185g/（kW·h）］分别下降了 22.70%和 24.32%。

综上所述，与直接抽汽供热方式相比，电热泵供热、电热泵与抽汽联合供热和吸收式热泵供热三种循环水余热回收供热方式以及切除低压缸供热方式下的最大热电比工况的平均标准煤耗率分别由 185g/（kW·h）降低到了 140g/（kW·h）、140g/（kW·h）、152g/（kW·h）和 143g/（kW·h），而最大供热功率下的平均标准煤耗率分别由 185g/（kW·h）降低到了 137g/（kW·h）、147g/（kW·h）、152g/（kW·h）和 140g/（kW·h）。相比循环水余热回收供热方式以及切除低压缸供热方式，电锅炉与抽汽联合供热方式下最大供热功率的平均标准煤耗率为 189g/（kW·h），比直接抽汽供热方式增加了 2.16%。结合图 3-6（a）、图 3-6（b）、图 3-6（c）、图 3-6（d）和图 3-6（e）可以发现，在直接抽汽供热的热电负荷区间内，吸收式热泵方式下的平均标准煤耗率始终低于直接抽汽供热，而其他方式虽明显扩大了热电负荷区间，但在该热电负荷区间并没有降低煤耗。

三、案例分析

以一天 24h 内的热负荷参数作为计算案例，其时间精度为 1h，分别计算不同供热方式下的最小电负荷、平均标准煤耗率以及一天内的标准煤耗量，其计算结果如图 3-7 和图 3-8 所示。从图 3-7（a）中可以看到，热负荷的范围为 193～250MW。考虑消纳可再生能源背景，该案例计算中将低压缸切除的热负荷限设定为其最小值（213MW）。图 3-7（b）所示为不同供热方式下满足该热负荷条件的最小电负荷。其中直接抽汽供热方式下的最小电负荷范围是 180～205MW。结合图 3-7（a）中的计算结果可发现，在该案例中，热负荷始终高于 125MW，电锅炉与抽汽联合供热方式可通过抽凝机组与电锅炉间的热负荷分配实现零电负荷输出。对于计算电锅炉容量，需要以最大热负荷（250MW）

为计算参数，同时抽凝机组以电负荷的下限（图 3-5 中 *CD* 热电负荷关系曲线）运行，计算得到抽凝机组的抽汽热负荷为 114MW（在 $\lambda_{cq}=98\%$下，分担热负荷为 112MW）时，其最小电负荷为 145MW，通过电锅炉可转化为 138MW（$\eta_{dr}=95\%$）热负荷，可实现 250MW 热负荷及零电负荷输出。由图 3-7（b）中还可以发现，在最大程度地降低电负荷的条件下，无论是电热泵供热方式还是电热泵与抽汽联合供热方式，该算例中的热负荷范围始终没有达到图 3-5 中的 *G* 点（287MW）工况，此时的热电负荷维持在图 3-5 中 *BG* 热电负荷线上，即只有电热泵供热。根据电热泵的 COP_{drb} 为 3 可以计算得出，电热泵的耗电功率需要满足 83MW 的要求。该算例中最小电负荷降至 48～67MW，相比于直接抽汽供热下降最大值为 157MW。还可以发现，电热泵与抽汽联合供热和电热泵供热方式的最小电负荷与热负荷大小呈负相关。其原因是热电泵的耗电同时减少机组的抽汽量。与之相比，吸收式热泵供热方式将最小电负荷整体下降了约 22MW，且最大值为 29MW，这是由于在相同的热负荷条件下吸收式热泵供热方式通过回收了循环水余热用于供热，进而减少了中压缸抽汽量引起的。按照吸收式热泵与尖峰加热器的热负荷分配 1.99:1 计算，该供热方式需要吸收式热泵供热能力满足 166MW 的供热功率要求。采用切除低压缸供热方式，将最小电负荷降至 73MW，相比于直接抽汽供热，能够为可再生能源提供的最大上网空间为 118MW。

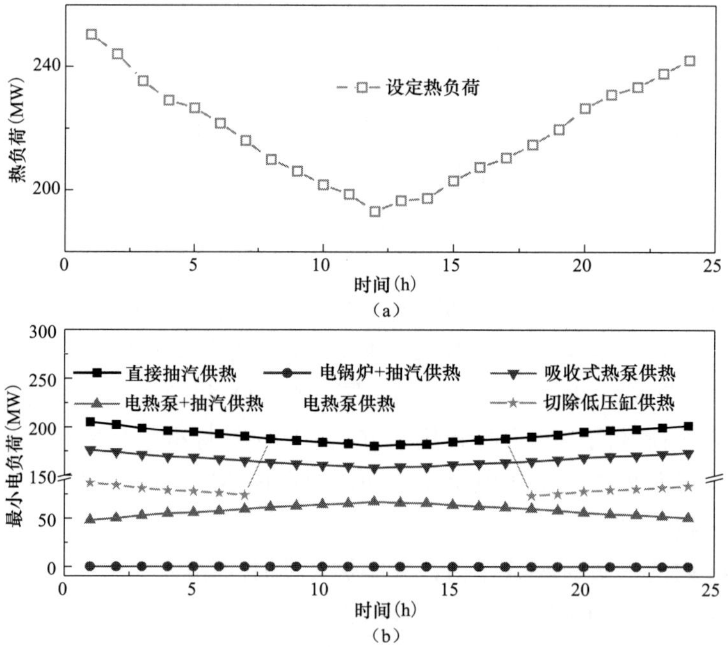

图 3-7　一天 24h 内的热电负荷

（a）热负荷范围；（b）不同供热方式下满足该热负荷条件的最小电负荷

为了进一步评价不同供热方式在消纳高比例可再生能源背景下的能耗特性，分别以热负荷参数和不同供热方式下的最小电负荷为目标参数，采用了平均标准煤耗率和标准煤耗量进行了比较。从图 3-8(a)可以发现，直接抽汽供热下的平均标准煤耗率为 189.78～

196.87g/（kW • h）。相比于直接抽汽供热，电锅炉与抽汽联合供热方式下的平均标准煤耗率所增加的最大值为 52.29g/（kW • h），增加比例为 26.56%，而电热泵供热、吸收式热泵供热以及切除低压缸供热方式下的平均标准煤耗率所下降的最大值分别为 23.48g/（kW • h）、22.74g/（kW • h）和 49.47g/（kW • h），降低比例依次为 11.93%、11.98%和 25.57%。从图 3-8（b）所呈现的标准煤耗情况可知，按照标准煤耗量由低到高的供热方式排序顺序依次为电热泵供热、电锅炉与抽汽供热、切除低压缸供热、吸收式热泵供热以及直接抽汽供热。其中，电热泵供热所需要的标准煤量为 996.55t，相比于直接抽汽供热方式（1902.45t）下降了 47.62%。该计算案例表明，在考虑消纳可再生能源的背景下，采用电热泵循环水余热利用技术能有效地降低系统的能耗。

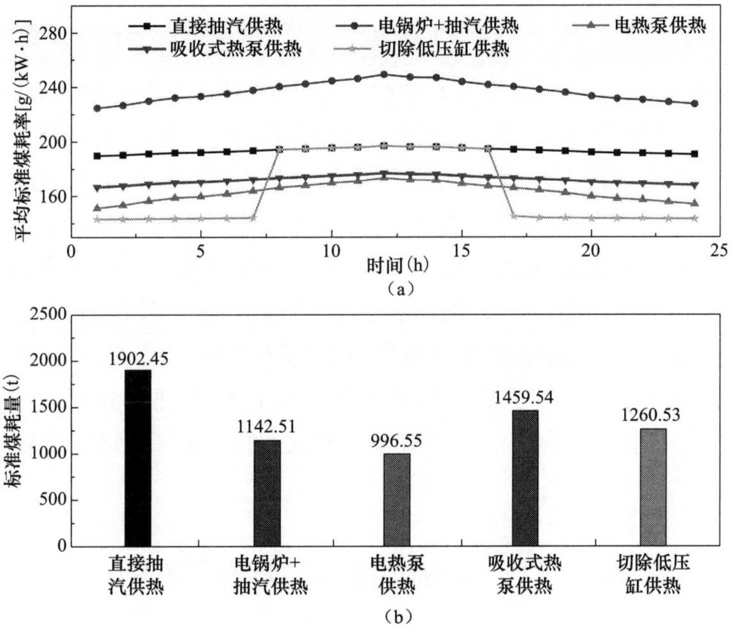

图 3-8　不同供热方式下的能耗特性

（a）不同供热方式下的平均标准煤耗率；（b）不同供热方式下的标准煤耗量

第四章

余热利用供热方案的灵活提效研究

热泵余热回收供暖方式通过提高系统供热能力在相同供热负荷下降低了抽汽量，通过部分“热电解耦”提高了系统的灵活性，同时回收电厂循环水余热提高了系统的能量利用效率。其中蒸汽式溴化锂吸收式热泵[123，124]是热泵供热方式中常用的设备，本章以凝汽机组循环水余热利用系统运行数据为依据，利用 Ebsilon 软件构建了该系统中作为核心供热组件的溴化锂吸收式热泵热力系统仿真模型。并根据热泵系统内部运行参数设定相同的约束条件，分别研究了余热水温度、蒸汽进汽量、热网回水温度以及热网供水温度等因素变化时热泵系统所需要相应的调节策略，并通过循环倍率（R）、放气范围（ΔX）和能效系数（COP）等评价指标对热泵系统变工况运行特性进行了评价[125]。期望本工作为进一步研究耦合热泵供暖系统高效变工况运行优化提供理论指导。

第一节　余热利用热电联产系统简介

本节研究对象为三河电厂 350MW 亚临界凝汽机组循环水余热利用系统。该系统包括 3 个低压加热器、一个除氧器和 4 个高压加热器。循环水吸收式热泵系统示意图如图 4-1 所示，该热泵系统主要包括蒸发器、吸收器、发生器、冷凝器以及溶液换热器。其中，余热水作为回收热源流经蒸发器；溴化锂浓溶液流经吸收器与冷剂水蒸气混合成稀溶液，再经过发生器分离成溴化锂稀溶液和冷剂水蒸气，完成循环；热网水依次经过吸收器以及冷凝器，最终流出热泵系统。为明确本节中热泵系统内部位置，在图 4-1 中对热网水出口、热网水进口、余热水进口、余热水出口、蒸汽进口、疏水出口、发生器出口、浓溶液喷淋处、吸收器出口、冷剂水冷凝出口以及冷剂水蒸发出口十一个参数进行了标记。

对热泵系统进行了性能试验，共开展五组标准工况试验，每个工况连续稳定运行 2h，其测试结果如表 4-1 所示。其中工况 1～5 分别对应额定热泵进汽量的 100%、90%、80%、70%和 60%。对抽凝机组进行了五个工况的性能试验，每个工况连续稳定运行 30min，其测试结果如表 4-2 所示。

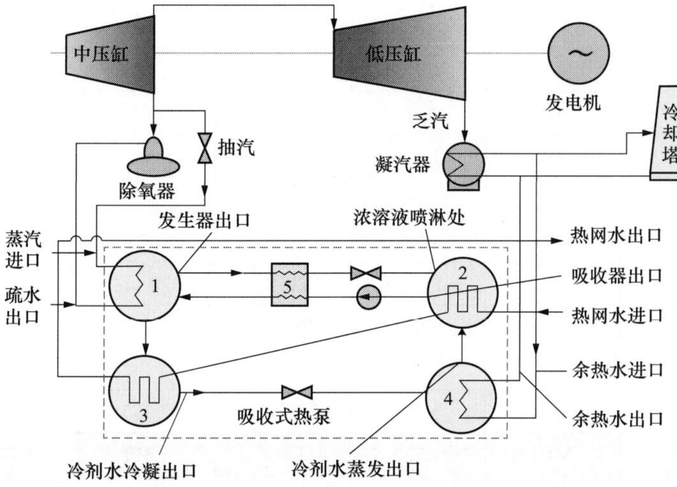

图 4-1 循环水吸收式热泵系统示意图

1—发生器；2—吸收器；3—冷凝器；4—蒸发器；5—溶液换热器

表 4-1　　热泵系统稳定运行测试工况

热泵参数	符号	单位	工况 1	工况 2	工况 3	工况 4	工况 5
进汽量负荷	W_g	%	100	90	80	70	60
蒸汽进口流量	G_g	t/h	194.90	176.60	163.11	139.00	116.19
蒸汽进口温度	T_g	℃	170.56	153.60	149.66	142.00	131.15
疏水出口温度	T_{sg}	℃	60.78	58.70	56.72	53.37	47.15
蒸汽进口压力	p_g	MPa	0.32	0.30	0.26	0.17	0.06
热网水进口温度	T_{rj}	℃	39.20	41.78	41.88	42.15	37.61
热网水出口温度	T_{rc}	℃	76.45	70.65	67.93	65.31	62.32
发生器出口温度	$T_{ge.out}$	℃	153.10	145.30	141.30	136.10	122.80
浓溶液喷淋温度	$T_{ab.n}$	℃	73.47	69.31	68.50	67.84	50.25
余热水进口温度	T_{xj}	℃	31.39	35.44	32.18	32.03	31.71
余热水出口温度	T_{xc}	℃	22.79	18.37	17.14	18.54	25.46
冷剂水蒸发温度	$T_{wa.e}$	℃	19.52	12.22	11.70	13.76	21.12
蒸发器压力	p_e	kPa	2.27	1.42	1.38	1.57	2.51
冷凝器出口水温	$T_{wa.c}$	℃	82.82	75.98	73.15	70.51	67.52
发生器压力	p_g	kPa	53.10	40.20	35.70	31.90	28.00
溴化锂稀溶液浓度（质量分数）	$C_{LiBr.n}$	%	59.98	62.65	62.40	60.18	53.53
吸收器出口温度	$T_{ab.out}$	℃	61.77	59.27	58.09	55.49	50.05

表 4-2　　抽凝机组稳定运行测试工况

热泵参数	单位	工况 1	工况 2	工况 3	工况 4	工况 5
发电功率	MW	250.430	246.493	217.964	279.486	215.611
主蒸汽温度	℃	539.416	543.337	540.917	540.443	540.155

续表

热泵参数	单位	工况 1	工况 2	工况 3	工况 4	工况 5
主蒸汽压力	MPa	15.802	15.852	15.502	15.701	15.783
再热蒸汽压力	MPa	3.087	3.015	2.549	3.473	2.457
再热蒸汽温度	℃	534.863	539.402	529.79	537.979	519.038
高压缸排汽压力	MPa	3.377	3.296	2.79	3.802	2.66
高压缸排汽温度	℃	328.168	329.484	320.124	337.623	308.011
中压缸排汽压力	MPa	0.663	0.679	0.546	0.655	0.697
1 号高压加热器抽汽压力	MPa	5.253	5.115	4.341	5.961	4.181
2 号高压加热器抽汽压力	MPa	3.293	3.22	2.735	3.685	2.607
3 号高压加热器抽汽压力	MPa	1.587	1.566	1.311	1.740	1.339
除氧器本体压力	MPa	0.620	0.637	0.513	0.617	0.535
1 号高压加热器抽汽温度	℃	389.864	390.77	380.002	402.008	374.791
2 号高压加热器抽汽温度	℃	318.511	319.879	311.79	325.958	308.011
3 号高压加热器抽汽温度	℃	439.827	444.496	435.716	439.711	427.168
除氧器进汽温度	℃	324.239	332.395	321.489	313.758	318.241
5 号低压加热器抽汽温度	℃	233.619	239.33	231.779	223.628	227.871
6 号低压加热器抽汽温度	℃	189.337	193.631	185.653	182.283	182.147
7 号低压加热器抽汽温度	℃	80.030	87.770	81.832	79.562	74.629
8 号低压加热器抽汽温度	℃	55.725	56.426	55.682	56.704	51.035
主蒸汽流量	t/h	913.796	882.85	745.351	1051.83	757.466
中压缸抽汽流量	t/h	214.500	193.3	113.7	285.1	150.700

设定循环水余热回收供热系统中热泵最高将热网水由 39.2℃（0.2MPa 时的焓值为 164.369kJ/kg）加热到 76.45℃（0.2MPa 时的焓值为 320.182kJ/kg），之后中压缸抽汽通过尖峰加热器将热泵出口的热网水由 76.45℃加热到 96.365℃（0.2MPa 时的焓值为 403.182kJ/kg），其示意图如图 4-2 所示。

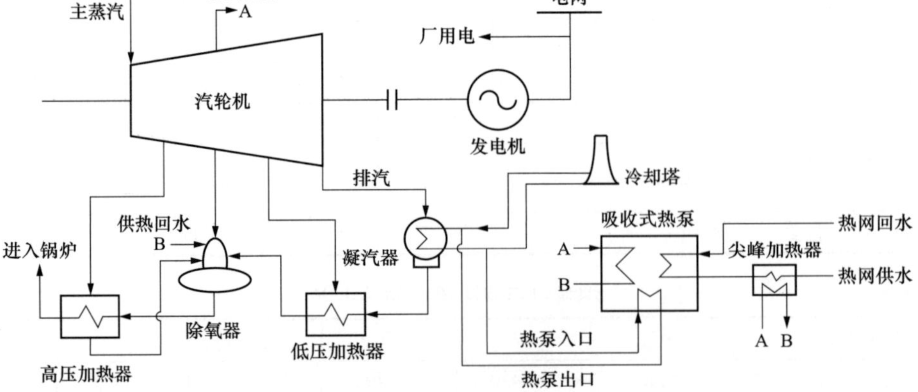

图 4-2　循环水余热利用热电联产系统示意图

第二节 模型的构建与约束设定

一、热泵系统模型

溴化锂吸收式热泵的运行特性对凝汽机组循环水余热供暖系统的能量效率起决定性作用，为此详细介绍热泵系统模型的构建原则。溴化锂吸收式热泵工作是一个较为复杂的物质循环过程，为便于数学模型的建立，进行了如下几点假设：①换热过程中的热损失忽略不计，流动过程中的压损忽略不计；②节流阀不改变工质的焓值；③溶液泵做功忽略不计；④通过调节余热水量，使得工质蒸汽从蒸发器流出的温度非常接近余热水入口温度，达到热泵性能最优。

溴化锂-水工质对是热泵的循环工质，热泵系统对外换热组件主要包括发生器、冷凝器、吸收器和蒸发器[126]。根据热泵系统内部的换热特点，可得

$$Q_g = G_g \times (h_g - h_{sg}) \tag{4-1}$$

$$Q_o = G_o \times (h_{xj} - h_{xc}) \tag{4-2}$$

$$Q_a + Q_e = G_r \times (h_{rc} - h_{rj}) \tag{4-3}$$

式中：Q_g、Q_o 和 Q_a 分别为从驱动热源获得的热量、蒸发器中从低温余热热源中获得的热量、冷凝器内向外释放的热量，kJ/h；Q_e 为工质水在蒸发器内释放的热量，kJ/h；G_g、G_o 和 G_r 分别为驱动蒸汽流量、余热循环水流量、热网水流量，kg/h；h_g 和 h_{sg} 分别为驱动热源蒸汽的焓值和疏水的焓值，kJ/kg；h_{xj} 和 h_{xc} 分别为余热水进口的焓值和余热水出口的焓值，kJ/kg；h_{rc} 和 h_{rj} 分别为热网供水的焓值和热网回水的焓值，kJ/kg。

Ebsilon 仿真软件基于系统各单体热力学平衡所编写的计算模型，利用可视化窗口可将各模块有机组合起来编写系统优化设计[127]。根据热泵系统内部各组件换热特点构建了热泵热力系统仿真模型，如图 4-3 所示。

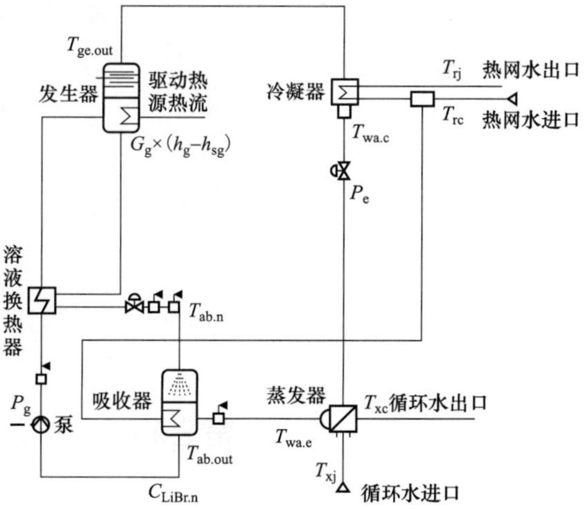

图 4-3 热泵热力系统 Ebsilon 模拟图

在仿真模型计算中，需要输入驱动热源热流（单位时间驱动蒸汽在发生器内的换热量）、热网回水参数、余热水入口参数、发生器出口温度和压力以及吸收器出口温度和蒸发器压力。其中蒸汽进汽量、余热水入口参数以及热网回水参数作为热泵系统外部参数可进行变工况研究，吸收器出口温度、蒸发器压力、发生器出口温度和压力作为热泵系统内部参数可用于优化调节。对于仿真模型的物流输入，溶液侧选择溴化锂溶液，工质侧选择工质——水。溴化锂溶液浓度与温度和压力的关系采用的是 Patek and Klomfar 提出的函数关系进行计算[128]，

代表换热能力的参数换热面与换热系数的乘积是换热量与当量温差的比值[129]。根据仿真模型，计算获得了热泵系统内部参数，见表 4-3。其中包括组件的换热能力、换热量以及换热的安全约束。接下来，热泵系统的内部参数，在相同的安全约束条件下设定变工况运行调节策略，进一步计算该系统变工况运行特性。

表 4-3　　建模所获得参数

热泵参数	参考数值	热泵参数	参考数值
驱动热流（MW）	138.003	溶液换热器换热面×系数（kW/K）	5995.171
浓溶液浓度（质量分数，%）	66.116	冷凝器换热器换热面×系数（kW/K）	8551.379
溴化锂结晶温度点（℃）	58.238	蒸发器压力（kPa）	2.27

二、抽凝机组模型与修正

对原有抽凝机组模型进行修正，通过实际运行数据，分别将原设定的高、中、低压缸的等熵效率设定为 0.934、0.907、0.855，发电效率设定为 0.946。其中变工况的等熵效率和发电效率的特征曲线不变。对五组抽凝机组的运行工况进行模型验证结果，如图 4-4 所示。其相对误差小于 1%，可用于后续的变工况计算。

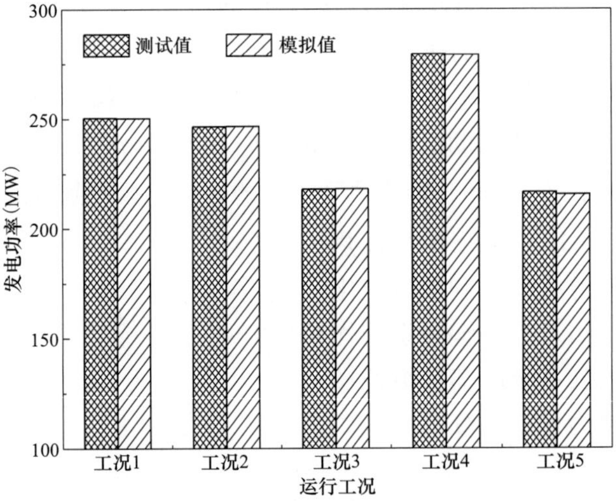

图 4-4　热泵热力系统 Ebsilon 模拟图

第三节　热泵系统的提效方法

一、约束设定

为了定量评价热泵系统安全性能，采用了两个安全裕量参数，即富裕温度和过热温度。富裕温度是指溴化锂浓溶液喷淋温度高于此状态下溴化锂结晶温度的温度值，如式（4-4）所示。过热温度为工质水的实际蒸汽温度高于蒸发温度的温度值，如式（4-5）所示。根据溴化锂溶液[130]和工质水的物性约束，如图 4-5 所示，分别计算出参照工况下富裕温度和过热温度为 8.470℃和 11.773℃。后续在保证两个安全裕量参数相同的条件下进行研究，例如对于特定的余热水入口温度下，需要调节蒸发器压力达到某一确定值。另外，以溶液换热器换热能力以及冷凝器换热能力为约束条件，可分别通过调整发生器出口温度和压力在保证溴化锂结晶约束条件下使热泵系统性能达到最佳运行工况。

$$富裕温度=喷淋温度-结晶温度 \tag{4-4}$$

$$过热温度=蒸汽温度-蒸发温度 \tag{4-5}$$

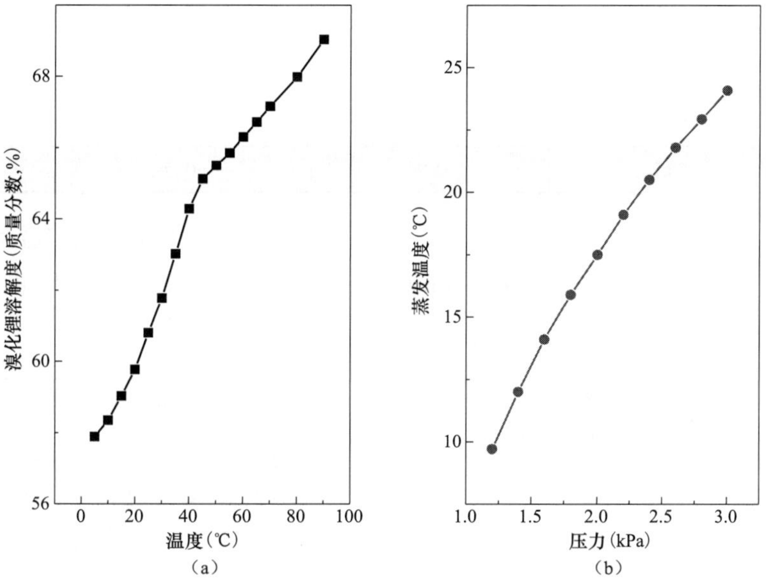

图 4-5　溴化锂溶液和工质水的物性约束

（a）溴化锂溶液的结晶温度物性；（b）工质水的相变物性

需要指出的是，吸收器出口温度主要受到吸收器内与热网回水间换热能力以及溶液喷淋温度的共同制约。由于换热能力与喷淋温度呈正相关，可以抵消部分喷淋温度的影响，并且在后续优化方法中，喷淋温度的调节范围较小，因此近似认为吸收器的出口温度以实际运行下变工况特征参数为准。热泵系统内吸收器出口温度变工况运行的特征参数见表 4-4。

表 4-4　　热泵系统内吸收器出口温度变工况运行的特征参数

额定蒸汽进汽量百分数（%）	100	90.61	83.69	71.32	59.62
吸收器出口温度（℃）	61.77	59.27	58.09	55.49	50.05

二、参照工况的设定

分别采用了发生器出口温度调节（GOTR）方法、发生器压力调节（GPR）方法以及发生器出口温度和压力双效调节（GOTPR）方法作为优化方法对实际运行工况的参数进行优化。为了在安全裕量相同的条件下具有可对比性地分析三种优化方法，首先以工况 1 的安全裕量为标准对其余 4 个工况进行了相同的安全裕量调整。其中只包括蒸发器压力调整和喷淋温度的调整，发生器的出口温度和压力不变。安全裕量调节后的参数如表 4-5 所示，并以调节后的工况为参照工况参数进行了优化方法的比较。接下来分别比较了三种优化方法下发生器出口温度、发生器压力以及热泵系统 *COP*。

表 4-5　　安全裕量调节后的参数

测试工况	喷淋温度（℃）	发生器压力（kPa）	发生器出口温度（℃）	蒸发器压力（kPa）
1	73.47	66.72	65	2.27
2	69.31	66.91	67.17	1.42
3	68.50	66.67	64.64	1.38
4	67.84	65.84	54.86	1.57
5	50.25	61.94	30.66	2.51

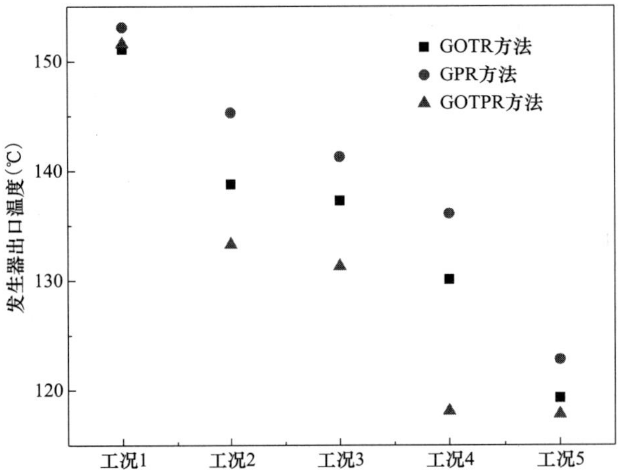

图 4-6　发生器出口温度的变化特性

三、发生器出口温度

图 4-6 所示为 5 组工况在三种优化方法下发生器出口温度的变化特性。其中 GPR 方法由于只针对发生器压力进行调节，因此该方法下的发生器出口温度与参照工况下的相同。从图 4-6 中可以看出，在不同工况下，不同优化方法使得发生器出口温度均产生了差异。其中工况 1 的差异最小，是由于热泵系统在工况 1 运行时更接近最优工况。工况 4 时的发生器出口温度差异最大，GPR 方法与 GOTPR 方法可相差接近 20℃，这占据了参考工况的 14%。从图 4-6 中还可以发现，无论是 GOTR 方法还是 GOTPR 方法，5 组工况下的发生器出口温度均小于 GPR 方法（或者参照工况）。这表明可以通过减少热泵的蒸汽进口流量或者降低蒸汽参数进行系统的优化。

四、发生器压力

图 4-7 所示为 5 组工况在三种优化方法下发生器压力的变化特性。其中 GOTR 方法由于只对发生器温度进行调节，其发生器出口压力与参照工况的相同。从图 4-7 可以发现，优化方法在不同工况下均使发生器压力产生了差异。其中工况 1 和工况 5 的差异相对较小，工况 4 时的发生器压力差异最大，GPR 方法与 GOTPR 方法可相差接近 10kPa，占参照工况的 30%左右。从图 4-7 中还可以看出，相对于 GOTR 方法，GPR 方法和 GOTPR 方法在 5 组工况下发生器压力调节方向并不完全一致。尤其是工况 2～4，GPR 方法需要进一步增加发生器压力，而 GOTPR 方法需要降低发生器压力。这也表明发生器出口温度和压力在热泵系统安全稳定运行方面共同发挥着作用，进而说明了发生器出口温度和

压力双效调节的必要性。

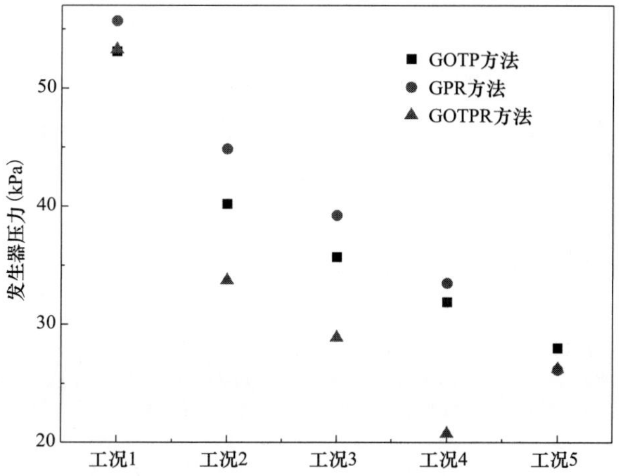

图 4-7 发生器压力的变化特性

五、热泵系统 *COP*

图 4-8 所示为 5 组工况在三种优化方法下热泵系统 *COP* 的变化特性。可以发现，相对于参考工况，三种优化方法均使得热泵系统 *COP* 有所增加，这表明在热泵系统实际运行工况下有必要对运行参数进行进一步优化。相比于相对于 GOTR 方法和 GPR 方法，GOTPR 方法在 5 组工况下的 *COP* 均为最优方法。尤其在工况 2 条件下，相比于参照工况，GOTPR 方法使得热泵系统 *COP* 提高了 0.05。需要强调的是，GOTPR 方法是在满足热泵系统安全裕量条件下同时满足了热泵系统内部冷凝器和溶液换热器最大值的条件下进行的参数优化，在寻优过程中实现了热泵系统深度提效的作用。通过计算结果，可以认定该方法具有进一步推广的潜力，在后续变工况研究中，将作为可靠的方法进一步探讨热泵系统性能。

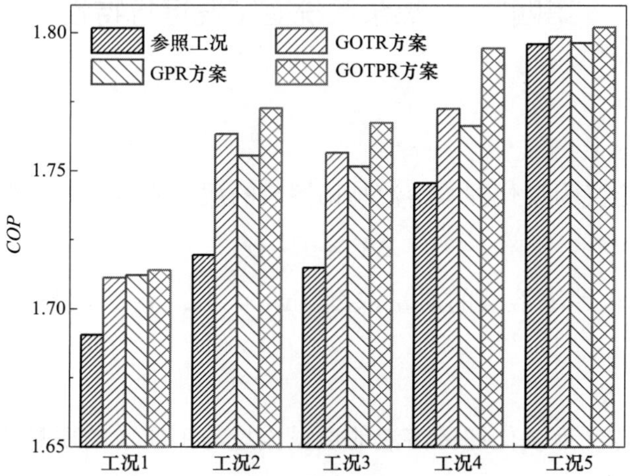

图 4-8 热泵系统 *COP* 的变化特性

六、回收余热功率分析

为进一步分析 GOTPR 方法在热泵系统回收余热功率方面的作用，针对 5 组工况下的回收余热功率进行计算，结果如图 4-9 所示。可以发现，尽管在 5 组计算得到热泵系统 *COP* 随着进汽量负荷的降低呈升高趋势，回收余热功率随着进汽量负荷的降低（工况 1～5）在不同方法下均呈下降趋势。这是因为回收余热功率受到驱动蒸汽热功率和热泵系统 *COP* 两个参数的共同制约。此外，可以发现，相比于参照工况，GOTPR 方法均增加了回收余热功率，其中在工况 2 时增加最大，为 6.58MW。由于循环水进出口温度是根据 5 组工况实际测定值进行计算，通过 GOTPR 方法所增加的回收余热功率仅增加了进入热泵系统的循环水流量而不会改变进入机组凝汽器内的温度。为此，该提效方法并不会影响机组效率，只是循环水流量在冷却塔和热泵之间重新分配。

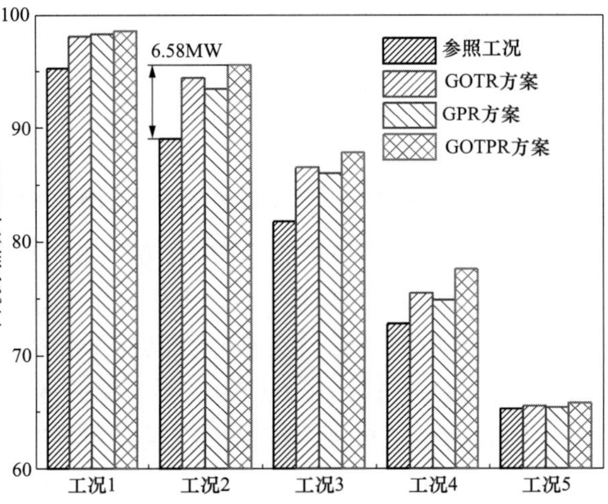

图 4-9　回收余热功率的变化特性

第四节　热泵系统变工况运行特性

一、评价指标

（一）放气范围ΔX

放气范围[130]定义为溴化锂浓溶液与稀溶液的质量浓度之差，即

$$\Delta X = \rho_c - \rho_r \tag{4-6}$$

式中：ρ_c为溴化锂浓溶液的质量浓度（wt），%；ρ_r为溴化锂稀溶液的质量浓度（wt），%。

（二）循环倍率 *R*

循环倍率[129]定义为溴化锂稀溶液的质量流量与工质水的质量流量的比值。

$$R = \frac{q_{m.r}}{q_{m.w}} = \frac{\rho_c}{\rho_c - \rho_r} \tag{4-7}$$

式中：$q_{m.r}$ 为溴化锂稀溶液的质量流量，t/h；$q_{m.w}$ 为溴化锂浓溶液的质量流量，t/h。

（三）能效系数 *COP*

能效系数[131]（*COP*）定义为系统有效热量与驱动热量的比值。其中有效值热量分别为吸收器和冷凝器中对热网水加热的热量，驱动热量为发生器内所消耗的驱动蒸汽的热量，其表达式为

$$COP=\frac{\text{有效制热量}}{\text{驱动热量}}=\frac{Q_a+Q_e}{Q_g} \tag{4-8}$$

（四）单位节煤量 m_j

$$m_j=\frac{Q_o}{10^6 \cdot q_b} \tag{4-9}$$

式中：m_j 为单位节煤量，t/h。

二、热泵系统变工况调节机制及运行特性

基于热力系统模型，分别研究了余热水温度、蒸汽进汽量、热网回水温度以及热网供水温度等因素对热泵系统主要评价指标的影响。由于余热水流量充足且可调节、热网回水流量波动范围较小，本工作均不做针对性的研究。

（一）余热水温度的影响

余热水温度变化时热泵系统的调节特性如图 4-10（a）中可以发现，随着余热水温度的升高，需要增大发生器压力。这是因为较高的余热水温度使得工质—水在蒸发器出口具有较高的温度。对于工质水来说，蒸发器压力越高，蒸发温度越高。在保证蒸汽温度与蒸发温度差值（11.773℃）一定的条件下，可进一步增加蒸发器压力。在吸收器出口温度不变的条件下，增加蒸发器压力将使得溴化锂稀溶液浓度降低，进而需要提高发生器出口温度保证对溴化锂稀溶液中工质水的分离能力[130]。发生器出口温度的提高将相对降低对冷凝器换热能力的需求，通过增加发生器压力，能够提高工质水的冷凝温度，进而实现冷凝器换热能力的最大值。需要指出的是，在发生器出口温度和压力调节过程中，需要结合溴化锂浓溶液喷淋温度的约束，找到热泵系统最佳运行的工况。

余热水温度变化时热泵系统的评价指标如图 4-11 所示。从图 4-11（a）可以看出，随着余热水温度的增加，热泵系统 *R* 呈下降趋势。这是因为发生器出口温度的提高增大了对溴化锂稀溶液中工质水的分离能力，即单位质量的溴化锂稀溶液能够分离出更大比例的工质水。同时，发生器出口温度提高以及发生器压力的增加对溴化锂浓溶液具有双重调节作用，即发生器出口温度提高有利于增大溴化锂浓溶液的浓度而发生器压力的增加将降低溴化锂浓溶液的浓度。为此，热泵系统调节后的工况对溴化锂浓溶液浓度的影响相对较小，从而溴化锂稀溶液浓度的降低带来了更大 ΔX，如图 4-11（b）所示。发生器分离工质蒸汽能力的增加使得工质蒸汽流量的增加，进而提高了蒸发器内对余热水热量的吸收能力，从而热泵系统具有更高的 *COP*，如图 4-11（c）所示。

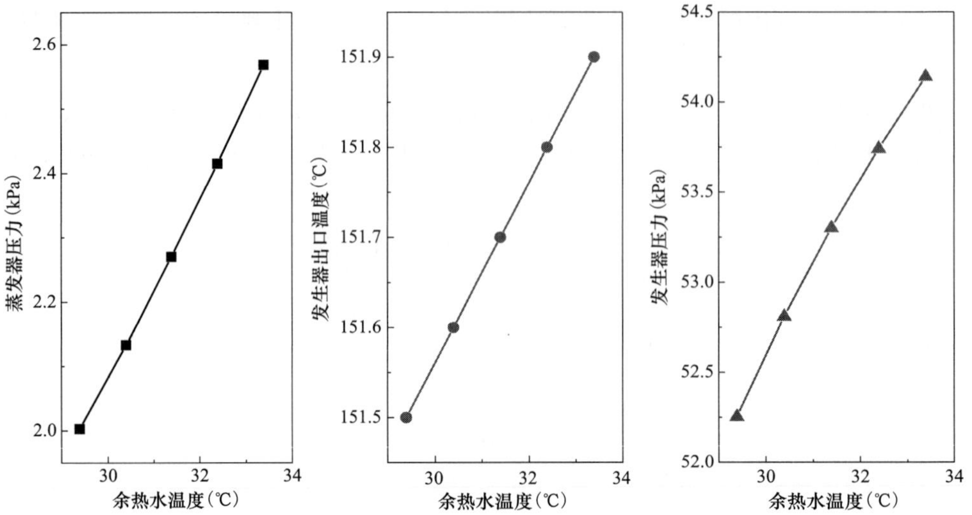

（a）　　　　（b）　　　　（c）

图 4-10　余热水温度变化时热泵系统的调节特性

（a）蒸发器压力调节；（b）发生器出口温度调节；（c）发生器压力调节

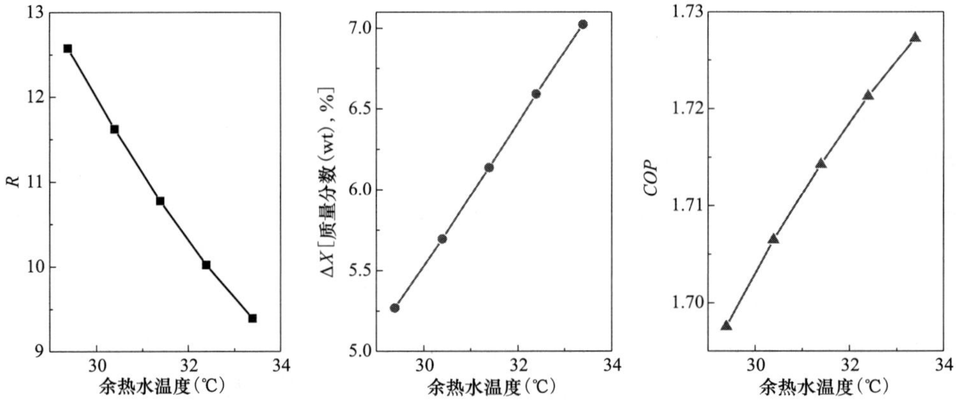

（a）　　　　（b）　　　　（c）

图 4-11　余热水温度变化时热泵系统的评价指标

（a）循环倍率 *R*；（b）放气范围Δ*X*；（c）能效系数 *COP*

（二）蒸汽进汽量的影响

蒸汽进汽量变化时热泵系统的调节特性如图 4-12 所示。需要指出的是，吸收器出口温度是根据实际运行工况获得的特征参数采用插值法计算得到，计算结果如图 4-12（a）所示。随着蒸汽进汽量的增加，吸收器出口温度呈上升趋势，在余热水温度不变的条件下，将提高溴化锂稀溶液的浓度。然而，更高的蒸汽进汽量将产生更多的工质蒸汽，进而在冷凝器换热能力最大值一定的条件下，需要进一步增加发生器出口温度以维持热泵系统的稳定运行，如图 4-12（b）所示。与此同时，较高的发生器出口温度将带来更大的溴化锂浓溶液浓度，为了避免溴化锂结晶温度的约束，需要通过增加发生器压力适当降低溴化锂浓溶液浓度的增加，如图 4-12（c）所示。当时，发生器压力对发生器出口温度的调节也存在一定的影响，本工作是同时对发生器出口温度和压力两个参数进行优化获得的。

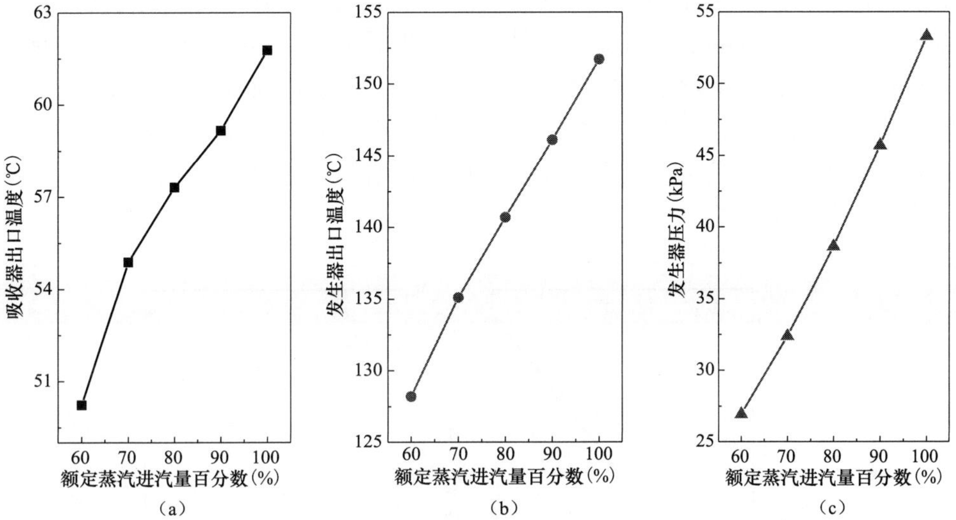

图 4-12　蒸汽进汽量变化时热泵系统的调节特性

（a）吸收器出口温度调节；（b）发生器出口温度调节；（c）发生器压力调节

蒸汽进汽量变化时热泵系统的评价指标如图 4-13 所示。从图 4-13（a）中可以看出，随着蒸汽进汽量的增加，热泵系统 *R* 呈增加趋势。这是因为溴化锂稀溶液浓度变化高于溴化锂浓溶液浓度的变化（ΔX 更低），如图 4-13（b）所示。尽管发生器出口温度增加有利于溴化锂稀溶液中工质蒸汽的分离，但是溶液换热器和冷凝器单位蒸汽进汽量的换热能力呈下降趋势，为此在调节发生器出口温度和压力时，受到了原有组件换热能力的限制，导致了热泵系统 *COP* 呈下降趋势，如图 4-13（c）所示。

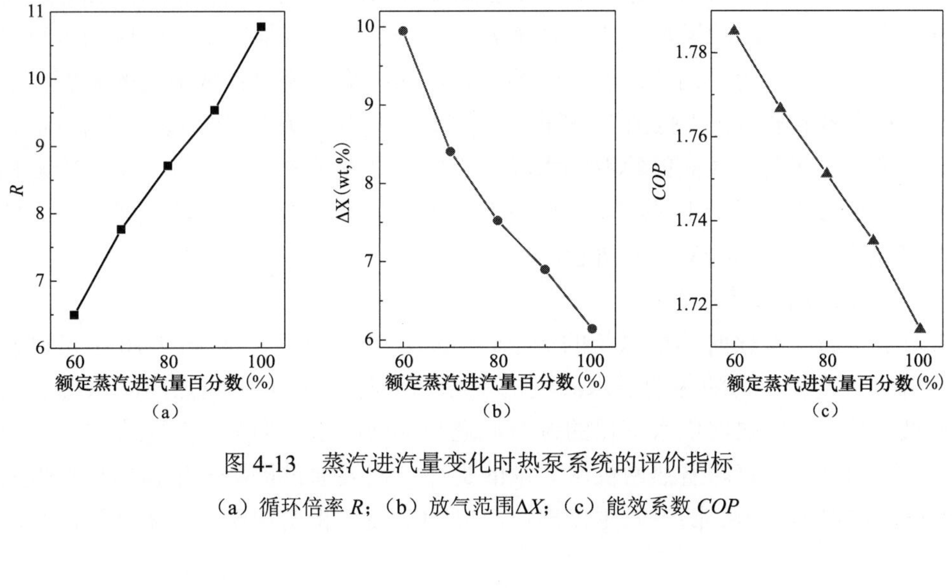

图 4-13　蒸汽进汽量变化时热泵系统的评价指标

（a）循环倍率 *R*；（b）放气范围ΔX；（c）能效系数 *COP*

（三）热网回水温度的影响

热网回水温度变化时热泵系统的调节特性如图 4-14 所示。可以发现，随着热网回水温度的升高，发生器出口温度和压力均需要增加。首先，随着热网回水温度的升高，在冷凝器换热能力一定的条件下，需要通过提高工质蒸汽的冷凝温度达到稳定运行。对于热泵系统内部提高冷凝温度的有效措施是增加发生器压力。其次，较大幅度地增大发生器压力将带来溴化锂浓溶液浓度的降低，而过大地降低溴化锂浓溶液的浓度将影响发生器分离工质蒸汽的程度。为此，需要进一步提高发生器的出口温度，这不仅增加冷凝器内的换热温差进而降低发生器压力的变化，也通过增加溴化锂浓溶液的浓度平衡部分发生器压力变化带来的影响。

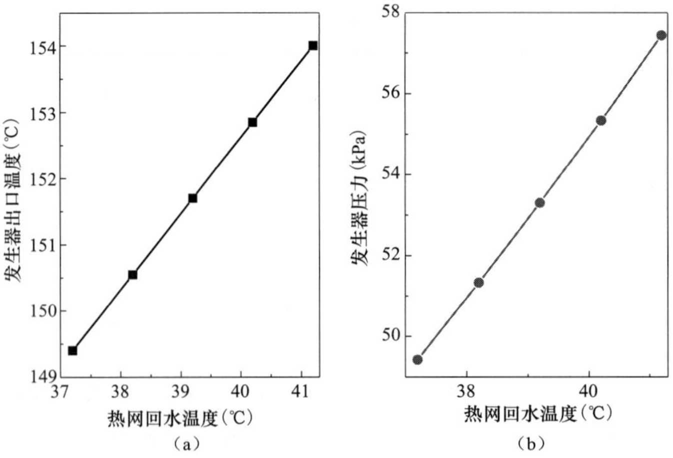

图 4-14　热网回水温度变化时热泵系统的调节特性

（a）发生器出口温度调节；（b）发生器压力调节

热网回水温度变化时热泵系统的评价指标如图 4-15 所示。从图 4-15（a）中可以发现，随着热网回水温度的增加，热泵系统 R 呈下降趋势。其原因为，热网回水温度的增加需要提高发生器压力去调节，而发生器压力增加将降低溴化锂浓溶液的浓度，但同时需要增大发生器的温度去“抵消”，其程度更多地将取决于发生器温度（ΔX 更高），如图 4-15（b）所示。另外，较高的热网回水温度需要更高参数的工质蒸汽去实现冷凝器的稳定换热。当驱动蒸汽量一定时，高参数的工质蒸汽将降低工质蒸汽的流量，这导致热泵系统 *COP* 更低，如图 4-15（c）所示。

（四）热网供水温度的影响

热网供水温度变化时热泵系统的调节特性如图 4-16 所示。从图 4-16 中可以发现，发生器出口温度和压力随热网供水温度的变化趋势与图 4-14 中随热网回水温度的变化趋势相似。事实上，热网供水变化的调节机理与热网回水的调节机理也存在一定的相似之处。其不同点在于，随着热网供水要求的提高，需要通过提高发生器出口温度实现冷凝器入口端的温差调节。随着发生器出口温度的提高，将增加溴化锂浓溶液的浓度，处于从溴化锂结晶约束考虑，增加发生器压力不仅可以部分降低发生器出口温度的要求，也将有效平衡溴化锂浓溶液的浓度。其相似之处在于，均有冷凝器内部换热引起的发生器出口温度和压力双效调节。

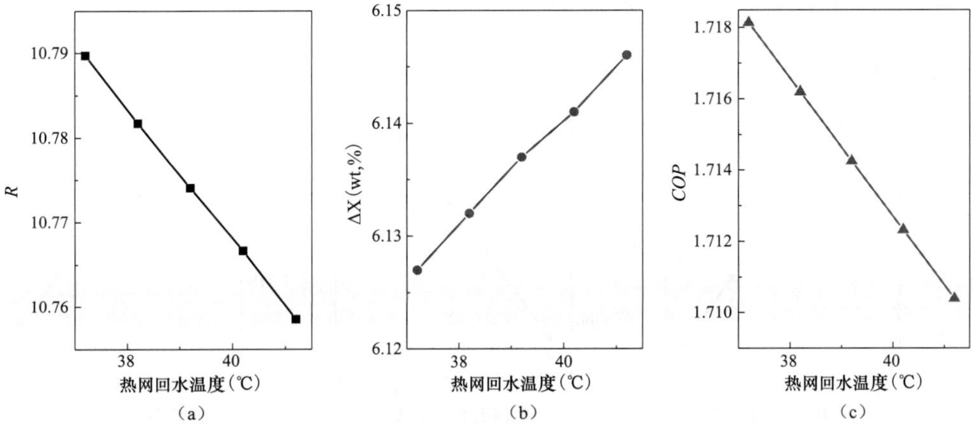

图 4-15　热网回水温度变化时热泵系统的评价指标

（a）循环倍率 R；（b）放气范围 ΔX；（c）能效系数 COP

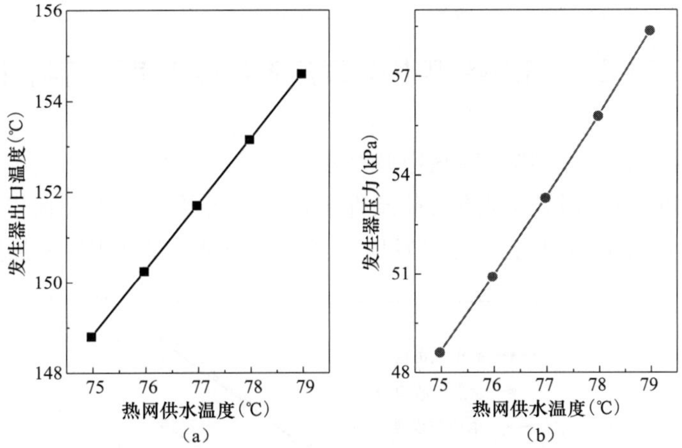

图 4-16　热网供水温度变化时热泵系统的调节特性

（a）发生器出口温度调节；（b）发生器压力调节

热网供水温度变化时热泵系统的评价指标如图 4-17 所示。可以发现，热泵系统 R、ΔX 以及 COP 的变化趋势均与图 4-15 中所示趋势一致，其变化原理也相同。但需要指出的是，单位热网供水温度的变化所引起的热泵系统指标的变化均明显高于单位热网回水温度的变化。这是因为在热网回水温度变化研究中，确定的蒸汽进汽量条件下热网供水温度也将随着变化。因此通过调节发生器出口温度和压力将在冷凝器两端均起到调节作用，进而热网回水温度变化对热泵系统性能的影响相对较小。本小节的热网供水温度变化是选定热网回水温度条件下进行的，因此调节发生器出口温度和压力更主要的是影响着冷凝器的入口端温差，为满足热泵系统内部的稳定性，调节范围相对大一些。研究发现，适当降低热网供水温度有利于提高热泵系统 *COP*，对于热泵供暖系统在热网供水温度优化方面的研究，将以耦合抽凝机组作为优化整体进行系统分析。

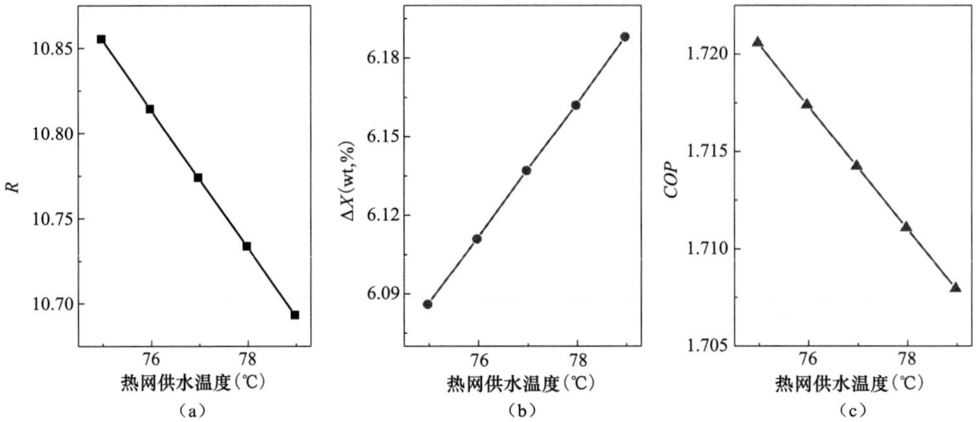

图 4-17　热网供水温度变化时热泵系统的评价指标

（a）循环倍率 R；（b）放气范围ΔX；（c）能效系数 *COP*

第五节　余热利用热电联产系统变负荷运行特性

为进一步分析循环水余热利用热电联产系统的变负荷运行特性，将热泵与抽凝机组模型进行耦合，进一步分析不同热负荷条件下，该系统的最小电负荷以及余热回收百分数，其计算结果如图 4-18 所示。可以发现，当热负荷从 252.9MW 增加到 407.4MW 时，

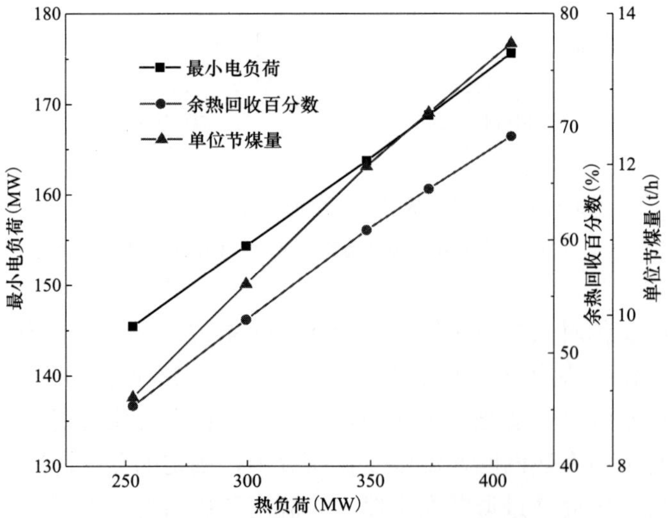

图 4-18　循环水余热利用热电联产系统变负荷运行特性

系统的最小电负荷也由145.5MW增加到了175.6MW。在系统最小电负荷方面，系统表现出了一定的耦合度，其原因为低压缸最小排汽量的限制，在系统最小电负荷条件下，低压缸排汽量始终维持在最小值，即228t/h，当热负荷增加时，需要进一步增加中压缸抽汽量，进而增加了经过高中压缸的蒸汽量，增加了发电量。但由于低压缸排汽量一定，凝汽器循环水所带走的热量是一定的。当热负荷增加时，需要通过增加进入热泵系统驱动蒸汽的量，加大系统供热能力，进而也增加了回收余热量，当热负荷从252.9MW增加到407.4MW时，系统的余热回收百分数也由45.3%增加到了69.2%，同时单位节煤量由8.9t/h增加到13.6t/h。

第五章

能量深度梯级利用的灵活性评价

因为热电联产系统的特点是可以降低系统冷端损失，所以热电联产系统是一种高效的能量利用方式。热电联产的供热方式可以分为高背压供热[132]、抽汽式供热[133]以及热泵供热方式[134]。本章从能量深度梯级利用角度出发，以余热回收耦合背压供热系统为研究对象，利用 Ebsilon 软件构建了该热力系统仿真模型，并依据各组件的实际运行数据对模型进行了校准。接下来，分别计算了热泵及背压机功率最大，热泵功率最大、背压机功率最小，热泵功率最小、背压机功率最大，以及热泵和背压机功率均最小 4 种调节下的供热功率。之后，在热负荷范围内选择五组情景研究了系统分别在背压机功率最大原则以及热泵功率最大原则下的电负荷调节范围，并以电负荷调节范围重复边界点为基准计算了其热负荷调节范围。另外，计算了五组具有代表性的主蒸汽量下热负荷与电负荷的对应关系，确定了系统优化运行的边界参数。结合系统热负荷和电负荷调节范围，最终绘制了系统不同电、热负荷下的运行策略区域[135]。期望为进一步兼顾灵活性和能量梯级利用两方面研究燃煤热电联产系统提供理论指导。

第一节　背压机运行测试与建模

为实现能量深度梯级利用，在原有吸收式热泵回收电厂循环水余热的同时，增设了背压机，其作用在于先将中压缸抽汽进入背压机做功后再用于尖峰加热器加热。对背压机进行了 5 组稳定工况的运行测试，每组稳定运行 0.5h，其结果如表 5-1 所示。

表 5-1　　背压机稳定运行测试工况

测试参数	单位	额定工况	87%工况	最小负荷	最大负荷	60%工况
计划负荷	MW	16.6	14.3	6.7	20	10
进汽质量流量	t/h	214.5	193.3	113.7	285.1	150.7
进汽压力	MPa	0.73	0.738	0.63	0.712	0.62
进汽温度	℃	327	333.9	321.5	315.5	319.3
排汽压力	MPa	0.134	0.116	0.111	0.201	0.109

续表

测试参数	单位	额定工况	87%工况	最小负荷	最大负荷	60%工况
排汽温度	℃	175.519	182	210.466	181.66	199.73
负荷	MW	16.906	15.264	6.496	19.978	9.3

根据表 5-1 所示的 5 个工况，对图 5-1 所示背压机模型进行参数修正，包括等熵效率和发电效率。根据进汽压力和温度以及排汽压力和温度可以计算得到各工况下的等熵效率，再根据进汽与排汽的焓差以及进汽量可计算得到各工况的轴功率，再结合实际负荷，即可得到各工况下的发电效率。该背压机等熵效率和发电效率的特征曲线如图 5-2 所示。后续的背压机变工况通过该特征参数的线性拟合计算得到。

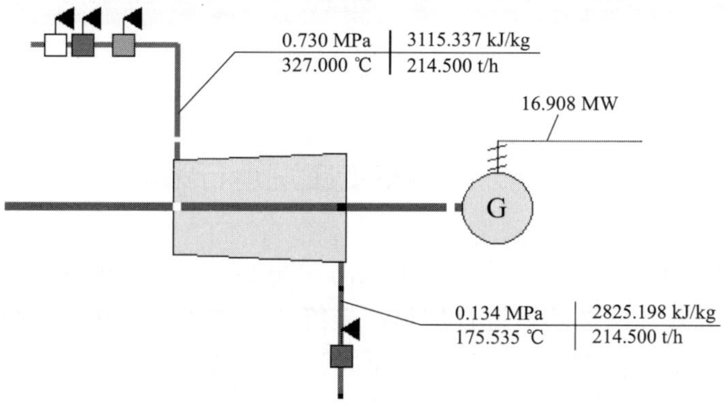

图 5-1　背压机模型

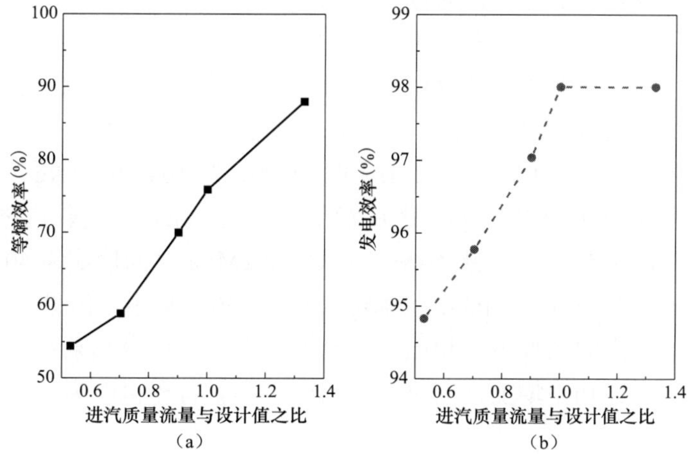

图 5-2　背压机等熵效率和发电效率的特征曲线

（a）等熵效率特征曲线；（b）发电效率特征曲线

为进一步验证背压机模型的精度，将 5 个工况下由模型得到的模拟值与测试值进行了比较，结果如图 5-3 所示。其相对误差小于 1%，满足工程上变工况计算需要。

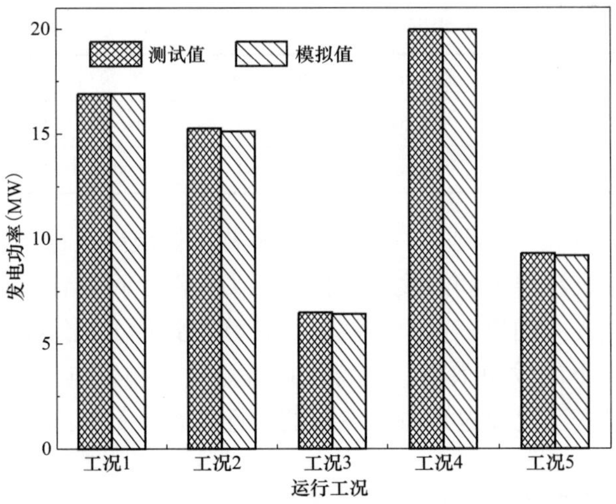

图 5-3　背压机模型验证

第二节　系统变工况运行策略

能量深度梯级利用热电联产系统的示意图如图 5-4 所示。热网回水首先经过吸收式热泵加热后，再进入热网加热器进行加热，最终热网供水用于热用户供暖。其中吸收式热泵的驱动热源是 1 号机组中压缸抽汽，余热源是来自 1 号机组和 2 号机组的电厂循环水。另外，2 号机组中压缸抽汽首先经过背压机做功，之后高背压蒸汽通过热网加热器对吸收式热泵出口供水进行加热，达到热用户要求。该系统的特点在于通过吸收式热泵系统对热网回水进行初步加热，再通过高压缸的高参数排汽对热网水进行二次加热，避免了高参数的背压机排汽直接加热热网水，实现了系统能量的梯级利用。另外，2 号机组的中压缸抽汽首先经过背压机部分做功，再用于热网水加热，减少了高能低用。本工作选择两台抽凝机组耦合供热的原因：其一，根据热泵设计工况下的耗汽量为 194.9t/h，可将 5391t/h 的热网水由 39.2℃（0.2MPa 时的焓值为 164.369kJ/kg）加热到 76.45℃（0.2MPa 时的焓值为 320.182kJ/kg），之后背压机在设计条件下的耗汽量为 214.5t/h，可将热泵出口的热网水由 76.45℃加热到 96.365℃（0.2MPa 时的焓值为 403.182kJ/kg），而一台抽凝机组的额定抽汽量为 300t/h，需要从两台 350MW 中压缸抽汽；其二，在已经确定必须两台机组抽汽的条件下，相比于单台抽凝机组均增设热泵和背压机，耦合系统能够使得背压机的设计功率增加，同时可由两台小容量背压机改为一台背压机，降低经济成本。

Ebsilon 仿真软件基于系统各单体热力学平衡所编写的计算模型，利用可视化窗口可将各模块有机组合起来编写系统优化设计。根据能量深度梯级利用热电联产系统各组件换热特点构建了热力系统仿真模型，如图 5-5 所示。其中抽凝机组模型和热泵机组模型是由第 4 章建模所得，背压机模型是由本章建模所得，并均验证了模型精度，可用于后续的计算。

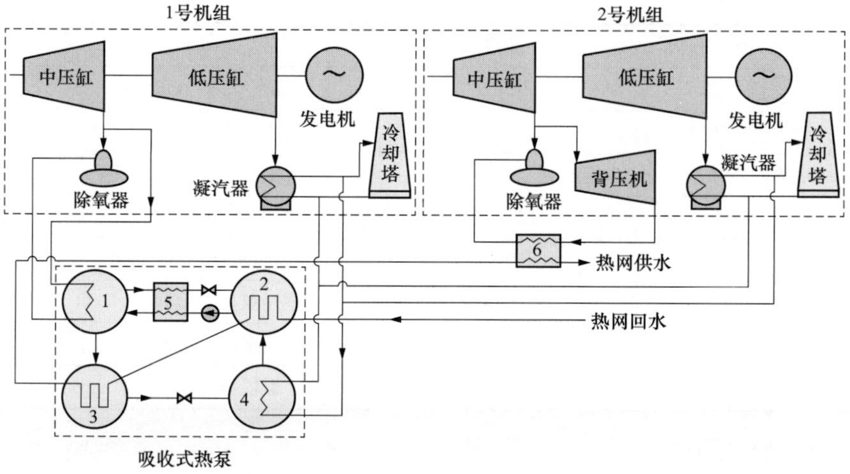

图 5-4　能量深度梯级利用热电联产系统的示意图

1—发生器；2—吸收器；3—冷凝器；4—蒸发器；5—溶液换热器；6—尖峰加热器

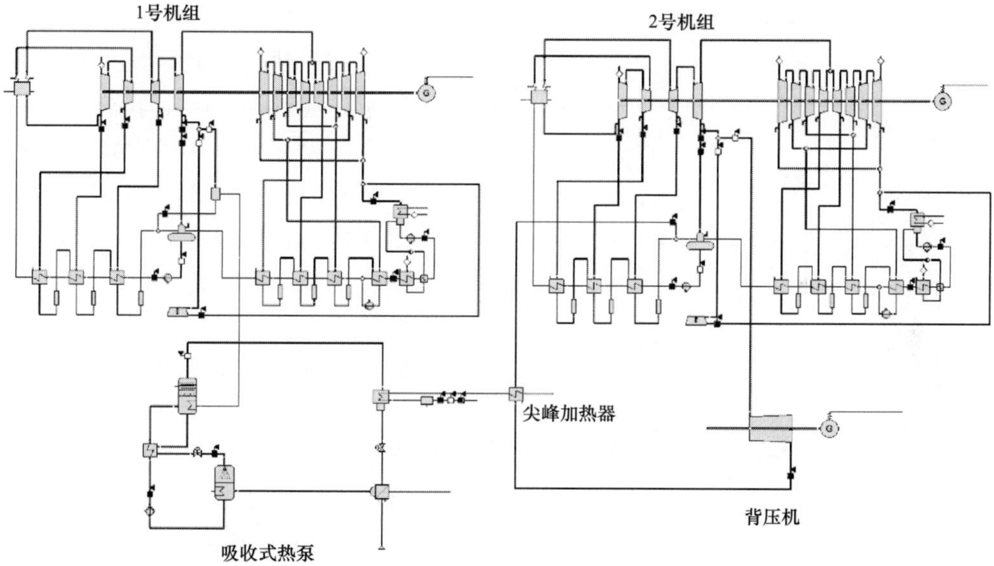

图 5-5　能量深度梯级利用热电联产系统 Ebsilon 模拟图

一、两种运行策略设定

该余热回收耦合背压机供热是一个耦合多组件的复杂物质循环过程，为便于分析系统不同情景下的灵活运行能力，进行了如下几点设定（具体数值见表 5-2）。

（1）热泵和背压机均同时用于供暖且只有热泵和背压机用于供暖。

（2）热泵供暖时只考虑最为经济的条件运行。

（3）在热负荷变动时只考虑热网水质量流量不变的情况。

（4）凝汽机组、热泵以及背压机均在设定工况以及最小工况条件下运行。

表 5-2　　系统的约束设定

参　数	数值	参　数	数值
蒸汽抽汽温度（℃）	321.5	蒸汽抽汽压力（MPa）	0.615
背压机疏水焓值（kJ/kg）	428	热泵疏水焓值（kJ/kg）	223.6
热网水流量（t/h）	5117	凝汽机组额定主蒸汽量（t/h）	1052
背压机的额定进汽量（t/h）	214.5	背压机的最低进汽量（t/h）	113.7
热泵的额定进汽量（t/h）	194.9	热泵进汽最低量（t/h）	116.94
安全裕量（℃）	8.47	过热温度（℃）	11.773
热网供水温度（℃）	95	热网回水温度（℃）	39.2
中压缸最低排汽量（t/h）	321.501	低压缸最低排汽量（t/h）	255.183

二、模拟结果分析

在运行策略优化计算中，均采用热网水流量不变的条件，同时调节方式分别是背压机功率最大原则和热泵功率最大原则，对其热负荷进行优化分配。

（一）供热功率评估

为选定供热系统更具有代表性的热负荷情景，分别对热泵和背压机最大和最小 4 组交叉情景进行分析，其结果如图 5-6 所示。通过计算确定了该供热系统在设定约束下供热功率的最大值和最小值分别为 379.41MW 和 225.75MW，这将作为后续设定热负荷的边界。另外，热泵最大、背压机最小，以及热泵最小、背压机最大两种供热功率分别为 314.51MW 和 290.65MW。为了后续全面研究不同供热负荷下系统电负荷的灵活性，该两个热负荷边界将作为一项重要参考。

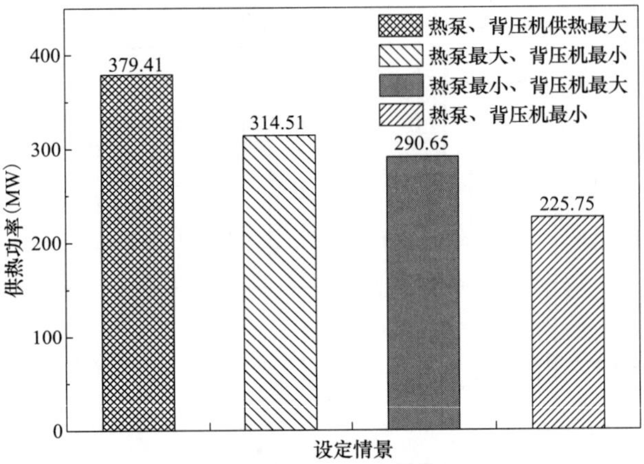

图 5-6　不同设定情景下系统供热功率

（二）电负荷灵活调节特性

不同热负荷情景下电负荷调节范围如图 5-7 所示，5 个热负荷分别为 225.75、260、300、340MW 以及 379.41MW。其中 379.41MW 和 225.75MW 分别为系统设定约束条件下的最大和最小供热功率。260、300 和 340MW 分别为是上述 314.51MW 和 290.65MW 分隔热负荷区间内的不同区域数值。在研究系统不同供热负荷下，选择了背压机功率最大原则和热泵功率最大原则作为系统供热调节策略的分析。在系统最大和最小热负荷时，由于供热负荷均为热泵和背压机最大出力或者最小出力，在热负荷上不具有调节性，因为在该情景下背压机功率最大原则和热泵功率最大原则是相同的。而对于中间三种情景下，无论是电负荷最大值还是最小值，背压机功率最大原则时均高于热泵功率最大原则，同时热泵功率最大原则时的电负荷调节范围大于背压机功率最大原则。对于中间三种热负荷条件下的最大电负荷来说，使用热泵能够回收电厂循环水余热而无法减少系统的冷端损失，使用背压机尽管不能回收电厂循环水余热但能够减少系统的冷端损失。因此，使用热泵和背压机的最终效果都是降低了系统的热损失。对于该系统来讲，背压机功率最大原则避免热损失的作用优于热泵功率最大原则。但是在相同的热负荷条件下，背压机功率最大原则需要更多的中压缸抽汽量，这将增加了系统的热电耦合度，特别是在系统最低电负荷上不如热泵功率最大原则。同时，热泵功率最大原则时，由于其消耗中压缸抽汽的量小于背压机功率最大原则，因此通过降低热电耦合度增加了系统电负荷的可调节范围。背压机功率最大效率较高的主要原因可认为是背压机用汽这部分没有冷却能量损失，而热泵尽管回收了部分余热水能量，但在系统来说，仍有一部分能量作为冷源损失。后续将通过系统的能流图做进一步的解释。

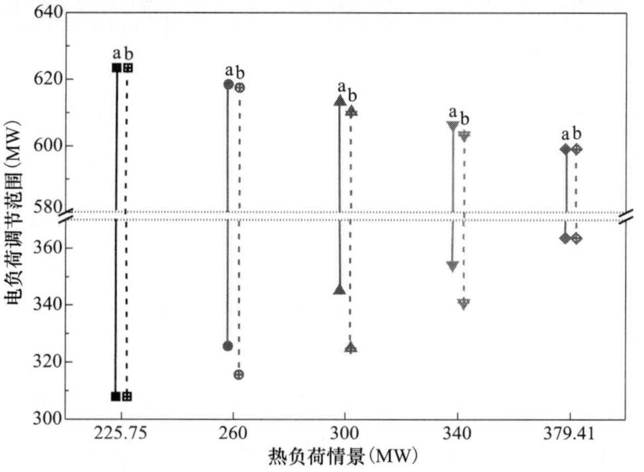

图 5-7　不同热负荷情景下电负荷调节范围

a—背压机功率最大原则；b—热泵功率最大原则

（三）热负荷灵活调节特性

不同电负荷情景下热负荷调节范围如图 5-8 所示。从图 5-8 中可以发现，热负荷调节范围可以分为三个阶段。第一阶段为最小电负荷到 363.66MW 区间，第二个阶段为 363.66MW 到 599.18MW，第三个阶段为 599.18MW 到最大电负荷。需要指出的是，363.66MW 是满足最大热负荷时的最小电负荷状态。此时是热泵和背压机同时为最大供热功率，同时凝汽机组的低压缸排汽为最小值。599.18MW 同样也是热泵和背压机同时为最大供热功率，即热泵蒸汽进汽量和背压机的进汽量为最大值。但是系统的主蒸汽流量也达到了 1052t/h 的额定工况。在第一阶段内，在相同的电负荷条件下，热泵功率最大原则下热负荷调节范围明显高于背压机功率最大原则。这是因为该阶段限制热负荷调节范围的主要因素是凝汽机组低压缸最小排汽约束，而背压机功率最大原则下背压机进汽量在相同的电负荷时将大于热泵功率最大原则。背压机发电量的增加降低了凝汽机组的发电量，进而对抽汽量带来了更大的限制。在第二阶段内，由于系统均满足热泵以及背压机从最小值到最大值的蒸汽抽汽，因此在该阶段的热负荷调节范围相同。在第三阶段内，在相同的电负荷条件下，背压机功率最大原则下的热负荷调节范围大于热泵功率最大原则。这是因为当发电功率高于 599.18MW 时，对于背压机功率最大原则是以降低热泵用汽为主，对于热泵功率最大原则是以降低背压机用汽为主。减少热泵用汽将同时降低了回收电厂循环水余热，降低背压机用汽在增加凝汽机组发电功率的同时降低了背压机发电量。如前所述，背压机供热方式比热泵具有更高的效率，因此在主蒸汽量为最大值时，在相同的电负荷下具有更高的热负荷。

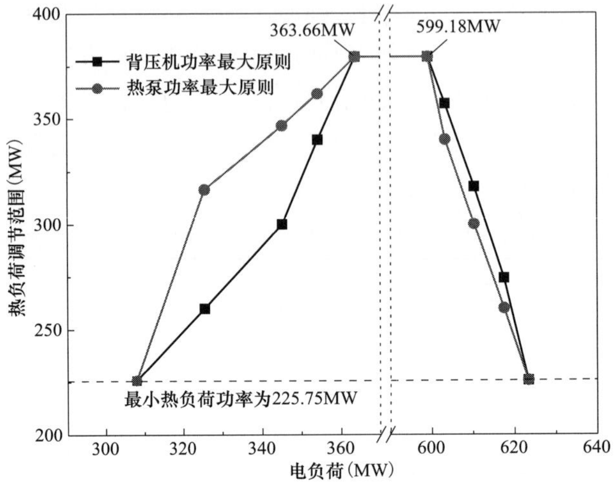

图 5-8　不同电负荷情景下热负荷调节范围

（四）主蒸汽量寻优

设定主蒸汽量条件下电负荷与热负荷的对应关系如图 5-9 所示。该主蒸汽量的选定分别为主蒸汽量最大值、最小值以及背压机功率最大原则和热泵功率最大原则的交集边界值。可以发现，在相同的主蒸汽条件下，除了系统最大和最小供热负荷外，在相同的热负荷条件下，背压机功率最大原则时的电负荷均高于热泵功率最大原则，进一步验证了上小节结论的普遍性。在系统能够满足热泵和背压机抽汽最小值到最大值范围，热负荷为定值时，主蒸汽量直接与电负荷呈线性关系，其增量与背压机功率最大原则和热泵功率最大原则没有关系。

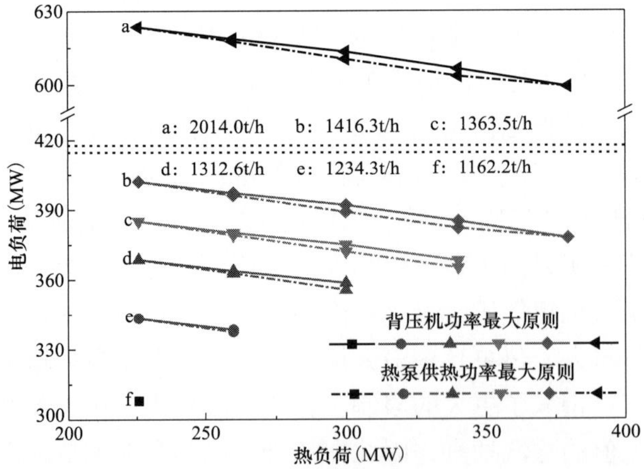

图 5-9　设定主蒸汽量条件下电负荷与热负荷的对应关系

（五）系统分段运行策略

系统分段运行优化策略示意图如图 5-10 所示。其中Ⅰ区是背压机功率最大原则时所有热负荷和电负荷区域，Ⅱ区是背压机功率最大原则和热泵功率最大原则时的热负荷与电负荷的下边界线之间的区域，Ⅲ区是热泵功率最大原则的下边界。如上所述，在相同的热负荷和电负荷条件下，背压机功率最大原则时具有更高的效率，因此当热负荷和电负荷处于Ⅰ区时，系统应该选择背压机功率最大原则；当热负荷和电负荷处于Ⅱ区，系统需要在热泵功率和背压机功率间进行寻优。由于在相同的主蒸汽量条件下，1 号机组耦合热泵以及 2 号机组耦合背压机做功时，其电负荷与热负荷均存在一一对应的关系。因此，寻优结果将是唯一解。当热负荷和电负荷处于Ⅲ区时，由于Ⅲ区仅为热泵功率最大原则时的下边界，因此只能选择热泵功率最大原则。

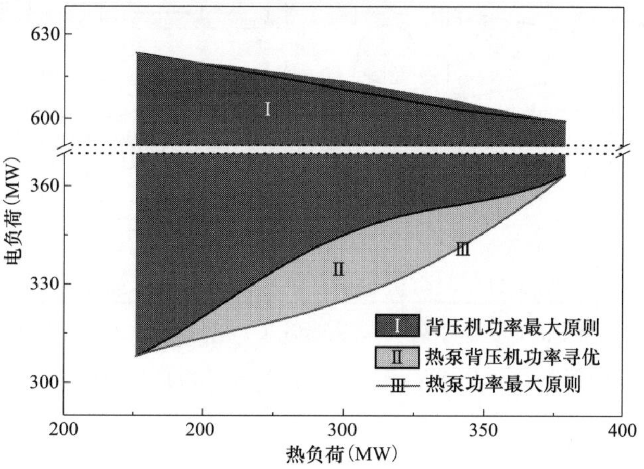

图 5-10　系统分段运行优化策略示意图

第三节　供热方案评价

一、供热方案介绍

该研究对象是两台 350MW 供热改造凝汽机组。增设溴化锂吸收式热泵和背压机被认为是节能高效设备的两种形式。主蒸汽温度为 538℃，主蒸汽压力为 16.671MPa。再热蒸汽温度为 538℃，再热蒸汽压力为 3.735MPa。增设的溴化锂吸收式热泵设计的蒸汽进汽量为 194.9t/h。背压机的电功率设计值为 16.6MW，设计蒸汽进汽量为 214.5t/h。凝汽机组耦合供热改造方案示意图如图 5-11 所示。1 号和 2 号机组，蒸汽来自中压缸抽汽，在外部加热组件换热之后返回除氧器。对于直接供热模式，来自 1 号和 2 号机组的中压缸抽汽整合在一起用于进入热交换器。对于热泵供热方式，热网回水首先经过了热泵加热，之后再利用 2 号机组的中压缸抽汽进行二次加热。相比于直接供热方式来说，热泵供热模式能回收部分电厂循环水余热用于加热热网水，但是它仍然需要高参数的中压缸抽汽作为二次热源满足热用户的需求。对于热泵与背压机耦合供热（简称耦合供热）方式，热泵仍然首先被用于热网水加热；之后，从 2 号机组抽取的高参数的中压缸先在背压机内部做功，再作为二次热源加热热网水，实现能量的梯级利用。

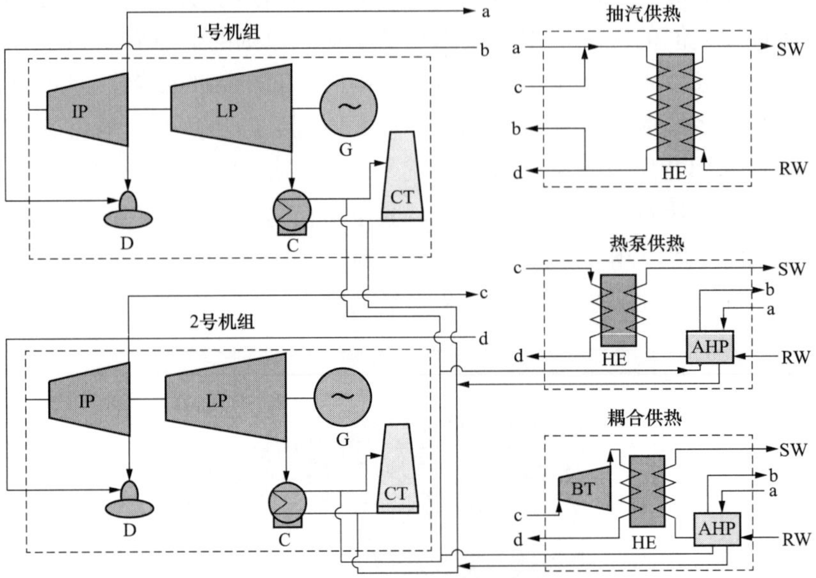

图 5-11　凝汽机组耦合供热改造方案示意图

G—发电机；D—除氧器；C—冷凝器；CT—冷却塔；BT—背压机；
AHP—吸收式热泵；SW—热网供水；RW—热网回水；HE—换热器

二、热、电功率评估

（一）热、电负荷范围

三种供热方式下系统热电负荷调节范围如图 5-12 所示。从图 5-12（a）中可以发现直接供热方式的热负荷调节范围是 0～400MW，这是由凝汽机组中压缸的抽汽量线性相关决定的。增设热泵之后，系统的供热能力明显提高。其最大的热负荷达到 550MW 左右，最小热负荷为 150MW。这是因为热泵通过回收电厂循环水余热增加了供热负荷，但是热泵本身具有最小运行负荷（这限定了系统最小热负荷的调节）。对于耦合供热方式，它的最大热负荷有轻微的降低，这是因为部分中压缸抽汽需要在背压机内先部分做功，这降低了热负荷的调节范围。需要指出的是，背压机和热泵的最大耗汽量均小于凝汽机组额定抽汽量。为了提高比较性，热负荷分成了对照区和等量区。其中，对照区是基于热泵和背压机耗汽量的设计值，而等量区是直接供暖部分（即凝汽机组额定抽汽量减去热泵和背压机的设计耗汽量）。

（二）热、电负荷的耦合关系

三种供热方式下热、电负荷的耦合关系如图 5-13 所示。首先，热电负荷的调节范围能够进一步验证之前的结论。其次，可以发现，在重叠区域热泵供热方式的上边界总是高于直接供热模型。这表明，热泵通过回收电厂循环水余热在相同的热负荷条件下能够增加发电功率。此外，还可以发现，耦合供热模式在低热负荷条件下并没有比热泵供热模式更多的优势。这是因为背压机需要在一个较低负荷下运行，这将带来一定数量的能量消耗。还可以发现，随着热负荷增加，耦合方式的发电功率上边缘逐渐高于热泵方式，这意味着耦合模式具有更高的能量利用效率。另外，三种供热改造方式的耦合关系边缘明显不同。这是因为，单一的抽汽供暖与热负荷呈线性关系，热泵供暖受到热泵自身供热性能的影响，耦合方式在变运行条件下将增加背压机的变化趋势。

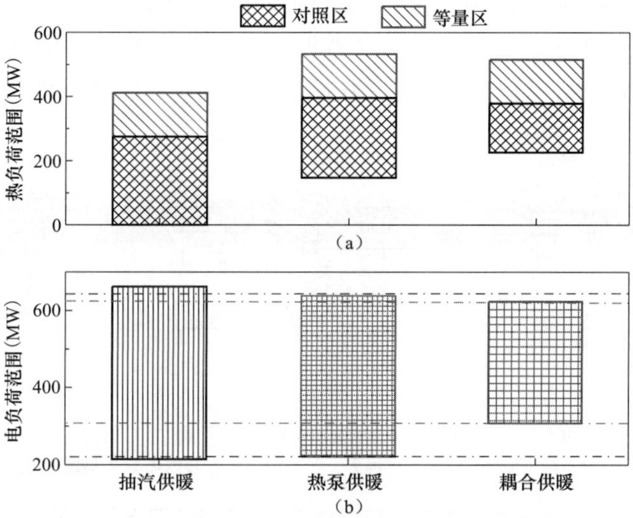

图 5-12　三种供热方式下系统热电负荷调节范围

（a）热负荷范围；（b）电负荷范围

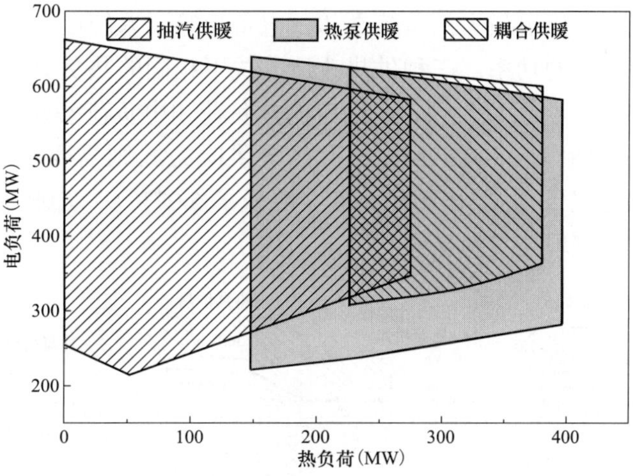

图 5-13　三种供热方式下热、电负荷的耦合关系

（三）能流图

三种供热条件下相同热负荷和主蒸汽量条件下的能流图如图 5-14 所示。耦合方式下热泵和背压机以最大热功率时为参照条件，对三种供热改造方式进行了对比。如图 5-14（a）所示，抽汽供热需要总能量中的 23.82%（抽汽）直接用于供热，而热泵供热方式仅

仅用了总能量的 18.79%（驱动热源），另一部分热量来自电厂循环水余热。然而，当高参数蒸汽进入热泵后，需要对蒸汽进行减温减压处理，这将带来新的能量消耗（占据了总能量的 1.12%），如图 5-14（b）所示。相比于抽汽供热方式，热泵供热方式下的发电比例增加了 1.19%。相比于热泵供热方式，耦合供热方式下抽汽量的总能量占比增加到了 19.84%。这是因为抽汽首先进入了背压机部分做功，之后再加热热网水，这样降低了单位抽汽量用于加热的热量。凝汽机组部分的发电比例也从 38.45%降低到了 38.18%。但是增设背压机也带来了新的发电功率（占据了总能量的 1.05%），使耦合供热系统总的发电比例达到了 36.88%，这比热泵供暖方式高了 0.74%，比抽汽供热方式高了 1.93%。

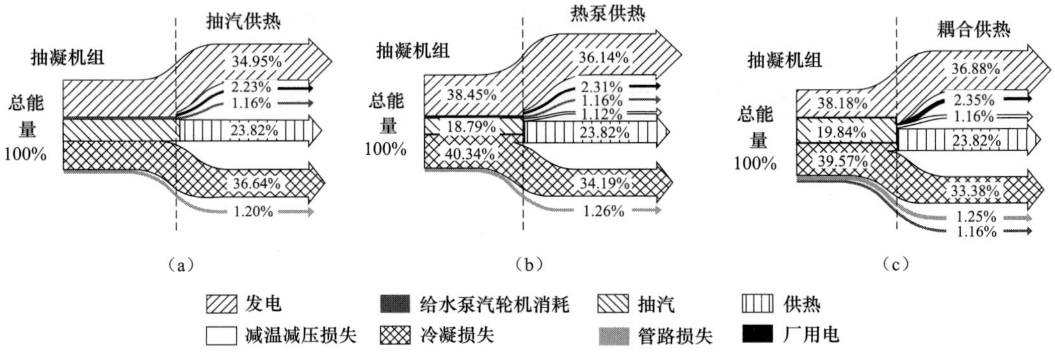

图 5-14　三种供热条件下相同热负荷和主蒸汽量条件下的能流图

（a）抽汽供热；（b）热泵供热；（c）耦合供热

为了进一步比较三种供热方式，在设定的热电负荷条件下对能流图进行了分析。其中，热负荷是热泵和背压机最大热负荷之和，电负荷等于系统在设计主蒸汽量条件下采用抽汽供暖方式所发电的功率。三种供热改造方式下相同的热负荷和电负荷条件下对应的能流图如图 5-15 所示。可以发现，在给定的热负荷和电负荷条件下，抽汽供热方式时系统输入总能量的功率为 1590.59MW，而热泵供暖方式则需要 1538.82MW（降低了 3.26%），耦合供热方式下需要 1510.03MW（降低了 5.07%）。这进一步说明了使用耦合供热方式能够进一步实现能量的梯级利用。

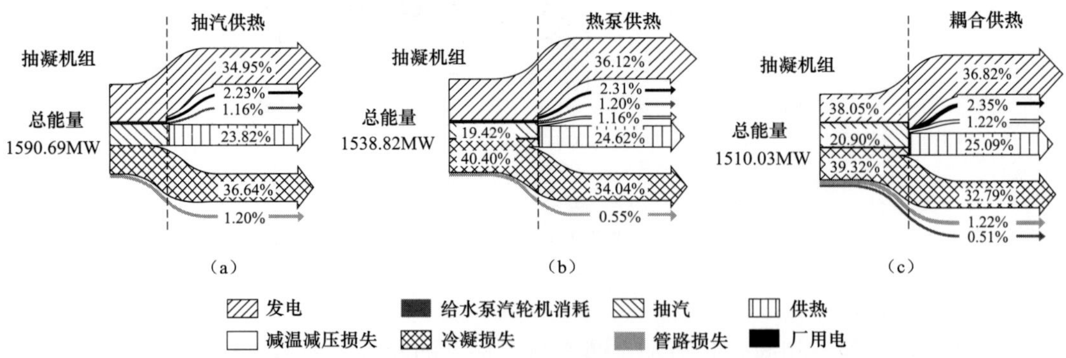

图 5-15　三种供热改造方式下相同的热负荷和电负荷条件下对应的能流图

（a）抽汽供热；（b）热泵供热；（c）耦合供热

第六章

智慧供热系统变工况煤耗分析

低压缸“零出力”供热改造方案具有投资成本低、施工量及维护工时少、节能降耗明显、提升供热能力大、深度调峰能力强、增减负荷响应迅速、可大幅度降低低压缸的最小进汽量等优点，取得国内供热行业好评。居文平等[136]通过对比四种最常用的供热机组的热电解耦技术方案表示，综合各方面来看，切缸技术的改造成本最低、热经济性最佳、综合优势最大。葛挺[137]整合了常见的灵活性改造技术方案，并在此基础上进行了机组改造后的调峰能力分析，经过研究旁路蒸汽供热、电锅炉、蓄热罐、电驱动热泵、双转子背压机改造和低压缸零出力技术，最终得出，低压缸零出力技术与制造厂所规定的“低压缸最小冷却流量”限制有矛盾，存在着一定的安全风险，机组进行切缸改造后能否长期运行还需进一步的实践检验。大规模地开展热电解耦技术改造是供热机组未来的发展趋势。在低压缸“零出力”运行过程中，对热电联产机组各单体变工况的特性进行研究，最终实现智慧供热调峰。智慧供热调峰是提高系统灵活性和高效性的必要途径。

第一节　系统设计与运行参数

针对原有供暖系统从 2 号机组进行抽汽的高能低用以及凝汽器的冷端损失的问题，兼顾区域供热需求的增加，以及过高的热负荷占比大大降低了机组的灵活性等特点，有必要进行低压缸零出力供暖改造。然而单纯地采用低压缸零出力供暖，其系统的电负荷调节能力较低，不适应系统灵活调峰的发展规划。为此，本项目提出了一种耦合热泵、背压机及低压缸零出力机组综合供暖系统，其示意图如图 6-1 所示。系统设计的根本原则是，首先利用 1 号机组中压缸抽汽驱动热泵回收循环水余热对热网水进行初步加热，再用 2 号机组中压缸排汽经过背压机做功后的排汽对热网水进行二次加热，以及利用 2 号机组中压缸排汽作为尖峰加热器热源辅助加热。该综合供暖系统的优势如下：

（1）避免了 2 号机组低压缸排汽的冷端损失。

（2）利用背压机排汽加热热泵出口的热网水，符合能量深度梯级利用要求，同时降低热泵出口热网水的温度要求，对热泵的变工况调节以及性能提升带来了更大的优化潜力。

（3）背压机进汽量以及驱动热泵蒸汽量可作为热负荷分配的调节因素，大大降低了热电耦合程度，是当下提高燃煤热电联产系统灵活性的一种有效方案。

综上所述，该系统以循环水余热回收为基础供热，进一步扩大了热电比；同时，以中压缸排汽驱动背压机先做功再排汽供热以及中压缸排汽作为尖峰加热器热源，实现了能量的深度梯级利用。

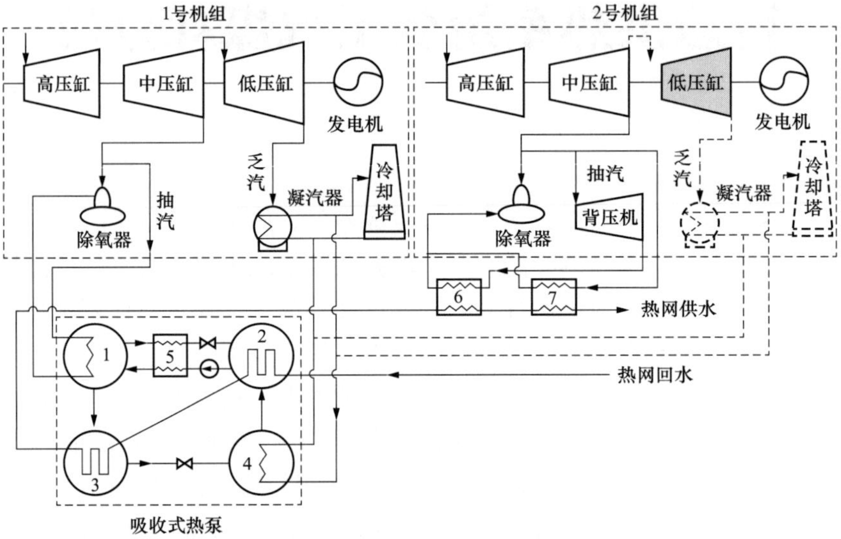

图 6-1　耦合热泵、背压机及低压缸零出力机组综合供暖系统示意图

1—发生器；2—吸收器；3—冷凝器；4—蒸发器；5—溶液换热器；6—热网加热器；7—尖峰加热器

为进一步研究 1 号切缸机组电负荷升降速率情况，针对其非供暖季进行了升降负荷的性能测试，定压/滑压运行测试过程中 1 号切缸机组的电负荷情况如图 6-2 所示。其稳定工况可用于构建稳态模型，其升降负荷过程用于分析最大负荷变化率以及动态过程的煤耗偏移情况。

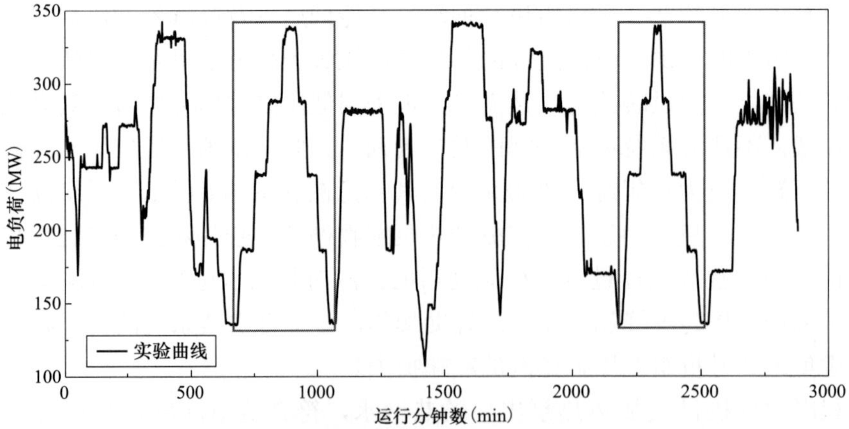

图 6-2　定压/滑压运行测试过程中 1 号切缸机组的电负荷情况

第二节　单体模型的构建与验证

一、热泵单体模型及特征曲线

根据改造后 10 组热泵变工况数据构建热泵稳态变工况模型。根据热泵三进三出参数以及热泵启动台数，推导热泵系统的 *COP*，为 2 号机组的模型协同构建提供依据，热泵系统特性曲线如图 6-3 所示。根据热泵的实际运行负荷范围，单个热泵的最小热负荷为 60% 时的运行工况，同时根据中压缸排汽焓值（3106.846kJ/kg）为基准进行计算，单个热泵满负荷的供热功率为 59.4MW，所消耗的中压缸抽汽量为 52.294t/h。以此为基础，根据热泵系统模型的变工况调节特性曲线［如图 6-3（a）所示］，计算得到不同热负荷需求下，热泵使用台数和耗汽量的关系特征曲线［如图 6-3（b）所示］，可用于 2 号机组模型的构建。

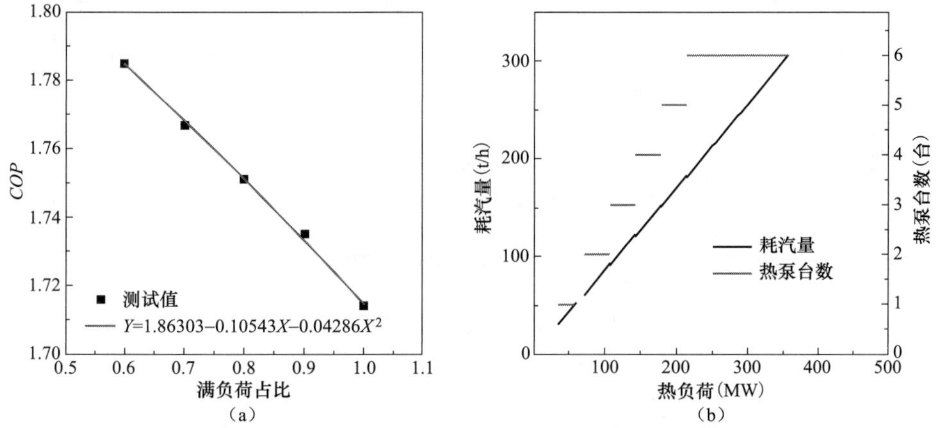

图 6-3　热泵系统特性曲线

（a）热泵系统模型的变工况调节特性；（b）热泵使用台数和耗汽量的关系特征曲线

二、背压机单体模型及特征曲线

构建背压机单体模型中热负荷与电负荷以及耗汽量间的依变关系，通过模拟确定中压缸排汽压力的修正特征曲线。以设计疏水焓值（721.099kJ/kg）为基准，分别确定 10 组工况下 BT 热负荷为 50.099MW、57.28MW、50.203MW、56.768MW、43.125MW、36.213MW、45.696MW、47.288MW、50.891MW 和 40.927MW，设定与 BT 电负荷和耗汽量分别为 BT 热负荷的比例（工况 3）为 0.38386（MW/MW）和 2.09784［t/（MW • h)］。中压缸排汽压力对 BT 电负荷和耗汽量修正特征值关系曲线如图 6-4 所示。同时，可以确定背压机的热负荷调节范围为 36.213～57.28MW。

根据改造后 10 组背压机变工况数据构建背压机稳态变工况模型。根据背压机进出口参数以及发电功率，推导背压机入口蒸汽流量，为 1 号机组的模型协同构建提供依据，背压机模型如图 6-5 所示。

三、切缸机组（1 号）单体模型及特征曲线

根据改造后 10 组切缸机组变工况数据构建切缸机组稳态变工况模型，通过切缸机组参数以及稳态运行工况，构建 40%～100%锅炉出力条件下的热力系统 Ebsilon 模拟图，

其中满负荷和最低负荷情况如图 6-6 所示。进而，根据不同的锅炉出力，以及设定中压缸排汽均用于供暖，可得到热、电负荷边界，如图 6-7 所示。首先设定中压缸排汽均作为冷端损失，进而可初步确定切缸机组热、电负荷范围。为此，在后续计算模型中，将更多地考虑切缸机组以图 6-7 中热、电负荷边界计算其系统煤耗。

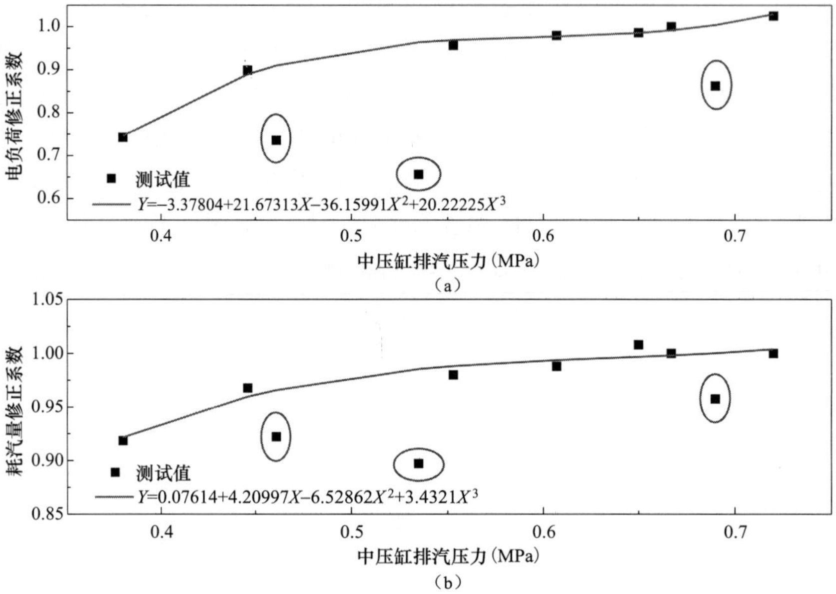

图 6-4　背压机特征值关系曲线

（a）电负荷修正系数；（b）耗汽量修正系数

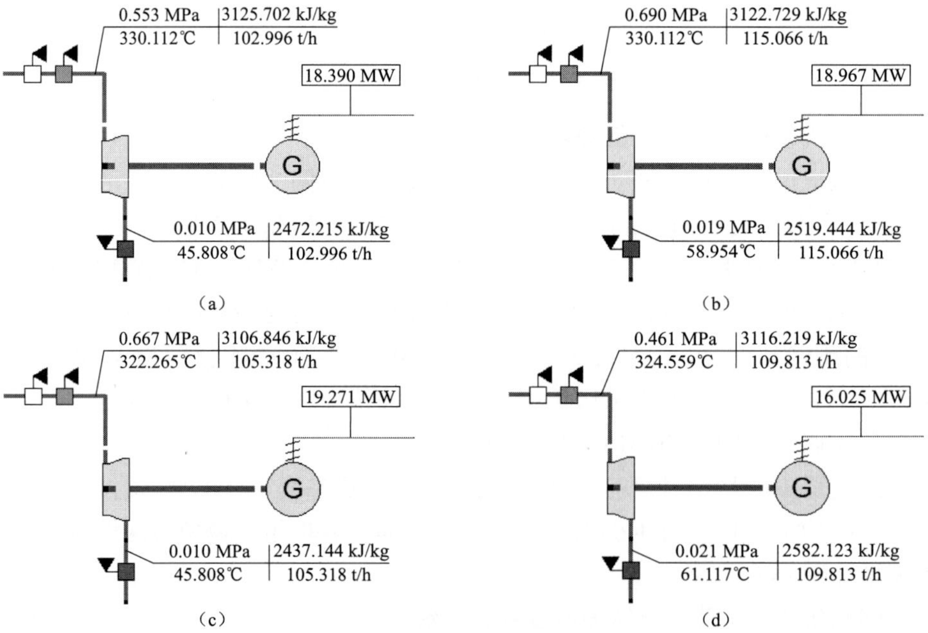

图 6-5　背压机模型（一）

（a）工况 1；（b）工况 2；（c）工况 3；（d）工况 4

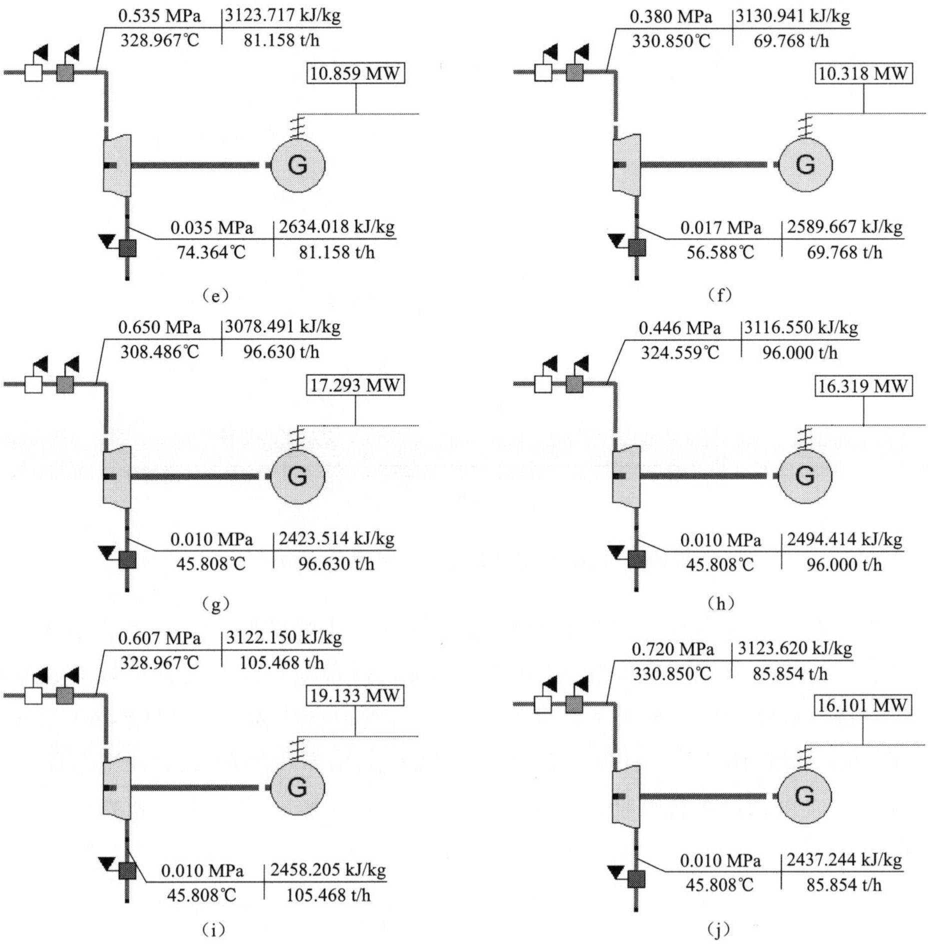

图 6-5 背压机模型（二）

（e）工况 5；（f）工况 6；（g）工况 7；（h）工况 8；（i）工况 9；（j）工况 10

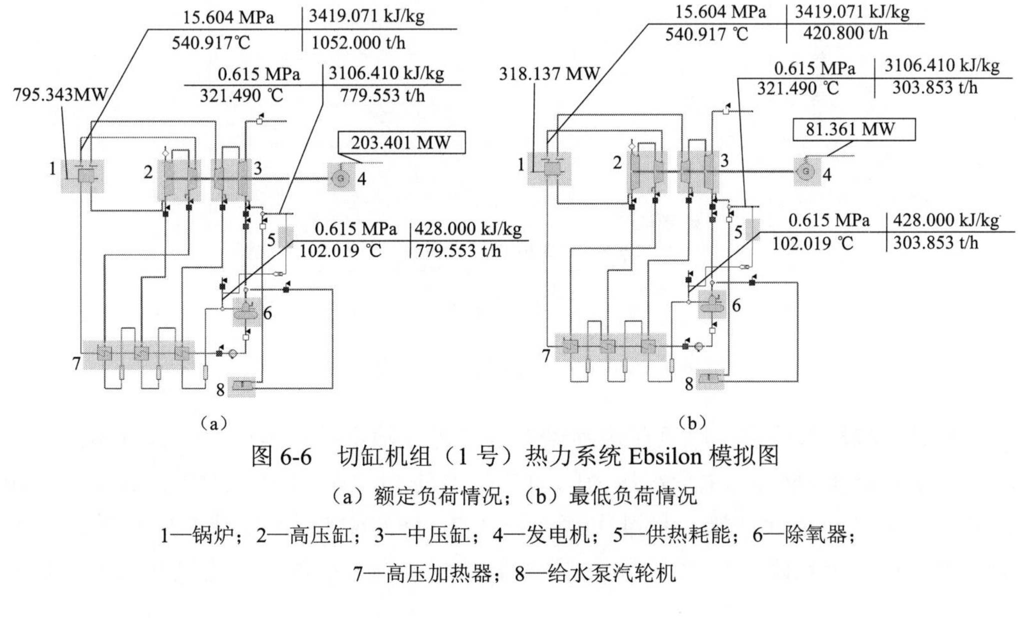

图 6-6 切缸机组（1 号）热力系统 Ebsilon 模拟图

（a）额定负荷情况；（b）最低负荷情况

1—锅炉；2—高压缸；3—中压缸；4—发电机；5—供热耗能；6—除氧器；

7—高压加热器；8—给水泵汽轮机

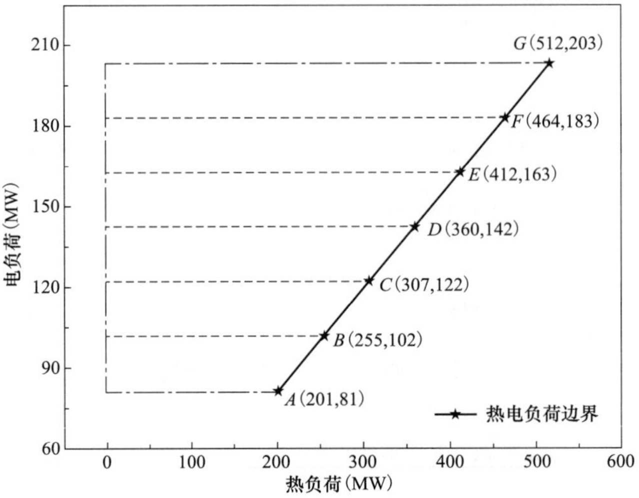

图 6-7　切缸机组（1 号）热电负荷调节范围

（1）将切缸机组热负荷与电负荷进行统一折算，其折算系数为图 6-7 中热电负荷边界计算得到。将热负荷乘以 0.3846 与电负荷相加，折合电负荷后与标准煤耗建立拟合关系，其基础特征曲线如图 6-8 所示。消除歧点后得到拟合线为 $Y=-293.84479+3.36208X-0.00954X^2+9.16876\times10^{-6}X^3$，在此基础上，分别对主蒸汽压力和中压缸排汽压力的影响进行分析，进而得到修正特性曲线，如图 6-9 所示。为后续构建 1 号机组模型提供相应的特征曲线。

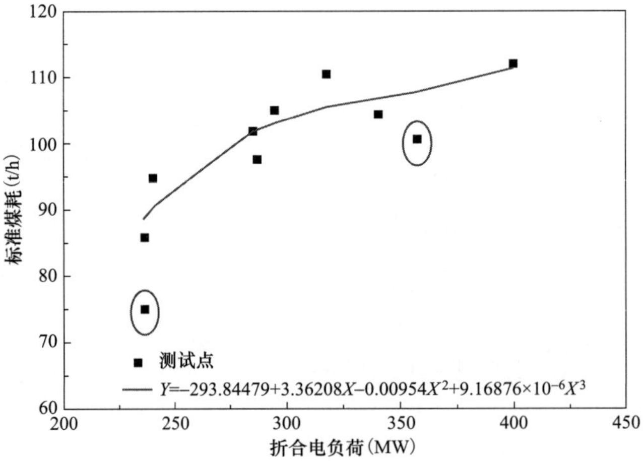

图 6-8　切缸机组（1 号）基础特性曲线

（2）对切缸机组的热、电负荷边界进一步地进行确定，这是由于中压缸排汽压力调节范围是 0.468～0.8MPa，主蒸汽压力的调节范围是 14.308～15.926MPa，其都将影响着热、电负荷关系。为此，选定标准主蒸汽压力为 15.604MPa，标准中压缸排汽压力为 0.615MPa，标准电热比为 0.3923，分别将实验数据与标准参数的比值之间的关系作为构建特征关系曲线的基础参数，主要包括主蒸汽压力系数和中压缸排汽压力系数。进行主蒸汽压力系数与中压缸排汽压力系数的关联拟合，Y=10.39222−24.42564X+15.15636X^2，其中压缸排汽压力的波动范围为 88%～112%，如图 6-10 所示。

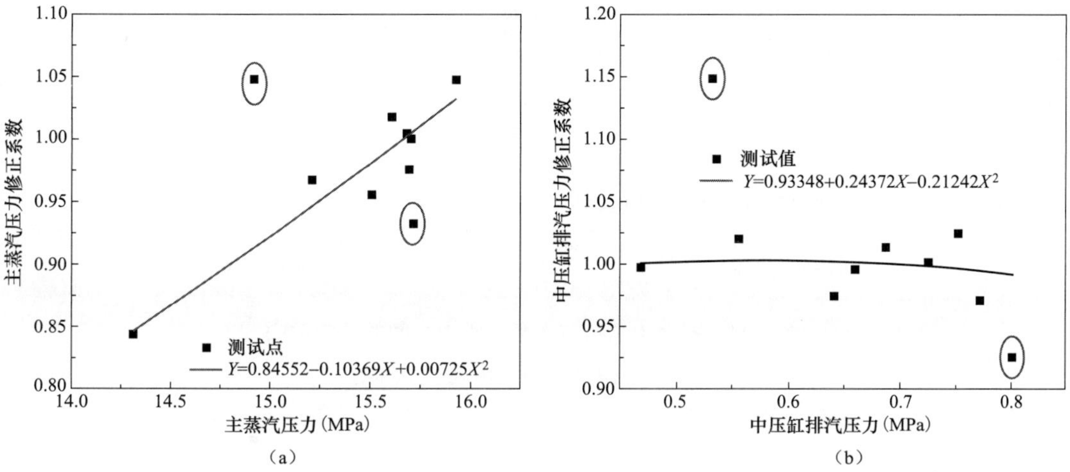

图 6-9　切缸机组（1 号）修正特性曲线

（a）主蒸汽压力修正系数；（b）中压缸排汽压力修正系数

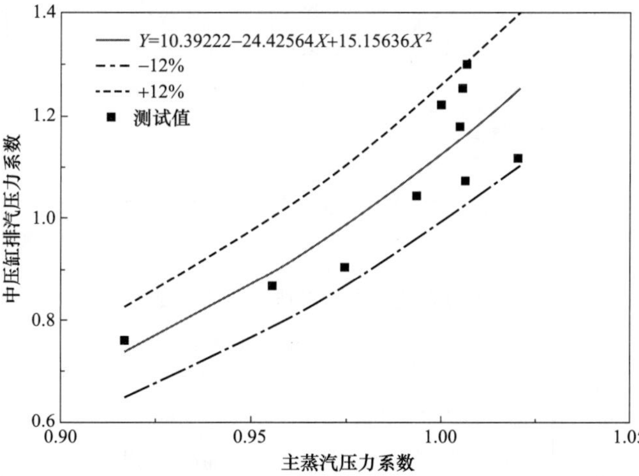

图 6-10　切缸机组（1 号）主蒸汽压力与中压缸排汽压力的数学关联

（3）进一步对折合电负荷与主蒸汽压力之间的关系进行特征关系确定，其结果如图 6-11 所示。其关联表达式为 Y= −0.48952+0.09869X−1.48446×$10^{-4}X^2$。通过拟合（如图 6-12 所示）进一步确定主蒸汽压力系数对电热比的修正关联是 Y= −5.47625+7.00959X。中压缸排汽压力系数对电热比的修正关联是 Y=1.41825−0.48096X。

通过上述对电热比关系的修正，进一步分析了主蒸汽压力和中压缸排汽压力的调控对热电负荷范围的影响，进而得到了修饰后的热电负荷范围，如图 6-13 所示。其上下边界的表达式分别为 Y=407.37071−3.90082X+0.01435X^2−1.42073×$10^{-5}X^3$、Y=255.44682−2.21645X+0.00826X^2−8.01058×$10^{-6}X^3$。

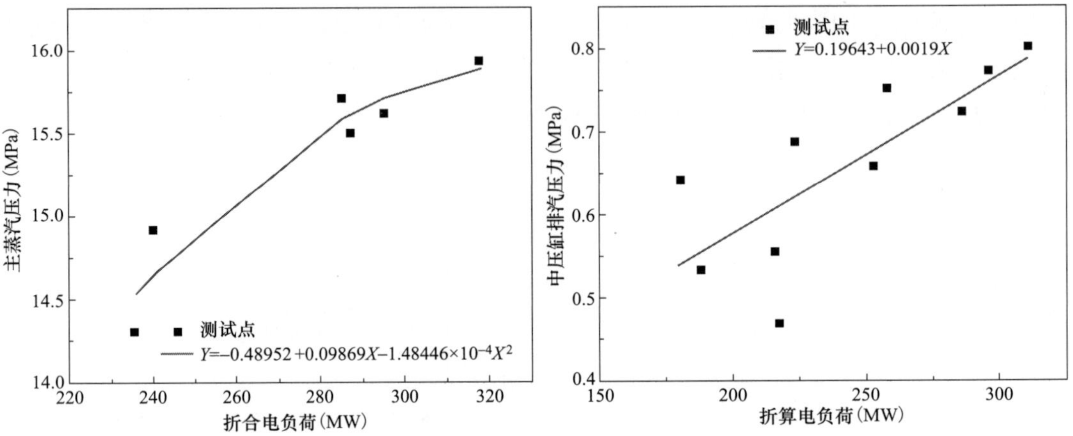

（a）　　　　　　（b）

图 6-11　折合电负荷与主蒸汽压力之间的数学关联

（a）主蒸汽压力；（b）中压缸排汽压力

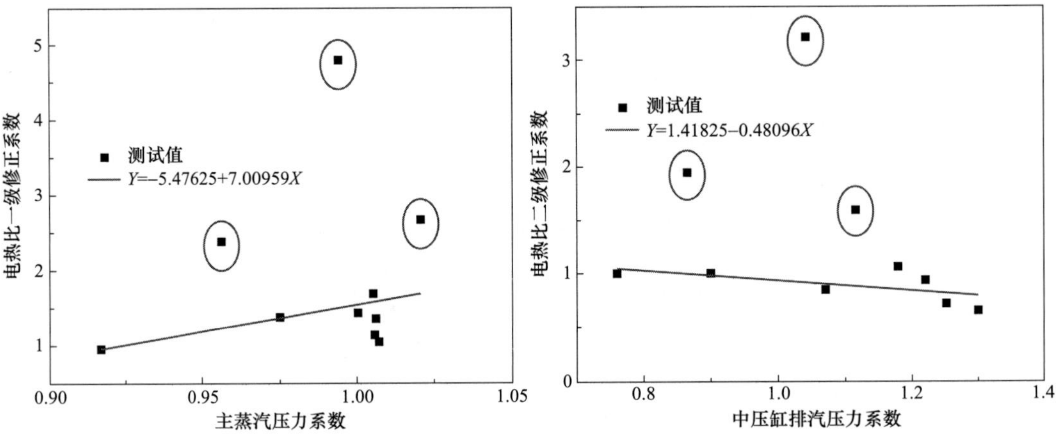

（a）　　　　　　（b）

图 6-12　主蒸汽压力系数和中压缸排汽压力系数对电热比的修正

（a）一及修正系数；（b）二级修正系数

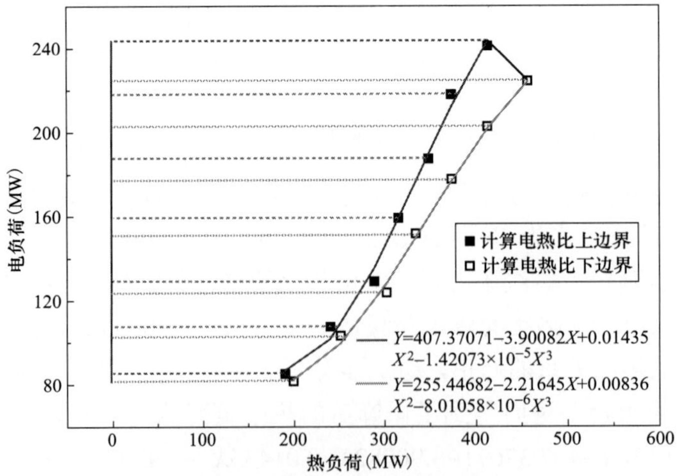

图 6-13　修正后的热、电负荷范围

四、抽凝机组（2 号）单体模型及特征曲线

根据改造后 10 组切缸机组变工况数据构建抽凝机组稳态变工况模型，通过抽凝机组参数以及稳态运行工况，构建 40%～100%锅炉出力条件下的热力系统模型，如图 3-2 所示。在保证低压缸排汽最小流量限制的前提下，计算得到了其热、电负荷调节区域，如图 6-14 所示。其中，最大热负荷边界是指对于抽凝机组自身而言最大抽汽量所折算的热负荷。在后续计算模型中，可进一步根据抽凝机组热电负荷区域内运行的负荷参数计算其系统煤耗。

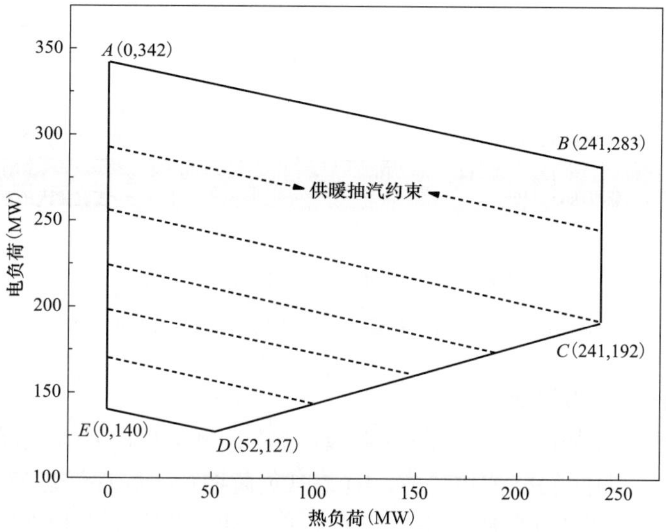

图 6-14　抽凝机组（2 号）热、电负荷调节范围

对抽凝机组热负荷与电负荷进行统一折算，其折算系数由图 6-14 中 *AB* 热电负荷边界计算得到。将热负荷乘以 0.2448 与电负荷相加，作为折合电负荷后与标准煤耗建立拟合关系，其结果如图 6-15 所示，其二次拟合的关系曲线为 $Y=-134.36146+1.20329X-0.00119X^2$，在此基础上，对主蒸汽压力和中压缸排汽压力的影响进行分析，消除歧点后，进而得到修正系数关联，如图 6-16 所示。为后续构建 2 号机组模型提供相应的特征曲线。

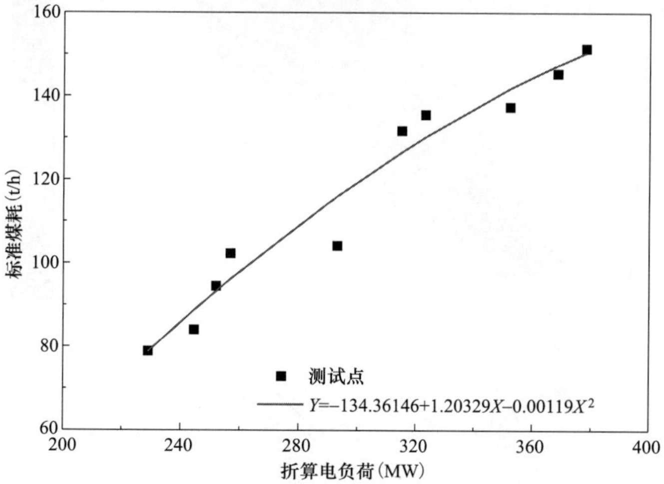

图 6-15　抽凝机组（2 号）基础特性曲线

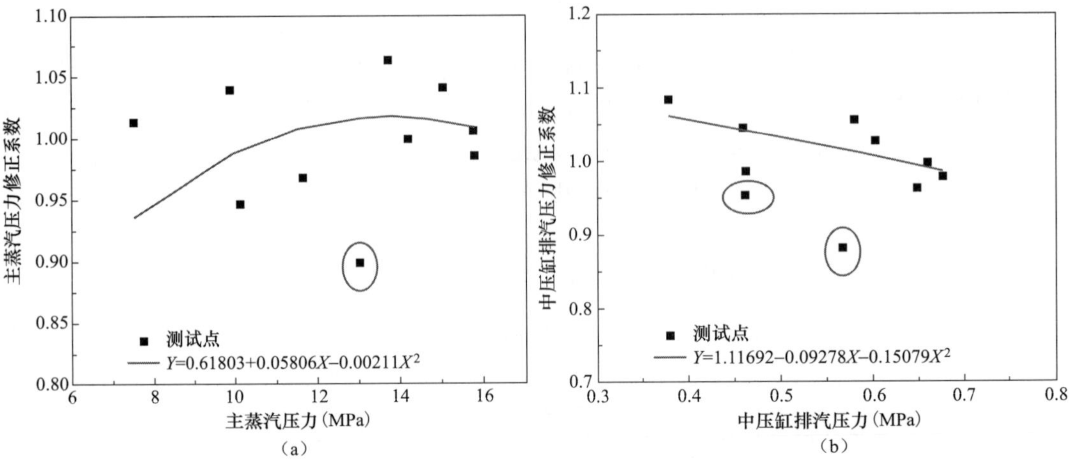

图 6-16　抽凝机组（2 号）特征曲线

（a）主蒸汽压力修正系数；（b）中压缸排汽压力修正系数

五、基础煤耗与压力修正

以稳定运行情况为基础，计算了标准煤耗与热、电负荷的基础关联，结果如图 6-17 所示。可以发现，该曲面的整体趋势为，随着电负荷增加，煤耗增加速率先增大后减小。这与不同电负荷下，机组自身调节能力有关，尤其是主蒸汽压力和中压缸排汽压力的可调范围均制约着机组的煤耗（如图 6-18 所示）。随着热负荷增加的方向，在低电负荷和高电负荷阶段，对煤耗影响的走势有所差异，这与机组间的热负荷分配有关。

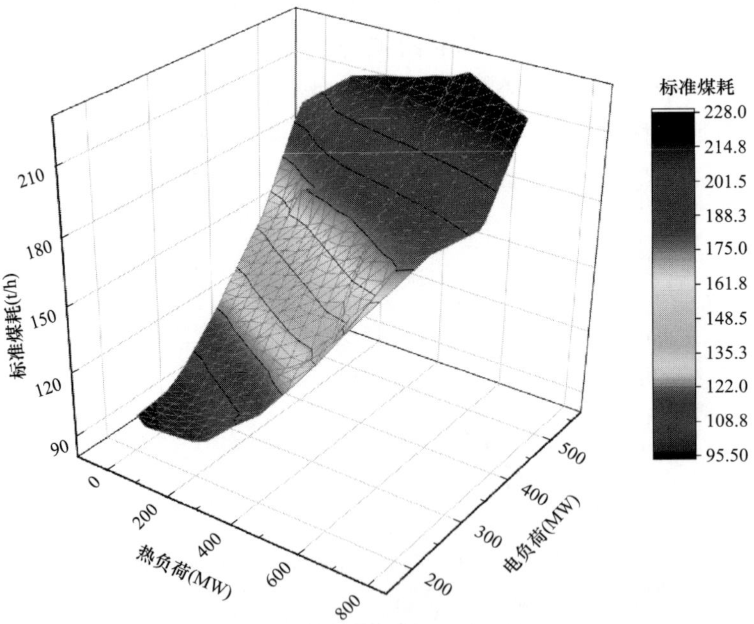

图 6-17　标准煤耗与热电负荷的数学关联

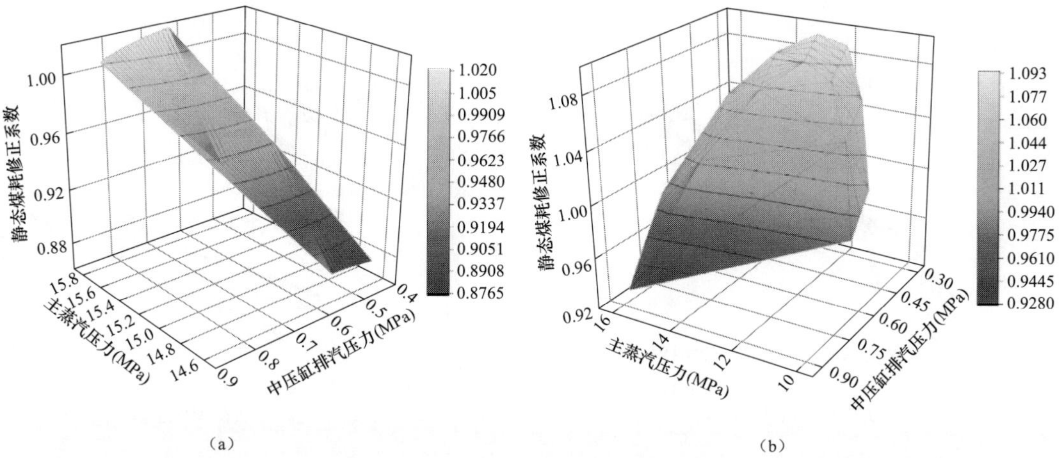

图 6-18　机组静态煤耗修正曲面

（a）切缸机组；（b）非切缸机组

第三节　动态偏移模型的构建

本节提出了动态煤耗偏移的概念，分别确定了非切缸模式和切缸模式下负荷变化速率和折算电负荷两个参数对动态煤耗偏移系数的影响。进一步地，根据折算电负荷、负荷变化率与动态煤耗偏移系数耦合关联表达式计算得到了三维曲面关系，为提高系统变工况下热负荷分配精度奠定了基础。

一、非切缸模式

通过多组数据的拟合，确定了负荷变化率与动态煤耗偏移系数关系的基础项，其结果如图 6-19（a）所示。可以发现，该拟合过程吻合度较高，说明了该拟合方法的准确性。需要指出的是，当机组负荷变化速率大于 1 时，偏移系数也将大于 1，说明是煤耗相比于稳态运行增加了。而对于降低负荷过程，其偏移系数小于 1，说明此时对应的煤耗降低了。需要注意的是，如果以负荷变化率为 0 处为对称轴，那么升负荷过程的偏移系数绝对值要远大于降负荷过程，由此说明，频繁的升降负荷过程将带来机组煤耗增加。而对应单一的升降过程影响的偏移系数，应该与机组给煤的响应相关。在此基础上，又进行了升降过程中，电负荷自身因素的影响拟合，结果图 6-19（b）所示。进而确定升降过程的修正规律。

根据绘制折算电负荷与负荷变化率的关系图，进一步确定了其调节域，如图 6-20 所示。最终获得了负荷变化率、折算电负荷与动态煤耗偏移系数之间的关系。

二、切缸模式

针对切缸机组对负荷变化率与动态煤耗偏移系数的基础项进行拟合，并分别对升降负荷过程中，进一步拟合了折算电负荷的影响。切缸机组动态煤耗拟合如图 6-21 所示。在此基础上，进一步进行了区域划定和曲面拟合，建立了切缸模式下，负荷变化率、折算电负荷与动态煤耗偏移系数之间的关系，如图 6-22 所示。

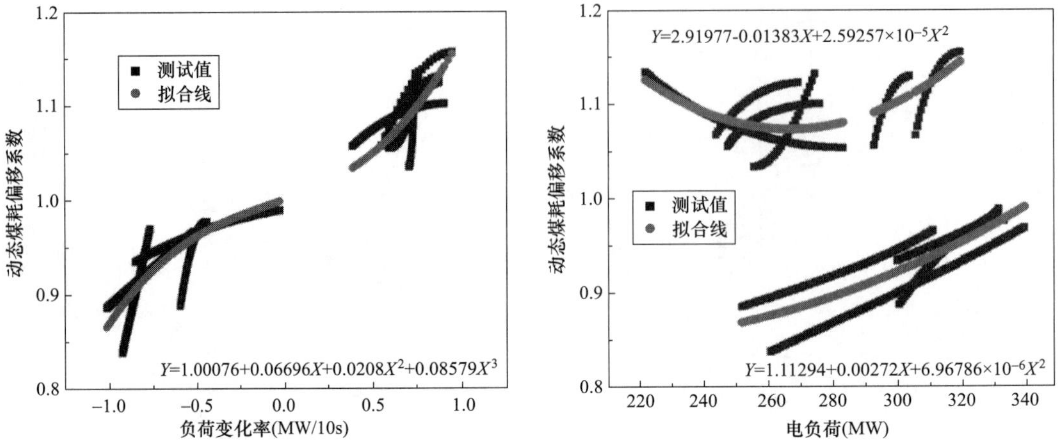

（a）　　　　（b）

图 6-19　非切缸机组动态煤耗拟合

（a）基础项；（b）修正项

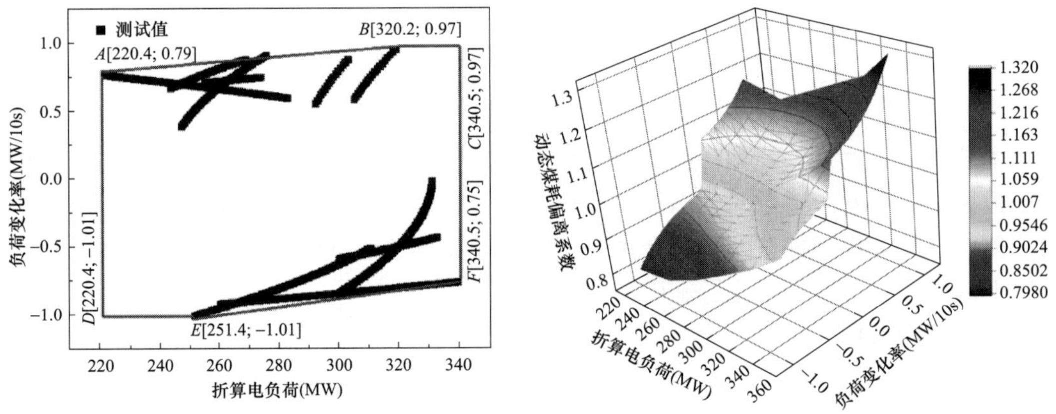

（a）　　　　（b）

图 6-20　非切缸机组调节域和动态煤耗拟合曲面

（a）区域划定；（b）拟合曲面

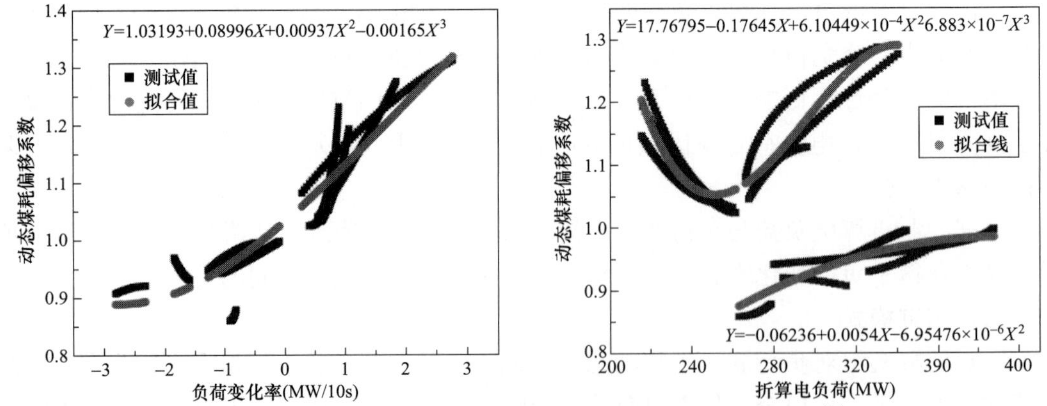

（a）　　　　（b）

图 6-21　切缸机组动态煤耗拟合

（a）基础项；（b）修正项

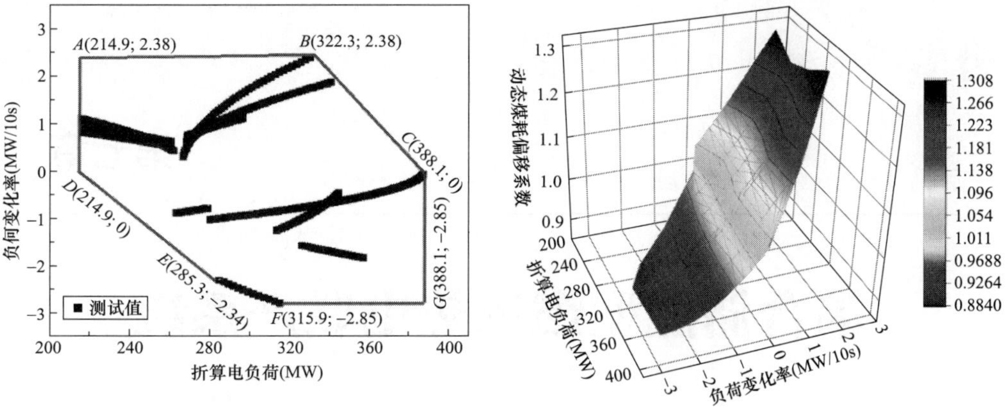

（a）　　　　　　　　　　　　　　　　（b）

图 6-22　切缸机组调节域和动态煤耗拟合曲面

（a）区域划定；（b）拟合曲面

第七章

耦合储能型燃煤热电联产系统

热电联产机组的热电耦合性较高，且其灵活性的提高是增强机组调峰调频能力的重要途径之一。Li 等[138]认为热电联产机组热电负荷的强耦合性是影响其调节灵活性以及调峰调频能力的主要因素，因此，实现热电解耦将是提高机组调峰调频能力的重要途径之一[139]。由于储能设备具有可对源—荷进行跨时空调节的优点，使用储热罐、电锅炉以及电热泵等设备与火电机组相耦合成为实现机组热电解耦的重要途径[140]。而就调频方面而言，除储热装置、蓄电池等储能设备外，飞轮储能设备由于其充放能速度快、响应迅速等优点被部分研究者所研究与探索。Karrari 等[141]建立了高速飞轮储能设备的模型，证明了其可对机组功率波动具有限制效果。然而，多系统的耦合必将增加机组运行的复杂性与调节成本，因此有必要建立相关仿真模型对系统进行模拟并优化相关参数[142]。以此为背景，本章提出了耦合储热罐、飞轮储能设备、电锅炉设备以及电热泵设备来综合提高其调峰调频能力的模型。根据所建立模型，对该系统中的储能设备展开了优化。

第一节　耦合储热系统辅助调峰的参数设计

一、系统简介

该研究对象为储热装置（热水储罐）与火力发电厂耦合装置，其基本原理为利用中压缸部分蒸汽为储热罐提供高品质热量，之后由储热罐储存并将其以热交换的形式传递给水，以达到增加汽轮机机组蒸汽量以及效率的目的[144]。如图 7-1 所示，从中压缸排汽中抽取部分的高温过热蒸汽通过储热罐将部分热量通过热交换的方式储存在其中的储热介质中，之后放热后的乏汽经过除氧器除氧后重新返回主系统参与循环，以此来完成储热过程；储热达到要求时，由凝结水泵支路引入给水，储热罐中的储热介质将热量传递给低温给水使其升温到系统要求温度后经过除氧器除氧后进入系统，完成释热过程。

二、逻辑运算策略

本小节研究的目的是在使用储热罐与热电联产机组相耦合时，在系统可调的条件下，利用储热罐的储热能力，解除热、电负荷之间的强耦合关系。通过数据采集得到供暖季电、热负荷曲线，如图 7-2 所示，并根据前期 Ebislon 软件模拟得到热负荷与其对应电负荷的上下限的关系，得到电负荷的可调范围[145]。

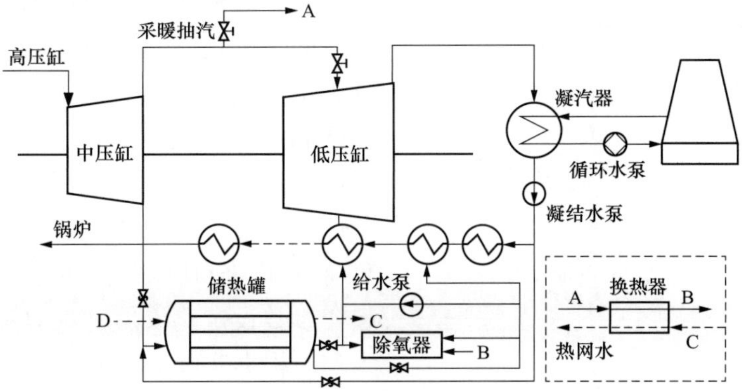

图 7-1　储热罐耦合机组

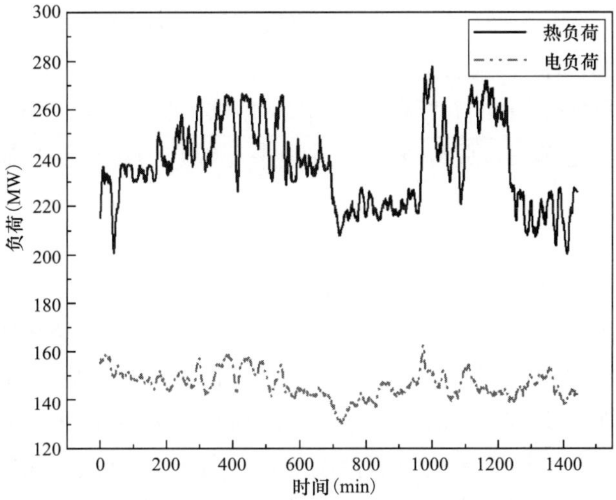

图 7-2　区域电负荷与热负荷曲线

储热罐与热电联产燃煤机组相耦合的计算流程如图 7-3 所示，即计算在储热罐发挥最大储热能力时，系统可以达到的最大热、电负荷比。其中 X 即为供暖季热负荷波动曲线，Y 为电负荷波动曲线，M 和 W 分别为储热罐的吸放热功率以及容量。两者均以 0 为初始值参与计算，最终达到储热罐的储热能力上边界。

判定过程分别包括“可调”和“达边界”两个边界约束。判断“可调”的依据为储热罐在相应充放热效率以及容量所共同决定的储热能力下调节热负荷，来使得在调整后的热负荷下，机组承担该时刻的电负荷可正常运行。若满足要求则视为可调；反之，则视为不可调。若可调则进入储热罐是否达边界判断，否则提高电负荷。判断“达边界”的依据为由人为规定储热罐储存热量的上边界后，判断在本次循环中储热罐的功率与容量是否可以达到该边界。若可以则视为达边界，结束循环；反之，则增加储热罐的功率

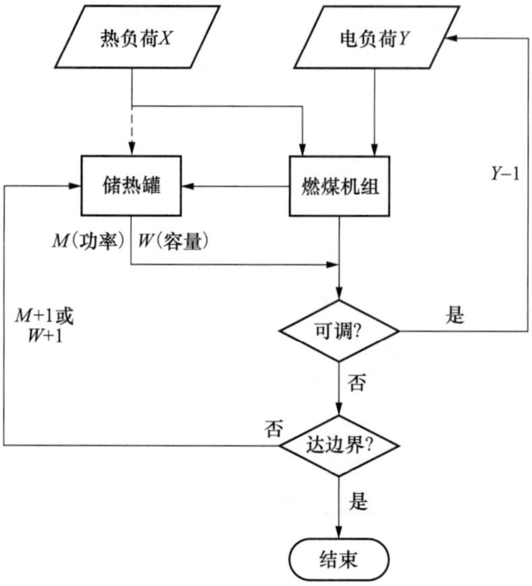

图 7-3 计算流程图

与容量。

主要计算过程如下，根据区域热负荷需求，进行燃煤机组的电负荷调节上限和下限的判断。当满足燃煤机组调节下限时，将各个时间点的电负荷进行调峰，直至达到燃煤机组不可调。当燃煤机组不可调时，通过储热罐满足部分热负荷需求，实现部分热电解耦后，燃煤机组侧又重新达到了满足调节的条件。需要指出的是，起初的热负荷 X 和电负荷 Y 均来自区域的实际热电需求。储热罐起初参数设定充放热速率 M 和储热容量 W 均为零，根据实际的调节需求，逐次增加 M 和 W 的数值。为确保机组各组件可正常工作，调峰深度应在合理范围，最后边界的设定：Y 的最小数值为 350MW 功率的 30%。即，最小电负荷降到 105MW 时，终止。

本计算逻辑的合理性为在首先满足储热罐与燃煤机组耦合系统可调节能力优先的前提下来实现热电负荷比最大，此外在计算过程中还综合考虑到储热罐的充放热平衡，与工程实际联系紧密。

三、结果与讨论

（一）储热罐运行参数对深度调峰的影响

针对储热容量与深度调峰能力之间关系的计算中，不限定储热罐与机组之间的充放热速率，可与储热容量进行最佳匹配，因而得到储热容量在某一时刻可释放全部热量来对电负荷进行调峰。现就实际热电负荷曲线通过计算逻辑进行计算得到图 7-4。图 7-4（a）所示为控制充放热速率按照等梯度递增计算储热容量与深度调峰之间的关系，图 7-4（b）所示为是控制储热容量梯度增加来得到充放热速率与深度调峰之间的关系。由图 7-4（a）可知，随着储热容量的增加深度调峰能力呈现先上升后平缓的趋势，并且随着充放热速率的梯度增加，可达到的最大深度调峰能力逐渐上升。而当充放热速率大于 112MW 时，再提升储热容量，最大深度调峰能力将不再发生变化，此处认为储热罐提升深度调峰能力达到上限。主要原因是随着储热罐储热容量的增加，可保证释放的热量逐渐增加，深度调峰能力也随之增加。而当储热容量增加到一定量时，储热罐充放热量将达到平衡，使得调节能力达到上限。此外，充放热速率也会在储热容量足够时，对深度调峰能力的提升起到限制作用，当储热容量在与充放热速率相匹配时，其深度调峰能力将不再发生变化。

针对充放热速率对深度调峰的影响，如图 7-4（b）所示，储热罐的容量在每组计算中不变且在各组计算中递增。当需要对电负荷进行调节时，只有充放热速率对其有所影响。需要说明的是，这里的充放热速率所代表的是一分钟内的平均速率。由图像可以看出，储热容量与充放热速率对深度调峰的影响效果类似，即均呈现先上升后平缓的趋势，且当充放热速率为 112MW 时取得最大值。主要原因与储热容量类似，即当充放热速率达到 112MW 时，在该时刻储热系统所能释放的热量达到机组调峰的顶点，当再对其进行提升时，在合理的储热容量配合下，机组深度调峰能力将基本不会发生变化。由计算结果可以看出，深度调峰能力不仅与储热罐的性能参数有关，还与其参数之间的匹配性有紧密联系。

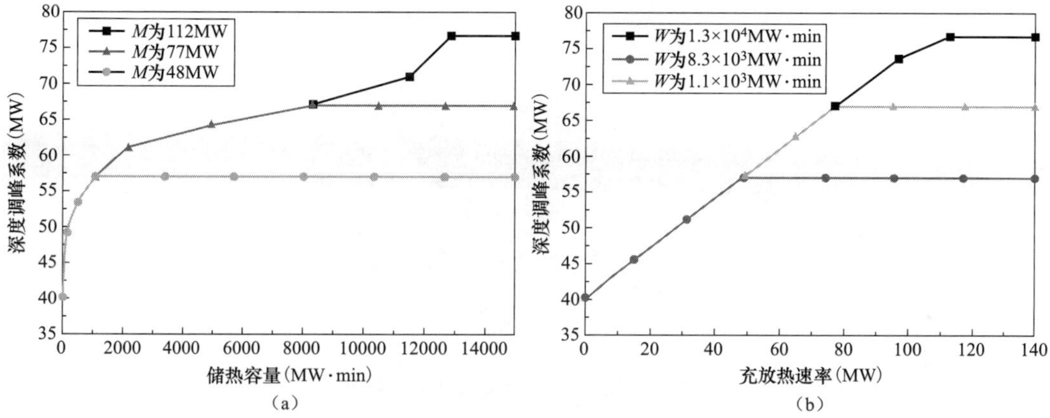

图 7-4　储热罐参数对深度调峰的影响

（a）控制充放热速率；（b）控制储热容量梯度增加

（二）储热参数匹配性对深度调峰的关系

储热参数匹配性对深度调峰能力的影响不可忽视。在对储热参数匹配性进行研究时，首先应考虑充放热速率与储热容量对深度调峰能力的独立影响以及两参数之间的相互作用。计算可得储热系数充放热速率与储热容量与深度调峰能力的关系如图 7-5 所示。

由图 7-5 可以看出，当单位时间内的充放热速率与储热容量相匹配时，充放热速率与储热容量调节效果最佳并可使机组运行最经济，不会抑制其中某一参数发挥作用。当只观察某一参数时，在该参数未达到临界点时，两参数匹配时，可取得局部最大值。而图像最大值则在储热容量为 12937MW • min，并且充放热速率也为 112.75MW 时出现。由此可见充放热速率与储热容量的匹配性对机组深度调峰能力的影响。

（三）案例分析与技术评价

当使用案例中的实际热负荷与电负荷的平均值为依托计算时，可知储热罐的储热容量达到 12937MW • min，并且充放热速率达到 112.75MW 时，深度调峰以及对于热负荷的调节效果最好。因此可知，当储热罐的储热容量与充放热速率相匹配时，调节效果最好。因而本小节首先就在该参数下对储热罐在 1440min 内对热负荷的实际调节能力展开计算，得到热负荷波动调节结果，如图 7-6 所示。由图 7-6 中可以看出，在该参数下的储热罐储热装置，分担热负荷能力以及调节热负荷能力显著，可有效提高系统电负荷的跟随能力。

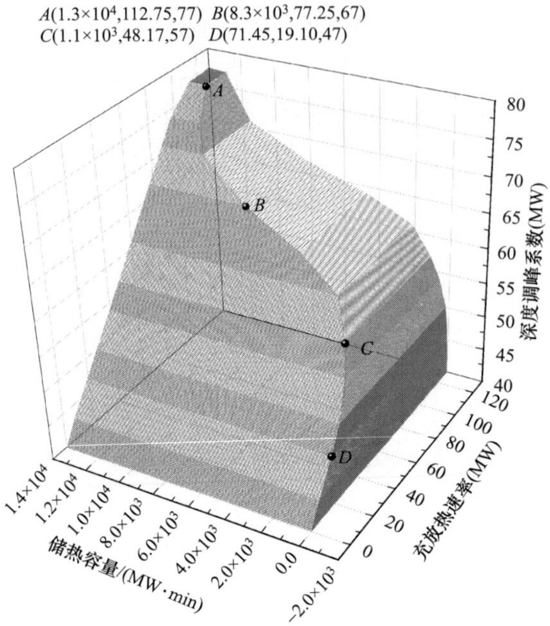

图 7-5 储热参数与深度调峰能力的关系

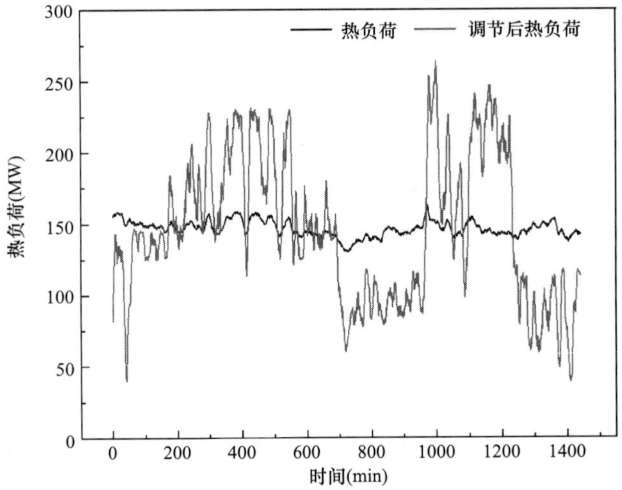

图 7-6 储热极值下的热负荷

为进一步验证与分析储热参数对热负荷调节能力的影响规律，针对图 7-5 所显示的针对不同梯度的参数，代入模型展开计算。需要说明的是参与计算的参数 B 与参数 C 即为图 7-5 中 B 点与 C 点所示参数，两点处充放热速率与储热容量处于匹配状态。得到计算结果如图 7-7 所示，在各组参数条件下，对热负荷的调节效果显著，并且随着参数的提升，热负荷调节效果逐渐提升。综合图 7-6 观察可进一步验证，在储热罐充放热速率达到平衡时对应的参数所对应的调节能力最强。

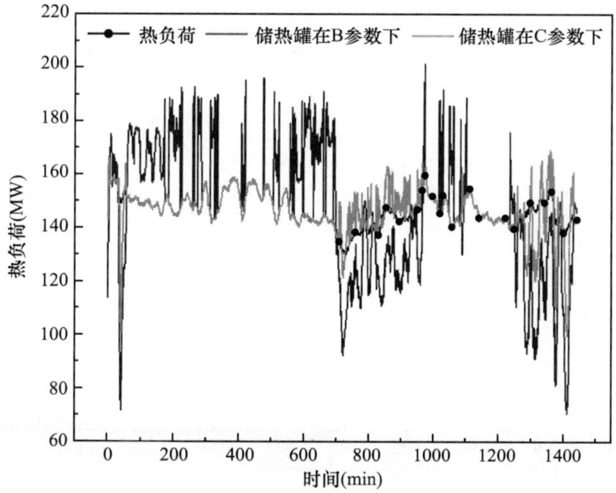

图 7-7　不同储热参数设定下的热负荷

由以上计算结果可知储热罐的放热对于机组的调节效果显著，可有效地对电负荷进行调峰以此来增加新能源电力的消纳比例，并且还可调节热负荷的波动。而对于储热罐总体而言，由于在放热的同时及时进行充热将大大降低储热罐储热容量需求，因而还需对其充热过程、充热量以及时间分配展开研究。

通过对案例中 1440min 内的电、热负荷展开计算，得到结果如图 7-8 与图 7-9 所示，可以看出，充热热量积分曲线与吸热热量积分曲线均呈现上升趋势，在该时间段末期充热的热量略大于吸热热量。在该条件下，当电负荷整体下调一个数值，实现深度调峰时，储热罐的充热与放热可达到基本平衡状态，即储热罐在该时间内充热量略大于放热量，保证储热罐的正常工作与电负荷调峰效果的同时对储热罐的储热容量要求大大降低。

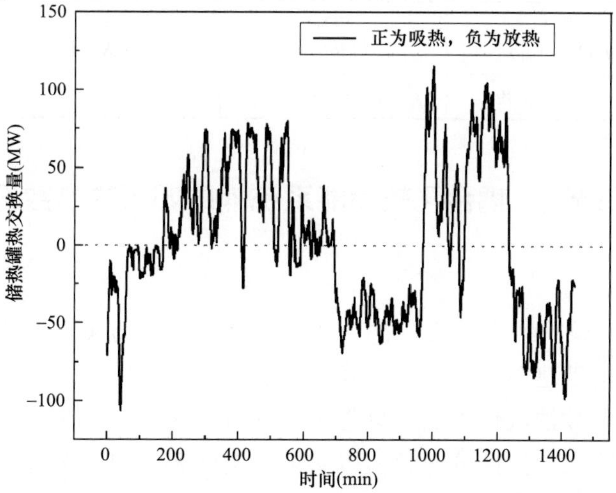

图 7-8　储热罐热交换量

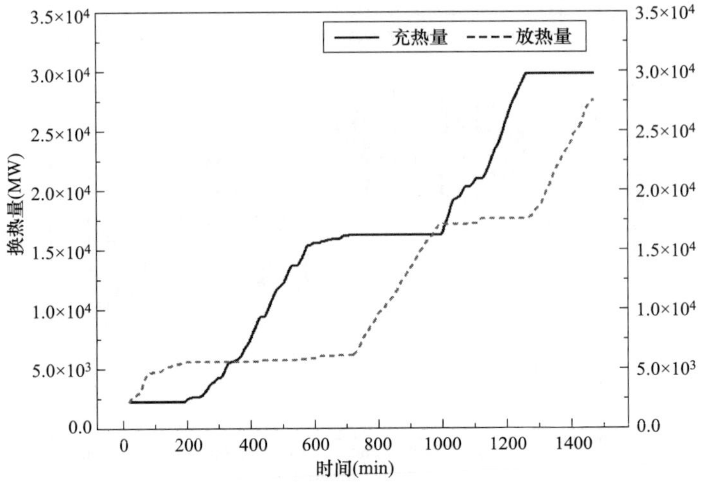

图 7-9 储热罐热量交换积分

通过储热系统与热电联产机组的耦合，可以实现对电负荷的深度调峰并实现热电解耦来提高机组调节的灵活性。因此，可以提高对新能源电力的消纳能力以及燃煤机组自身的效率，从而实现节能减排的效果。以图 7-8 所示电负荷调峰结果为案例可算出在储热罐与燃煤机组耦合时，根据在该模型中计算热负荷以及热负荷所折合电负荷的相关公式，可得每天节省燃煤量约为 809t，即降低了约 20.91g/（kW・h）。通过马大卫等[145]的研究并实地调研安徽煤电厂的生产情况得出煤耗与硫氮污染物以及颗粒物之间的关系，如表 7-1 所示。由于本节案例为 350MW 机组，将煤耗与污染物之间的关系近似为线性，可知在本案例中由于使用储热装置对热电联产机组进行耦合可大概减少二氧化硫 0.023g/（kW・h）、氮氧化物 0.0455g/（kW・h）以及颗粒物 0.011g/（kW・h）。

表 7-1　　燃煤机组煤耗与污染物的关系

机组	煤耗［g/（kW・h）］	SO_2［g/（kW・h）］	NO_x［g/（kW・h）］	颗粒物［g/（kW・h）］
350MW	311.61～329.994	0.04～0.06	0.10～0.14	0.01～0.02

第二节 耦合飞轮储能系统辅助调频的参数设计

一、系统简介

选择 350MW 燃煤机组为核心组件，并选择储热装置与飞轮储能设备作为辅助设备展开研究，以此为基础建模，评价其调峰调频能力。

以中压缸的高参数抽汽作为储热罐与供暖抽气的热源。当电负荷调节受到热负荷限制时，将启动储热罐来分担部分热负荷以实现热电解耦。以此为基础，使用飞轮储能设备作为辅助调频装置，在保证最大电负荷需求不变的情况下，降低机组对提升电负荷升降的限制来满足进一步调峰与调频的需求。

系统工作流程如图 7-10 所示。具体过程如下：当需要上调机组热负荷时，中压缸高温蒸汽将被抽入储热罐并将热量以热交换的形式传递给储热介质，以此完成储热罐的充热过程。而当需要下调机组热负荷时，冷凝水被冷凝水泵输送到储热罐，并吸收储热罐中储热介质的热量，之后进入受热面参与循环，完成储热罐的放热过程，以此来完成储热罐的放热过程。而飞轮储能设备则直接与发电机蓄电线路相并联。当机组电负荷降低受到机组升降负荷速率影响时，飞轮加速吸收并储存电负荷来实现进一步深度调峰；反之，飞轮减速释放电能来维持机组负荷的稳定。两者与燃煤机组的耦合使机组实现部分热电解耦并提升了机组运行的灵活性与调峰调频能力。

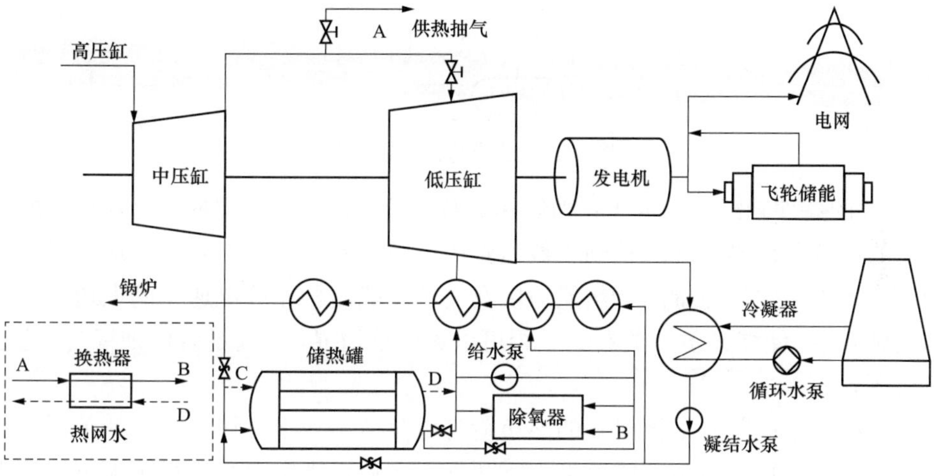

图 7-10　系统工作流程图

通过检测整个供暖季节的系统运行情况，得到的电、热负荷波动趋势，如图 7-2 所示。由图 7-2 可知，在该案例中热负荷数值的波动相对平稳，其范围主要在 130～170MW 之间。然而电负荷波动性则较大，其峰值达到了 277MW，而谷值只有 200MW。较大电负荷峰谷差，使其对机组调峰的需求增大，尤其是当风电、光伏等新能源电力嵌入后，在保证装置容量不变的情况下，使得机组最低电负荷进一步下调，来实现灵活调峰的需求。以实例中 1000min 时刻点为例，该负荷变化速率已达到了 3.2MW/min。单纯的“热电解耦”已不能满足整个系统的调节需求，需要飞轮储能等具有高功率的调节设备辅助，为此，将以该计算案例为基础，对储能参数进行定量的设计以及对其准确性进行验证。

二、计算操作逻辑

以包括飞轮储能设、储热罐以及热电联产机组相耦合的系统作为研究对象，其建模与计算逻辑如图 7-11 所示。在对供暖季负荷计算案例中，X 为热负荷波动曲线，Y 为电负荷波动曲线，M 与 W 分别为储热罐的充放热速率与储热容量，CM 和 DM 分别为飞轮储能设备的充放电速率。以上飞轮储能设备与储热罐各参数初始值均为 0，最终达到飞轮储能设备以及储热罐的储能上限。

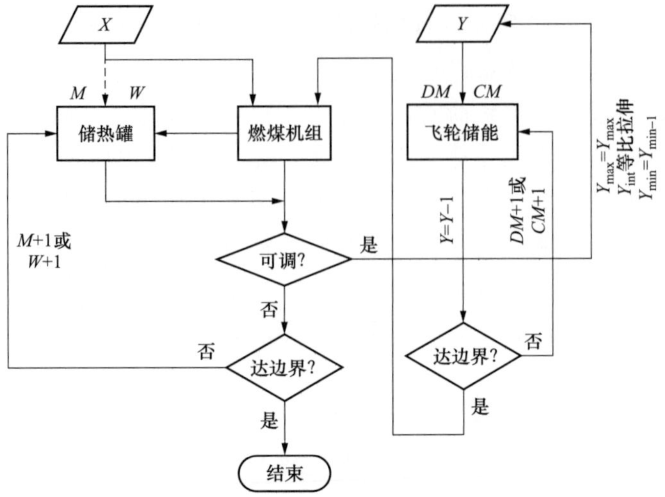

图 7-11　建模与计算逻辑图

“可调”的条件判断过程如下：当储热参数未达到所设定边界时，储热罐释放热量使得电负荷的可调下边界下降，直到参数达到所设定边界终止。而对于“达边界”的判断条件如下：人为设定储热罐的蓄热能力以及飞轮储能设备充放电速率的上边界，之后判断在本次循环中，储能设备相关参数是否可以达到该边界，若满足条件则视为“达边界”，并结束循环。

计算过程如下：首先根据已知的热负荷与电负荷上（下）边界之间的关系以及热负荷的波动曲线，计算出电负荷的可调上下边界。之后，当电负荷满足可调下限要求时，将同步降低电负荷达到调峰的目的，直到机组不可调。此时，储热罐发挥作用，通过对吞吐蒸汽中的热量来满足机组部分热负荷的需求，当储热罐在 1440min 内充放热量达到或接近平衡时，认为储热罐调节达到最佳状态。

以此为基础，飞轮储能设备直接参与对电负荷的调节。利用其可快速充放电的优点，对大于可调下边界的电负荷进行调节，以实现稳定机组负荷与进一步深度调峰的目的。值得说明的是，初始热负荷 *X* 与电负荷 *Y* 均来自所研究区域的实际热电负荷需求。储热罐的充放热速率 *M* 与储热容量 *W* 初始值均为 0。飞轮储能设备的充电速率 *CM* 与放电速率 *DM* 也是这样。综上所述，本小节设计的计算逻辑在优先保证储能设备与燃煤机组可调的前提下，可实现最大程度的调峰与调频效果。此外，在计算过程中，还考虑了储热罐的充放热平衡以及飞轮储能设备的极限充放电速率，与工程实际联系密切。

为了可定量地表示计算的结果，定义了两个参数，即深度调峰系数（*PRC*）和削峰系数（*PCC*）。其中 *PRC* 为最高电负荷与最低电负荷在进行调峰后用下调量来表征深度调峰能力的大小。而 *PCC* 则是飞轮储能对电负荷前 10%大小时刻的电负荷净下调量来表征其进一步深度调峰与调频的效果。

三、结果与讨论

（一）储热参数优化

储热罐可以通过调节热负荷来提高机组的灵活性，具有较强的工程实际意义。众所周知，充放热速率与储热容量是储热罐两个决定参数。此外，值得说明的是，本小节没有对储热罐充热速率与放热速率进行区分，因为在对操作策略的优化中可减少这一差异。计算结果如图 7-12 所示，由其可以看出，随着储热罐储热容量与充放电速率的增加，深度调峰系数逐渐增加，此外，深度调峰系数与两者之间的匹配性密切相关。

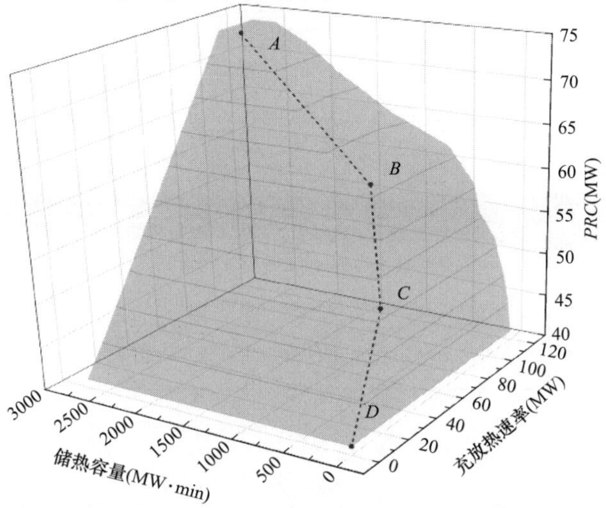

图 7-12 储热罐参数对深度调峰系数的影响

当两者匹配时，将充分发挥两参数的性能，以达到最经济运行。比如，当充放热速率为 96.36MW、储热容量为 2450.2MW • min 时，两者处于匹配状态，且深度调峰系数达到最大值，深度调峰效果最好。然而随着储热参数的上升，深度调峰系数上升的速率也在发生变化，并在 *B* 处取得局部最大值，即充放热速率为 61.6742MW，储热容量为 638.38MW • min。为减少储能设备的投建成本，选择使用参数组 *B* 的储热罐展开研究。研究并计算了 *B* 电参数储热罐对热负荷的调节能力，计算结果如图 7-13 所示。由图像可以看出，储热罐对热负荷的调节具有显著效果，可有效实现热电解耦和深度调峰。

（二）飞轮储能设备参数优化

当储热罐对热负荷的调节达到最佳效果后，由飞轮储能设备通过充放电对其进行进一步调峰与调频。飞轮储能设备的储能性能主要由充电速率与放电速率所共同决定。因此，对飞轮储能设备的充电速率与放电速率对机组进一步深度调峰的影响展开研究与优化。

值得说明的是，在计算过程中，使用的储热罐设备的参数组与图 7-13 中相同。此外，在本次建模中，飞轮储能设备只能存储电能 1min，充电完成后应及时放电，因此其容量即为 1min 内最大充电速率可存储的最大电能。由图 7-4 可知，飞轮储能设备的性能参数对电负荷的进一步调峰效果的影响不仅与飞轮储能设备有关还与两参数的匹配程度有关。因此，为实现机组调节运行最经济，参数应处于匹配状态。此外，如图 7-14 所示，随着充放电速率的增加，削峰系数逐渐提高，但其增长速度却逐渐放缓。当充放电速率均达到 3MW 时，削峰系数达到最大值，即 22.34MW。此外，当充放电速率相等时，两参数相匹配，可充分利用两参数的最佳性能。

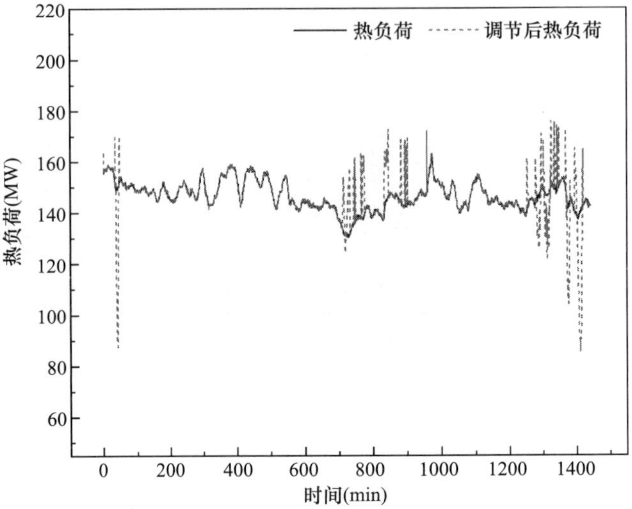

图 7-13　热负荷波动曲线

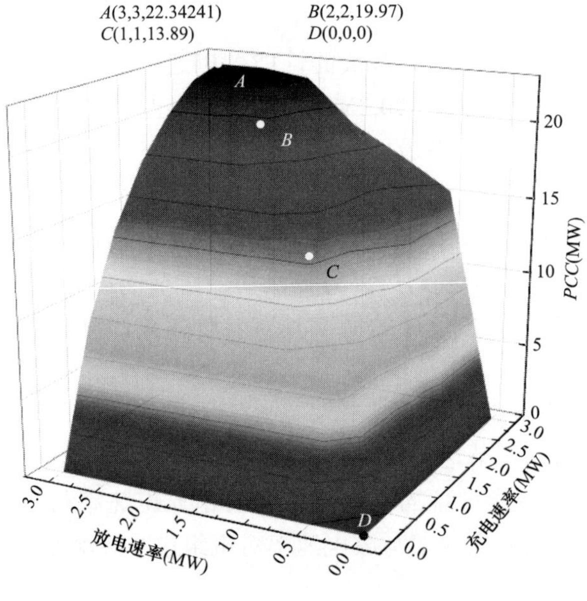

图 7-14　飞轮储能设备参数对削峰系数的影响

根据以上结论，以深度调节效果最好的参数组为例展开计算，其对电负荷进一步计算结果如图 7-15 所示，在此参数下，飞轮储能设备对电负荷的峰值调节具有显著效果，同时，可对电负荷的波动产生一定范围的稳定作用，实现了调频功能。

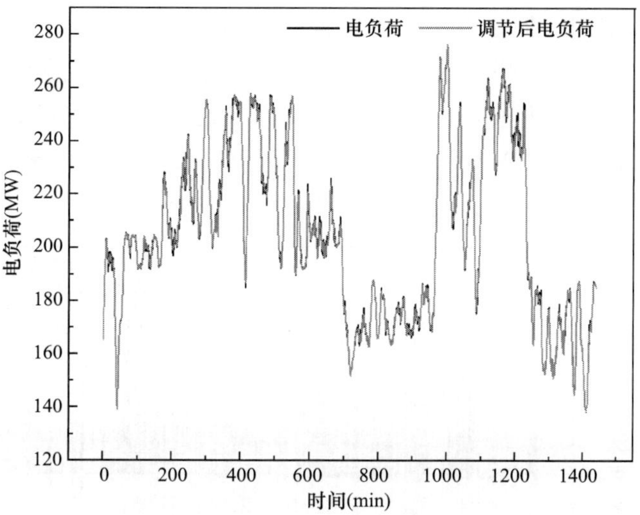

图 7-15　电负荷调节结果

（三）案例分析

由以上计算结果可知，储热罐与飞轮储能设备与机组的耦合对机组调节能力的提升有显著影响，可有效辅助机组进行调峰，以此增加新能源电力的嵌入率，同时，有效调节热负荷的波动。本小节进一步计算了储热罐与飞轮储能设备针对 1440min 电热负荷小节下的优化参数展开进一步计算，来判断设计方法的合理性。根据对案例中 1440min 内热电负荷计算得到，储热罐的充放热量积分曲线如图 7-16 所示，飞轮储能设备的充放电曲线如图 7-17 所示。

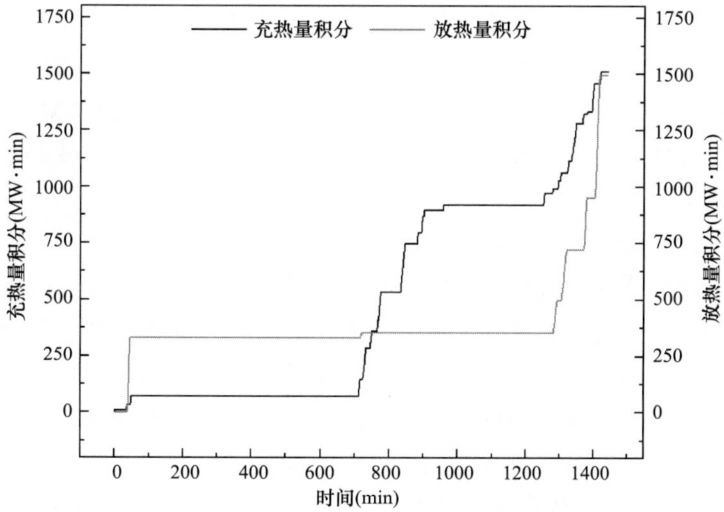

图 7-16　储热罐的充放热量积分曲线

对于储热罐而言，在放热后及时充热将大大降低储热罐对储热容量的需求，因而还需对其充热过程以及充热时间分配展开研究。充热积分与放热积分曲线如图 7-16 所示，两者上升趋势基本相同，但是该段时间末期充热量略大于放热量。因此，该模型满足实际的工程需求。此外，由积分的物理意义可知，储能罐置所需的最小容量即为能量积分之间的最大差值，且其斜率为最大充热或放热速率。如图 7-16 所示，储热罐的充放热积分的最大差值 638MW • min 出现在 1000min 处，与设计参数 638.38MW • min 相近。

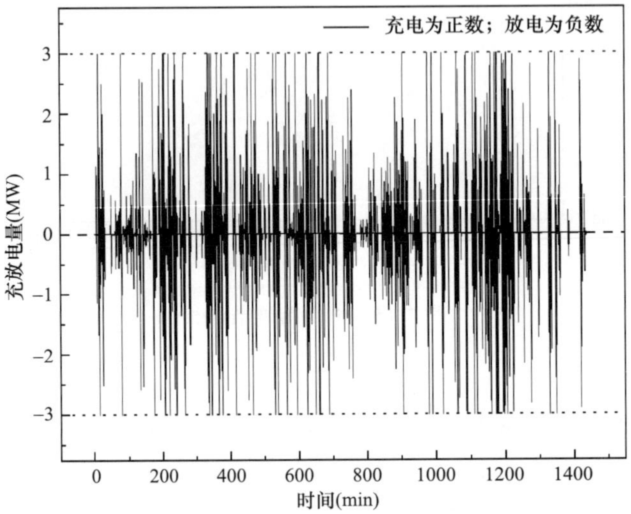

图 7-17 飞轮储能设备的充放电曲线

而对于飞轮储能设备，其通过直接与电网并联来调节发电机的电负荷，以此实现进一步深度调峰并实现一定调频效果。由于飞轮储能的充放电功率来自机组自身，因此其充放电量应相等，否则将不符合实际工作条件或造成安全问题。如图 7-17 所示，飞轮储能装置的储能容量很小，且由设定的蓄电时间可知充放电时刻非常接近。此外，其最大充电速率在 1min 内的蓄电量即充放电速率最大值与时间的乘积为 3MW • min，为其最大容量。该结果与预设参数一致，因此该模型合理。经验证，该建模合理，对实际生产过程具有指导意义。

（四）热、电负荷区域

为直观表现储能装置与机组耦合实现热电解耦的效果，就不同工况下的电热负荷可调节范围展开研究，热电负荷调节范围如图 7-18 所示。当机组只耦合储热装置时，由于储热装置可承担机组部分热负荷，因此使得热负荷与电负荷的调节范围均显著增加。但其会受到机组电负荷不能低于 105MW 的前提条件的限制，无法进一步下调。在此基础上耦合飞轮储能设备对机组电负荷的充放可进一步扩大机组电负荷的调节范围，使其调峰能力进一步得到提升。从电负荷方面，单一的储热能够使原机组的最低电负荷由 140MW 降低到 105MW，且耦合储热的最低电负荷由原来的一个极值点成了一段调节区域。在热负荷方面，耦合储热装置能够将原机组的最大热负荷由 163.01MW 增加到 259.36MW。该结果说明通过耦合储热装置所实现的热电解耦，不仅能够降低最低电负荷，还扩大了其调节范围。而对于增设飞轮储能装置，由于其设计容量较小，对系统热电负荷区域的变化并不大，这与飞轮储能更多地承担系统辅助调频的任务有关。

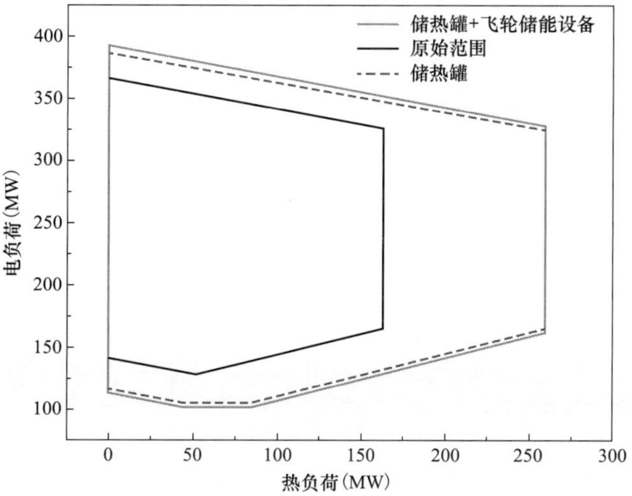

图 7-18　热电负荷调节范围

第三节　耦合热电转换系统辅助调峰的参数设计研究

一、系统简介

以 350MW 燃煤抽凝机组为核心设备，分别与电热泵和电锅炉两种热电转换装置耦合供热，具体的系统流程如图 7-19 所示。该系统在原有燃煤机组的基础上进行了中压缸抽汽供热改造，同时分别耦合了两种热电转换装置（a 为蓄热式电锅炉供热系统，b 为电热泵供热系统）[117]。其中，蓄热式电锅炉供热系统流程为汽轮机的中压缸抽汽被送到储热罐里进行换热，乏汽变成疏水被送回除氧器。此外，发电机产生的电力驱动电锅炉制热，加热从储热罐进入电锅炉的工质，使供热热水达到热用户需求并进入一级换热站进行分配。电热泵供热系统流程为发电机产生的电力驱动电热泵回收电厂循环水余热，加热供热热水，循环水冷却后回到凝汽器中再次循环。供热热水经电热泵升温后被送入热网加热器，热网加热器利用中压缸抽汽进一步加热供热热水，乏汽以疏水形式回到除氧器，供热热水达到热用户需求，进入一级换热站进行分配。上述两种方案都能起到辅助系统调峰的作用，通过实例计算并分析两种方式在辅助调峰方面的优缺点，找到各自方案的最优参数组。

采用的热电转换装置包括蓄热式电锅炉系统和电热泵系统，其具体参考数值见表 7-2。现有电热泵的 *COP* 一般为 3，而热功率选取表 7-2 参考值 50/180MW 的中间值 120MW；工程应用中蓄热式电锅炉的电功率一般不会超过 40MW，对表 7-2 的储热量参考值进行取整并平均，得到的蓄热式电锅炉参数值。综上所述，选取电热泵系统的主要参数：电功率为 40MW，*COP* 为 3，热功率为 120MW，热利用率为 95%；选取蓄热式电锅炉系统的主要参数：电功率为 40MW，电热转换效率为 95%，储热量为 250MW·h。

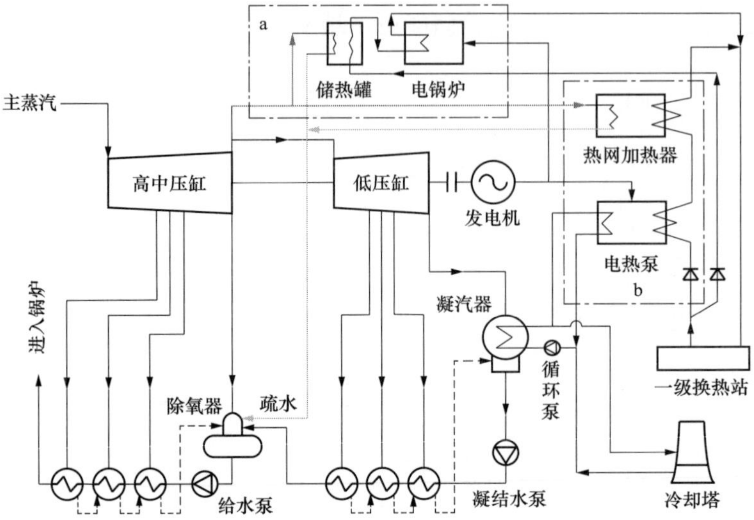

图 7-19　耦合热电转换装置的热电联产机组系统流程

表 7-2　　　　　　　　　　热电转换装置的类型及参数

类型	电/热功率（MW）	储热量（MW・h）	*COP*	参考文献
蓄热式电锅炉	40×4	952	—	[146]
电热泵	50/180	—	3	[146]

本小节主要研究在热电联产机组分别耦合电热泵系统和蓄热式电锅炉系统时，机组在电热泵系统或蓄热式电锅炉系统的“热电解耦”作用下所能达到的极限调峰能力。本小节所采用的供暖季热电负荷数据均为某电厂机组实际供暖季的参数，如图 7-20 所示，通过 MATLAB 编程寻找电热泵系统和蓄热式电锅炉系统的最优参数以及其参数与调峰深度的关系，找到最大调峰深度。

二、逻辑运行策略

热电联产机组分别耦合电热泵系统与蓄热式电锅炉系统的逻辑运行图[147]如图 7-20 所示。其中，X 表示供暖季热负荷曲线，Y 表示供暖季电负荷曲线，M 与 W 分别表示热电转换装置的功率与储热量。

计算过程简述如下：根据供暖季热负荷曲线，采用机组优先供热模式，判断燃煤机组的电负荷的上限和下限。当满足调节下限时，将各个时刻点的供暖季电负荷数据 Y 整体下降一个数值进行调峰操作，直到燃煤机组不可调。当燃煤机组不可调后，开启热电转换模式，通过热电转化装置承担部分热负荷需求，同时消耗机组部分电功率，实现一定程度上的“热电解耦”后，燃煤机组侧又重新满足可调。可调节的电负荷即为热电解耦后机组的实际输出负荷可以降低的数值。此时，寻找热电转换装置参数与深度调峰的对应性关系，借以找到深度调峰的极限值，即调峰深度。所谓“调峰深度”是指将供暖季电负荷 Y 整体下降一个数值使机组进入不可调后，开启热电转换装置使机组恢复可调后机组电负荷所能够继续下降的最大程度。需要指出的是，供暖季区域热负荷 X 和电负荷 Y 均来自区域的实际热电需求。热电转化装置起初参数设定 M 和 W 均为零，根据实际的调节需求，逐次增加 M 和 W 的数值。最后设定边界值：Y 的最小数值为 350MW 燃煤机组的 30%功率，即最小电负荷降到 105MW 时，满足达边界条件，计算终止。

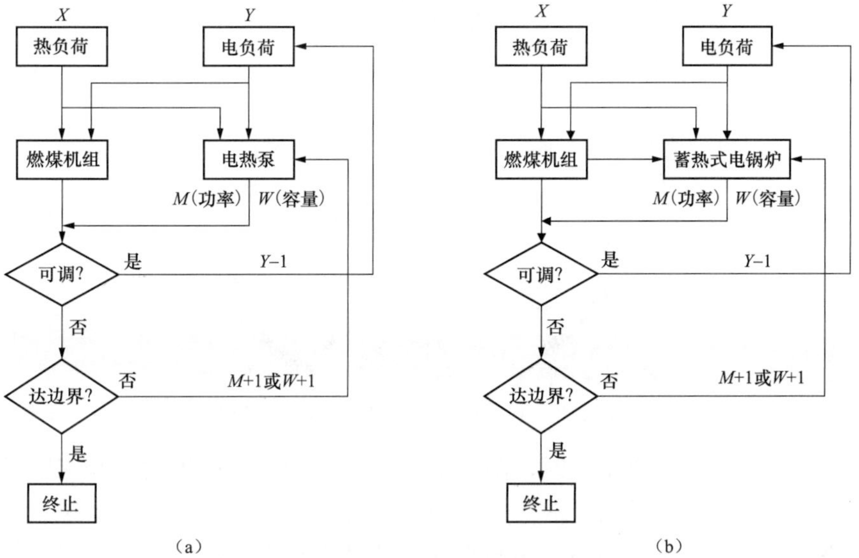

图 7-20　两种系统的逻辑运行图

（a）耦合电热泵的热电联产系统；（b）耦合蓄热式锅炉的热电联产系统

判断“可调”的依据是热电转换装置在不同的设定参数值即后续研究的参数值下承担机组的热负荷，同时消耗部分机组的电负荷，实现机组的“热电解耦”，使机组承担该时刻的电负荷时可正常运行。若机组的热电负荷满足条件，则为可调；反之，则为不可调[144]。判断“达边界”的依据是实现假定热电转换装置的参数，在机组恢复可调之后，判定此时需要的热电转换装置的参数是否达到了规定的边界值。若达到，则结束程序；反之，继续下降电负荷，寻找其最大的下降深度。

计算逻辑的合理性体现在燃煤机组耦合不同参数的热电转换装置时，优先保证机组的可调节能力，以此为第一原则寻找机组所能够实现最大的调峰深度。值得注意的是，这里分别研究了电热泵系统与蓄热式电锅炉系统辅助调峰的能力，并将两者进行对比，寻找两者各自的优势之处，为工程实践提供借鉴意义。

三、结果与讨论

（一）电热泵参数对调峰深度的影响

分析电热泵系统的参数对调峰深度的影响，主要研究电热泵系统的热功率和放热速率这两个重要参数。此外，由于电热泵系统的热电比很大，因此可以显著降低机组的电负荷下边界，故这里设定从 0min 到 1440min，电热泵系统是一直开启的。

由图 7-21 可知，当放热速率不变时，随着电热泵系统热功率的增加，机组的调峰深度先近似线性上升，达到最大调峰深度后保持不变。从数据上看，在不开启电热泵系统的情况下，机组的最大调峰深度只有 40MW 左右；而当机组进入电热泵制热模式且电热泵系统的热功率为 100MW 左右时，其调峰深度达到最大值，为 73MW 左右，相比于不开启电热泵系统，调峰深度升高接近一倍。

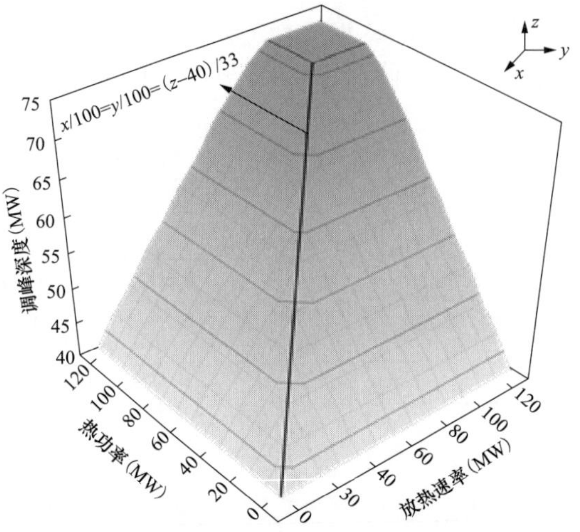

图 7-21　电热泵参数对调峰深度的影响

当电热泵系统的热功率不变时，随着放热速率的增加，机组的调峰深度近似线性增长，最后稳定不变。可以看出，放热速率对调峰深度的影响与电热泵系统热功率对调峰深度的影响是相同的。这是因为，热泵系统的热功率相当于制热速率，因为电热泵不能够储存热量，制得的热量必须放热给循环工质，放热速率不可能大于制热速率，因而当热功率对调峰深度的影响稳定时，放热速率对调峰深度的影响也稳定。而研究两者对调峰深度的影响时，假定其中一个参数为最优值，则相当于串联系统的两个相同的子系统，其对调峰深度的影响是相同的，因此两者的结果是相同的。必须指出的是，在应用电热泵系统时，必须保证电热泵系统的热功率与放热速率是相匹配的。若两者不匹配，则可能造成热量损失，严重时电热泵因温度超过规定值而损坏。在上述条件下，机组才能找到最优的电热泵系统参数。

由上述可知，当电热泵热功率和放热速率均为 120MW 时，机组已经达到最大调峰深度，此时机组发电功率与电热泵电功率如图 7-22 所示。可以看出，电热泵的电功率基

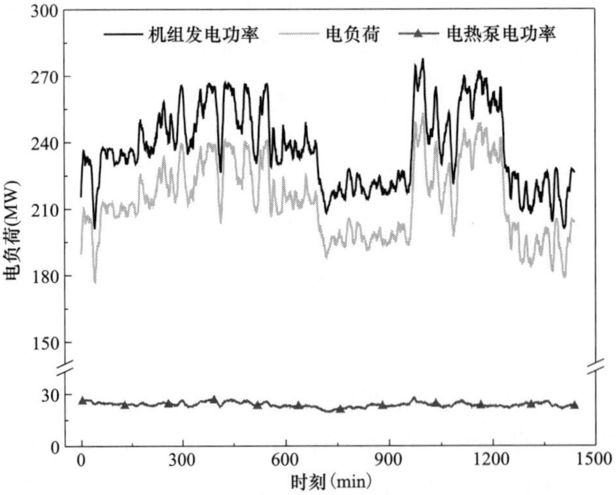

图 7-22　启动电热泵后电负荷的分配情况

本稳定在 20～27MW 之间，机组的发电功率整体上下降较大。

（二）蓄热电锅炉参数对调峰深度的影响

分析了蓄热式电锅炉系统的电功率和放热速率对调峰深度的影响，设定蓄热式电锅炉系统具有 3 种模式：当电负荷可调且全负荷开启蓄热式电锅炉系统不会使机组进入不可调时，蓄热式电锅炉处于额定工况运行状态，制取并储存热量；当电负荷可调且全负荷开启蓄热式电锅炉系统会使机组进入不可调时，蓄热式电锅炉处于变工况运行状态，制取热量并存储；当电负荷不可调时，蓄热式电锅炉系统释放出热量使机组恢复可调。必须指出的是，蓄热式电锅炉系统的净储热量在 24h 内必须保证不变或略有增加。

由图 7-23 可知，当电锅炉放热速率数值保持较小值时，机组的调峰深度不随电锅炉耗电功率变化，是一个定值；当电锅炉放热速率数值保持较大值时，机组的调峰深度随着电锅炉耗电功率的增加而增大，最后保持不变。这是因为，当放热速率较小时，电锅炉系统参与调峰的能力十分有限，调峰需要的热量很少，只需要很小的电锅炉耗电功率就能满足调峰的需要，此时的电锅炉耗电功率大大超过实际需求的耗电功率，因此机组的调峰深度不随电锅炉耗电功率变化；而当放热速率较大时，制约机组调峰的因素不再是电锅炉的放热速率，而是保障电锅炉系统的净储热量大于 0，因此电锅炉系统必须及时补充辅助机组调峰所消耗的热量，机组调峰对电锅炉系统的耗电功率有较高要求，机组的调峰深度随着电锅炉耗电功率的增加而增加，最后保持不变。从数据上看，在不开启蓄热式电锅炉系统的情况下，机组的最大调峰深度只有 40MW；而当蓄热式电锅炉的耗电电功率为 45MW、放热速率为 100MW 时，机组的调峰深度达到最大值，为 70.05MW 左右。

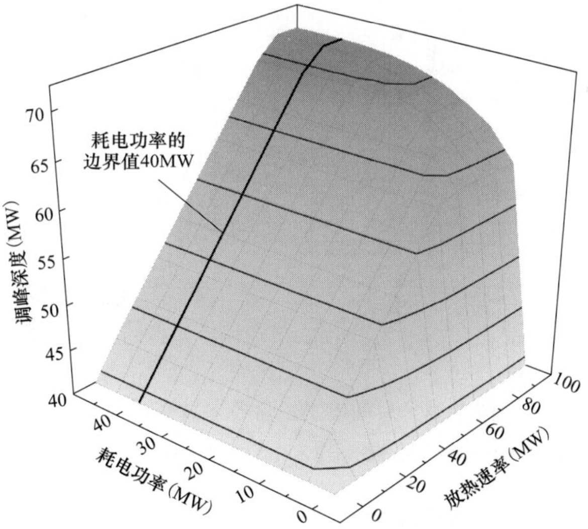

图 7-23　电锅炉参数对调峰深度的影响

当耗电功率不变时，随着放热速率的增大，机组的调峰深度整体上先线性上升，再趋于平缓，最后保持不变。在选择的参数即耗电功率为 40MW 下，随着放热速率的增加，机组的调峰深度从 40MW 线性增长到 67.95MW，然后逐渐趋于平缓，最后稳定于 70.03MW，具体的变化趋势如图 7-23 中黑色线所示。从运行过程来看，放热速率影响的是机组由不可调变为可调时蓄热式电锅炉系统所能放出的热量，由此限制了机组的深度调峰。随着放热速率的提高，蓄热式电锅炉系统每分钟所能放出的能量变多，参与辅助调峰的能量变多，机组的调峰深度逐渐变大，当放热速率变得理想时，调峰深度达到最优值并保持不变。

综上所述，蓄热式电锅炉系统的耗电功率和放热速率都能显著提高机组的调峰深度，并且两者要有一定的匹配性，这样才能使机组达到最优的调峰深度。值得指出的是，蓄热式电锅炉的储热容量也会对机组的调峰产生影响，储热容量要求蓄热式电锅炉储存足够的热量来参与机组的调峰，若储热容量太小，参与调峰的热量不能满足需求，则会制约机组的调峰能力，选取的储热容量值很大，因此不考虑储热容量对机组调峰深度的影响。

由图 7-24（a）可知，在蓄热式电锅炉的耗电功率为 40MW、放热速率为 100MW 时，蓄热式电锅炉进入工作状态后机组各参数有较为明显的变化。机组向外输出的电负荷整体上减小，总体上数值变化较为平缓，绝大部分时刻的电负荷位于 200～240MW 之间，而电锅炉制热耗电所占机组总发电量的比重很小，通过辅助调峰所富余的电量可以用于其他用途。由图 7-24（b）可知，蓄热式电锅炉充热或放热的时刻点占总时刻点的 99% 以上，充热或放热时刻点相对集中，充热时刻点主要集中在机组发电功率较高的区间，放热的时刻点主要集中在机组发电功率较低的区间。

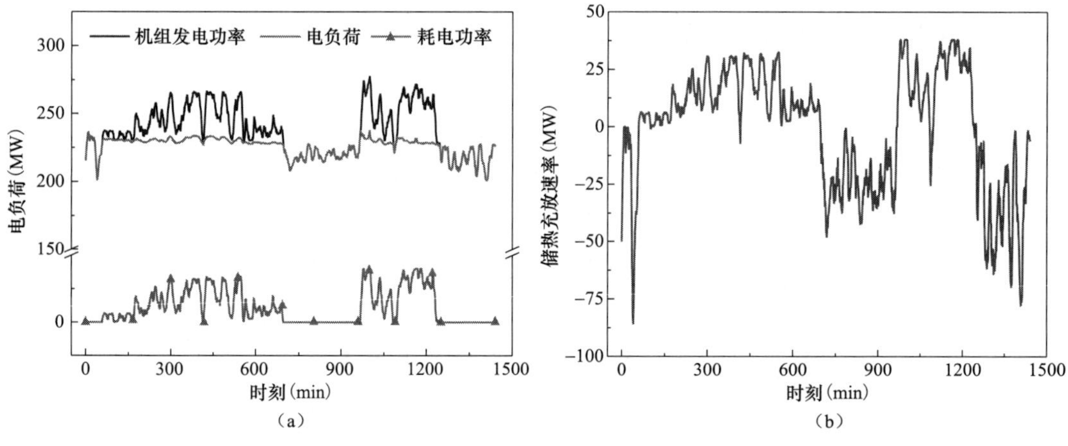

图 7-24　启动电锅炉后各参数变化情况

（a）启动电锅炉后电负荷分配情况；（b）启动电锅炉后储热量的充放情况

（三）热电转换参数的准确度验证

由图 7-25 可知，在机组运行的前 60min 中，蓄热式电锅炉不充热、只放热，这就要求蓄热式电锅炉要有一定的储热量。因此，蓄热式电锅炉的储热装置必须保证在 24h 内的储热量不变或略有增加。经过建模计算后，蓄热式电锅炉在 24h 中内储热量的净增加值为 967.5kW · h。值得指出的是，有关蓄热式电锅炉的建模计算均需要满足上述条件，在此条件下计算所得机组的各种参数值。经过验证，实际需求的电锅炉电功率比 40MW

略低，而考虑散热及裕量等因素后装置实际需求的储热量约为 150MW・h，大幅减小蓄热式电锅炉的储热量。

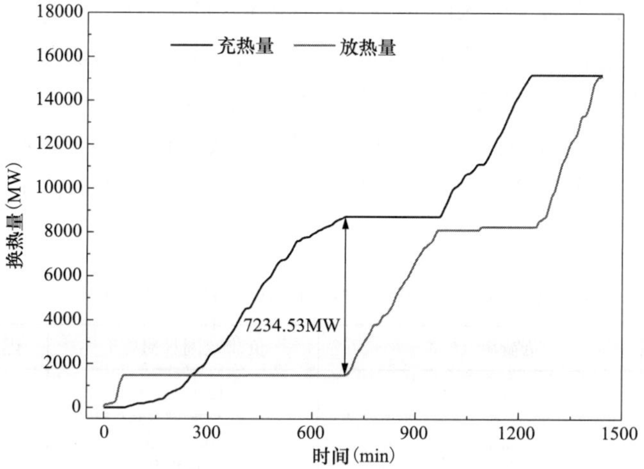

图 7-25　蓄热式电锅炉热量交换积分

（四）热电负荷区域

通过上述计算可以得到整个系统原来的热电调节范围，以及添加电热泵或电锅炉后系统的热电调节范围，如图 7-26 所示。

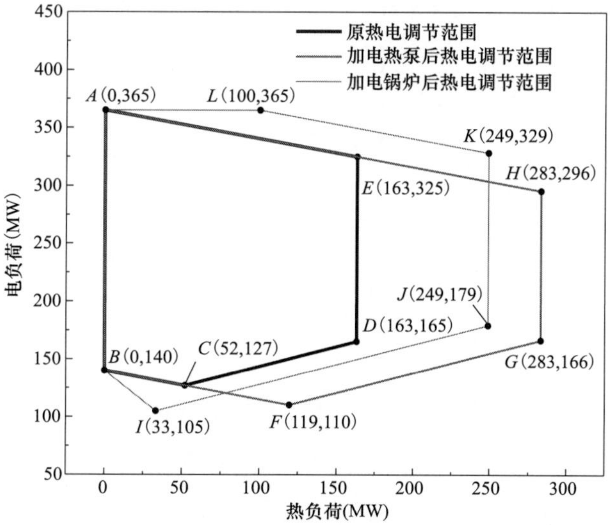

图 7-26　机组的热电调节范围

由图 7-26 可知，不论是加装电热泵还是加装电锅炉，系统的热电负荷调节范围都显著增高。对于加装电热泵情况而言，由于电热泵具有较大的热电比，因此，整个系统所能调节的热负荷范围显著增大，同时系统在热负荷调节范围内能够保持较低的电负荷下限。对于加装电锅炉情况而言，电锅炉能使机组的最小电负荷达到设定的极限值，降低机组下限的能力比电热泵强，虽然系统能够调节的热负荷范围略逊于电热泵，但能使系统在较大热负荷范围内同时具有较高的电负荷上限值。

（五）污染物减排分析

现阶段不同类型燃煤机组的煤耗率与污染物排放量可参考表 7-3[145]。根据文献［148］可知：节约 1t 标准煤能够降低 NO_x 的量为 0.0060t，降低 SO_2 的量为 0.0041t，降低粉尘的量为 0.0002t。根据图 7-22 及相关数据、公式可以算出，机组耦合电热泵系统在 24h 中内能够节约的燃煤量为 617.23t，能够降低 NO_x 的量为 3.7t，降低 SO_2 的量为 2.53t，降低粉尘的量为 0.123t。根据图 7-24 及相关数据、公式可以算出，机组耦合电热泵系统在 24h 中内能够节约的燃煤量为 193.87t，能够降低 NO_x 的量为 1.16t，降低 SO_2 的量为 0.795t，降低粉尘的量为 0.039t。

表 7-3　不同类型燃煤机组的煤耗率与污染物排放量

机组类型	负荷率（%）	负荷范围（MW）	煤耗率［g/（kW・h）］
300MW	50～100	150～300	301.9～324.8
机组类型	烟尘排放质量浓度（mg/m^3）	NO_x 排放质量浓度（mg/m^3）	SO_2 排放质量浓度（mg/m^3）
300MW	0～6	5～47	9～23

第八章

耦合新能源电力下深度调峰性能

风力发电与光伏发电在一天周期内的互补性为削弱新能源电力的峰谷差提供了研究前景[149]。然而，对风光互补性参数的优化仍有待进一步展开，尤其是结合风电容量百分数的优化工作还比较匮乏。同时，耦合储能装置能够进一步降低新能源电力与负荷需求间的匹配性需求。结合系统运行特点，进一步耦合储能装置有利于深度挖掘其消纳新能源电力的潜力。为此，本章以实际案例特性为依据，获得主蒸汽消耗量与电热负荷的关系，并进一步耦合实际的风电特性，分别对增设储热罐、增设蓄热电锅炉、增设吸收式热泵以及增设电热泵和储热罐耦合装置四种方案进行对比分析。此外，本章综合考虑发电源的特点提出了一种风电—抽凝耦合供暖系统[145]和一种风—光—蓄电—燃煤多能互补系统[146]，通过理论分析，建立数学模型，针对不同应用情景展开分析，提出系统参数优化设计方法。为进一步提高机组灵活性，本章还对混合储能设备的应用展开了研究，以期对已有燃煤机组进行可再生能源消纳改造技术研究提供参考。

第一节　风电—抽凝耦合供暖系统

一、案例特性

（一）机组特性介绍

以 350MW 凝汽机组中压缸抽汽供暖的热电联产系统（简称抽凝机组）为研究对象，其中中压缸抽汽作为热源用于供暖后返回到除氧器。根据实际运行数据对模型进行了校准，误差小于 1%，可用于本工作的能量分析，见表 8-1。根据模型进一步计算了机组主蒸汽消耗量与热电负荷的关系，其结果如图 8-1 所示。从图 8-1 中可以发现机组的以下几个特性：首先，随着最大抽汽量的增加，所对应的系统最小电负荷约束呈上升趋势，这也表明，通过供暖改造，进一步“热电解耦”可以改善系统的最小运行负荷约束；其次，随着热负荷的增加，在一定主蒸汽消耗量的条件下电负荷呈下降趋势；最后，不同的热电负荷下对应着机组不同的主蒸汽消耗量。根据机组主蒸汽消耗量与热电负荷之间的函数关系，可以热电负荷为已知量计算出机组的主蒸汽消耗量。

表 8-1　　　　抽凝机组模拟结果

测试工况	实际发电功率（MW）	模拟发电功率（MW）
工况 1	250.679	250.396
工况 2	246.776	246.154
工况 3	217.833	217.873
工况 4	279.638	279.355
工况 5	216.855	215.894

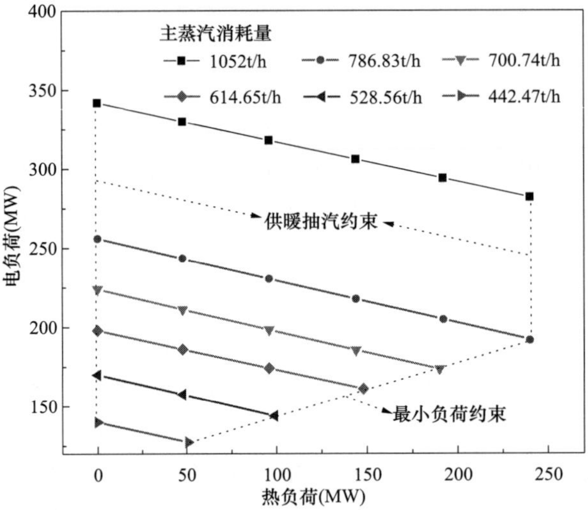

图 8-1　机组主蒸汽消耗量与热电负荷关系图

（二）热电负荷特性

选择一天内实际热电负荷为研究对象，其具体数据如图 7-2 所示，从图 7-2 中可以发现，一天内机组的电负荷波动范围为 200～280MW，占机组额定电负荷的 57%～80%，此外，其呈现的热负荷波动范围为 130～160MW，占机组最大供热能力的 54%～67%。

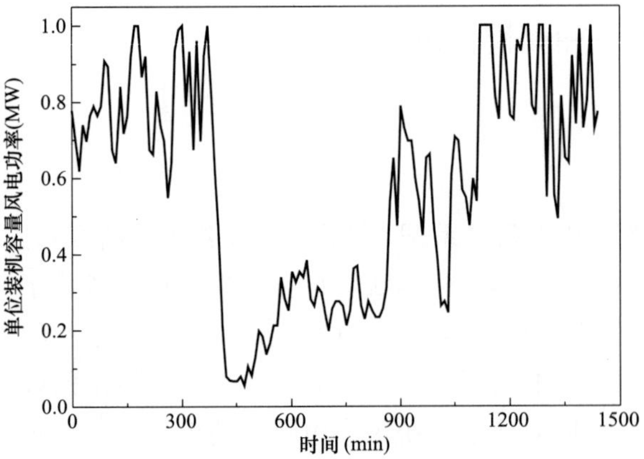

图 8-2　单位装机容量风电功率变化特性

（三）风电特性

以单位装机容量为 1MW 的风电功率为最小计算单元，其每分钟为数据点的变化特性如图 8-2 所示。可以发现，风电功率的特点为其变化范围可从几乎为零开始到全功率运行。为此，对于风电—抽凝机组耦合供暖系统，其电热负荷调节能力将发生根本性改变，进一步降低抽凝机组的能量消耗更多地需考虑对风电的消纳能力。

（四）改造措施参数

采用储热罐、蓄热电锅炉、吸收式热泵以及热电泵+储热罐耦合方式供暖改造方案。为了突出对比性，其约束参数如表 8-2 所示。其中，蓄热电锅炉相比于储热罐，是在电负荷调节上增加了 20MW 对电功率的消耗；热电泵+储热罐耦合方式，是相比于蓄热电锅炉基础上提高了供暖能力，电热泵的能效系数 *COP* 设定为 3[151]，而单效溴化锂吸收式热泵的 *COP* 设定为 1.7，因此最大耗电功率为 20MW 的条件下，其最大热功率分别为 60MW 和 34MW。需要指出的是，供暖改造装置的参数（见表 8-2）更多的是为了突出方案间的对比性，其中实际装置参数间的匹配性仍需要另做设计，对于储热罐一般需要考虑散热系数，在设定储热容量时需要根据实际的散热情况适当地扩大储热容量。五种供暖方案的连接方式示意图如图 8-3 所示，其中风电与抽凝机组耦合共同承担系统的电负荷需求，而储热罐、蓄热电锅炉、电热泵以及吸收式热泵等装置均用于改性系统本身的调节能力。

表 8-2　　　　供 热 改 造 方 案 参 数

供热改造方案	最大热功率（MW）	储热容量（MW·h）	最大耗电功率（MW）
储热罐	20	6	0
蓄热电锅炉	20	6	20
电热泵+储热罐	60	6	20
吸收式热泵	60	0	0

二、模型介绍

（一）模型约束

1. 抽凝机组

抽凝机组的约束条件包括出力上下限和爬坡率上下限，即

$$140\text{MW} \leqslant P_{\text{cu}} \leqslant 350\text{MW} \tag{8-1}$$

$$-7\text{MW}/\min \leqslant \frac{\mathrm{d}P_{\text{cu}}}{\mathrm{d}t} \leqslant 7\text{MW}/\min \tag{8-2}$$

式中：P_{cu} 为抽凝机组的电功率。

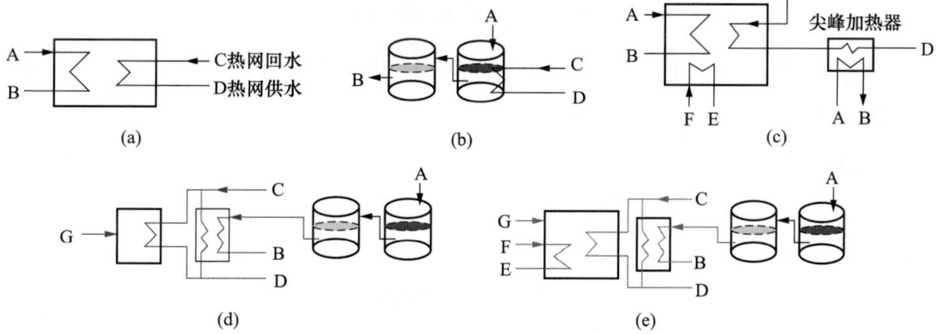

图 8-3　五种供暖方案的连接方式示意图（一）

（a）抽汽供暖；（b）增设储热罐；（c）吸收式热泵；（d）电锅炉＋储热；（e）电热泵＋储热

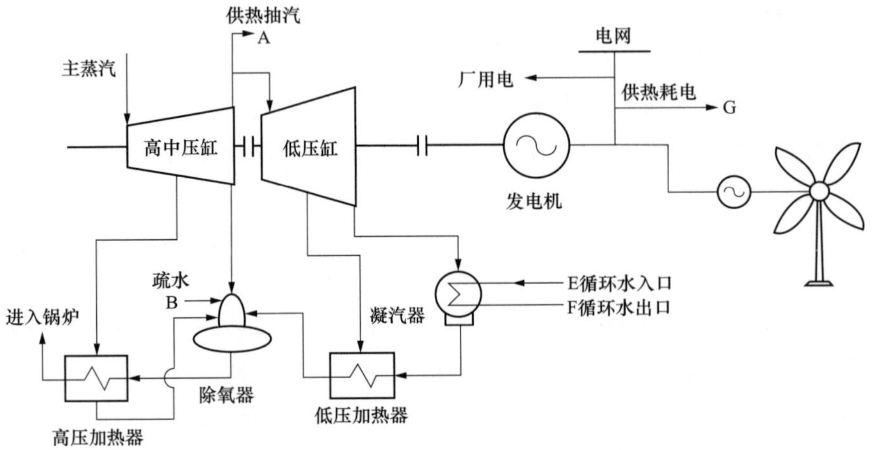

(f)

图 8-3　五种供暖方案的连接方式示意图（二）

（f）系统图

2. 储热罐

储热罐的约束条件包括储热和放热速率上限，以及储热容量，即

$$0 \leqslant P_{cr} \leqslant 20\text{MW} \tag{8-3}$$

$$0 \leqslant P_{fr} \leqslant 20\text{MW} \tag{8-4}$$

$$0 \leqslant Q_{crg} \leqslant 6\text{MW} \cdot \text{h} \tag{8-5}$$

式中：P_{cr} 和 P_{fr} 分别为储热罐的储热功率和储热罐的放热功率，MW；Q_{crg} 为储热罐的实时储热量，MW・h。

3. 蓄热电锅炉

蓄热电锅炉是采用电加热的方式，将电能转化为热能，其约束条件包括耗电功率上限、放热功率上限和储热量上限，即

$$0 \leqslant P_{hd} \leqslant 20\text{MW} \tag{8-6}$$

$$0 \leqslant P_{cr} \leqslant 20\text{MW} \tag{8-7}$$

$$0 \leqslant Q_{xrdgl} \leqslant 6\text{MW} \cdot \text{h} \tag{8-8}$$

式中：P_{hd} 和 P_{cr} 分别为蓄热电锅炉的耗电功率和蓄热电锅炉的放热功率，MW；Q_{xrdgl} 为蓄热电锅炉的实时储热量，MW・h。

4. 电热泵+储热罐

电热泵是通过电能驱动回收电厂循环水余热用于供暖，其约束条件包括耗电功率上限、放热功率上限和储热量上限，即

$$0 \leqslant P_{qd} \leqslant 20\text{MW} \tag{8-9}$$

$$0 \leqslant P_{hsr} \leqslant 60\text{MW} \tag{8-10}$$

$$0 \leqslant Q_{drb} \leqslant 6\text{MW} \cdot \text{h} \tag{8-11}$$

式中：P_{qd} 为电热泵的耗电功率，MW；P_{hsr} 为电热泵的放热功率，MW；Q_{drb} 为与电热泵耦合储热罐的实时储热量，MW・h。

5. 吸收式热泵

吸收式热泵是将原中压缸抽汽作为驱动热源对循环水余热进行回收利用，用于供暖。为了供热方案对比，考虑将中压缸抽汽与供热，即

$$0 \leqslant P_{xfr} \leqslant 60\text{MW} \tag{8-12}$$

式中：P_{xfr} 为吸收式热泵放热功率，MW。

（二）计算逻辑

该计算逻辑的研究目标是通过将抽凝机组发电功率与风电功率共同分担原有机组的电负荷，与此同时原有抽凝机组需要采用供暖方式改造以实现原有热负荷和现有电负荷的高热电比需求。根据热负荷和电负荷两组数据与机组主蒸汽消耗量之间的关系构建函数关系。图 8-4 呈现了不同供暖改造方式下的计算逻辑，分别为增设储热罐、蓄热电锅炉、电热泵和储热罐耦合装置以及吸收式热泵下的供暖改造方式计算逻辑。

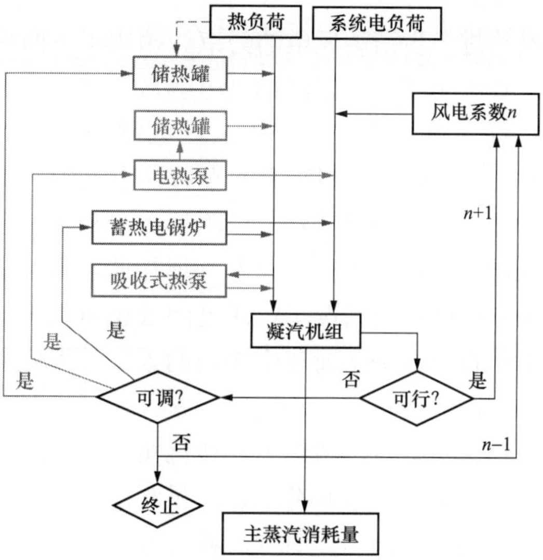

图 8-4　不同供暖改造方式下的计算逻辑图

对于供暖改造方式来讲，需要先设定一个风电系数 n 值，该计算逻辑是从 0 开始计算，当凝汽机组可调节后，再对 n 增加 1 进行判断。判断“可行”的依据是系统电负荷减去 n 倍的 1MW 风电功率后获得的电负荷要求，能够在原热负荷的条件下通过抽凝机组本身运行实现，其中抽凝机组的电负荷调节范围需要通过图 8-1 所示的热电负荷区域判断获得，电负荷速率条件需要通过计算式（8-2）所示的约束条件判断获得。若两种判断均可行，视为可行；否则，视为不可行。如果可行，继续对 n 增加 1 进行判断；若不可行，则通过增设装置（储热罐、蓄热电锅炉、电热泵+储热罐）进行是否可调判断。判断“可调”的依据是通过供暖改造装置的最大能力参数值去调节热负荷或同时消耗部分发电功率达到系统对凝汽机组的热电负荷调节范围，若能够实现，视为可调；若不能实现，视为不可调。如果可调，则 n 继续加 1 进行判断，如果不可调，则 n–1 最为风电比例代入计算得到主蒸汽消耗量。对于储热罐的调节原则，是以抽汽供暖为主，在需要调节时启动储热罐；对于蓄热电锅炉的调节原则，也是以抽汽供暖为主，在需要调节时启动蓄热电锅炉，直接将“过剩的”电能转化为热能储存；对于电热泵和储热罐耦合方式的调节原则，是以电热泵供暖为主，在电能“过剩”时，通过电热泵转化为热能储存在储热罐内。需要说明的是，“可行”指的是抽凝机组自身的判定，而“可调”指的是风电—抽凝机组耦合系统的判定。本逻辑的合理性在于在以抽凝机组调节能力优先的原则下实现所需供暖改造参数最小。需要指出的是，

本逻辑中着重考虑了设备自身的调节能力，而没有考虑设备动态响应特性所带来的时差，这在相关的动态响应研究中需要重点考虑。

三、结果与分析

（一）消纳风电容量比较

图 8-5 所示为不同供暖方式下消纳风电容量，其中需要满足的热负荷需求如图 7-2 所示。可以发现，在原有抽汽供暖方式下，风电—抽凝机组耦合系统消纳风电容量为 42MW，增设储热罐、蓄热电锅炉、电热泵和储热罐耦合装置以及吸收式热泵后，凝汽机组所消纳的风电容量分别为 42MW、72MW、82MW 和 42MW。这表明增设储热罐和增设吸收式热泵两种方式未能进一步增加其消纳风电能力，这是因为对于原抽汽供暖、增设储热罐以及增设吸收式热泵三种供暖方式下，抽凝机组自身的升降负荷速率始终是制约进一步消纳风电的约束。相比于该两种方式，增设电锅炉以及电热泵和储热罐耦合方式，明显增加了消纳风电能力，其主要原因是通过调整耗电功率改变了机组对外的电负荷下降速率，这表明从耗电侧进行灵活性改进对于热电联产系统有明显的提升空间[151]。此外，相比于增设蓄热电锅炉，增设电热泵和储热罐耦合装置为在其基础上进一步提升了增设装置的供暖能力。从消纳风电容量结果可以看出，在设定情景下，消纳风电容量可提高约 1.14 倍。增加储热罐能够进一步消纳风电的原理在于在热负荷较高且电负荷降低的情况下，通过降低该时刻内的热负荷实现对机组电负荷的降低，但对于受机组自身升降负荷速率制约的效果并不明显。用电侧消耗的原理在于通过消耗部分电能不仅降低了机组的输出电功率，通过电热转换也增加了热负荷输出能力。采用电热泵的原理在于通过高效的电热转化实现了较高的热电比。综上所述，储热方式的“消峰填谷”、用电侧的“灵活负荷”以及供暖能力的“高热电比”均对提高热电联产系统消纳风电有明显的效果，但同时受到耦合方式下约束限制的影响。

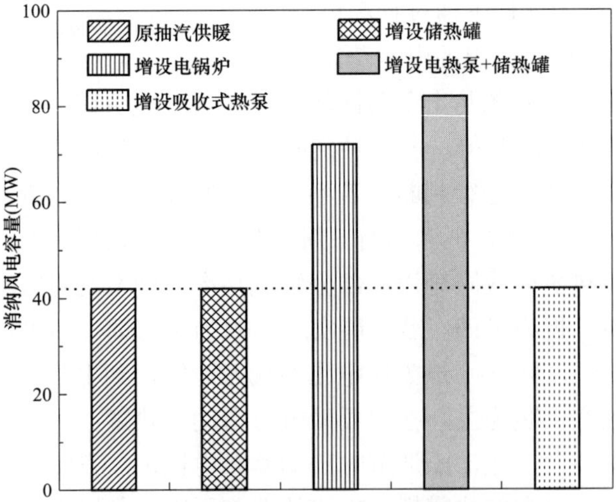

图 8-5　不同供暖方式下消纳风电容量

（二）主蒸汽消耗量比较

图 8-6 所示为不同供暖方式下主蒸汽消耗量。原抽汽供暖方式下，耦合风电前后的

主蒸汽消耗量分别为 20276t 和 18513t。增设储热罐、蓄热电锅炉、电热泵和储热罐耦合装置以及吸收式热泵后，主蒸汽消耗量分别为 18513t、17171t、16835t 和 18067t。相比于原抽汽供暖（耦合风电），增设四种供暖改造设备后主蒸汽消耗量的降低值分别为 0t、1342t、1678t 和 446t。其中，增设储热罐未能降低主蒸汽的消耗量，其原因包括两个方面。一是对于储热罐未能增加风电的消纳，二是储热罐只是热能跨时间尺度利用，没有涉及能源形式的转化和余能的回收。增设蓄热电锅炉以及增设电热泵和储热罐耦合方式由于其增加了对风电的消纳，而明显降低了主蒸汽的消耗量。相比于增设蓄热电锅炉，增设电热泵和储热罐耦合方式使得主蒸汽降低量为其 1.25，明显高于消纳风电容量的 1.14 倍。这表明蓄热电锅炉通过耗电调节方式能够进一步提高消纳风电能力，但其本身对主蒸汽消耗量的影响不大。而电热泵和储热罐耦合方式能够进一步提高消纳风电的能力，电热泵较高的电热转化能力也具有降低主蒸汽消耗量的能力。吸收式热泵相比于原抽汽供暖方式能够降低 2.41%的主蒸汽消耗量，这应该归因于其对循环水余热的回收利用[40]。

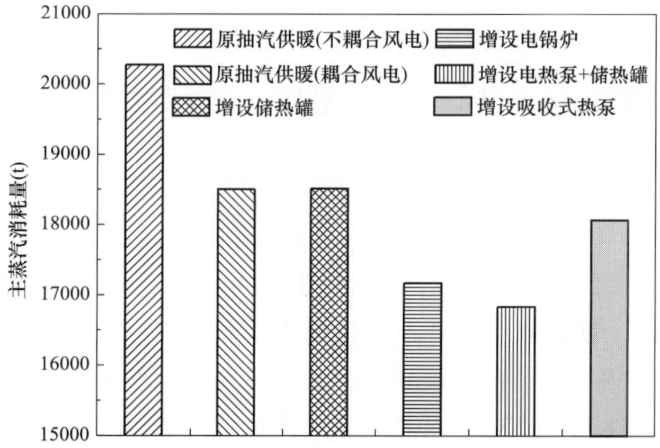

图 8-6　不同供暖方式下主蒸汽消耗量

（三）热负荷扩大能力比较

图 8-7 所示为不同供暖方式下热负荷扩大比例与主蒸汽消耗量的关系。首先可以发现，五种供暖方式（原抽汽供暖、增设储热罐、增设蓄热电锅炉、增设电热泵和储热罐耦合方式以及增设吸收式热泵）下，主蒸汽消耗量与热负荷扩大比例呈线性增加趋势。这是由于凝汽机组在可调节范围内，对风电的消纳能力以及抽汽消耗量等因素均为线性相关。还可以发现，五组供暖方式的热负荷扩大比例的终点不同，该终点为最高热负荷扩大比例。结果表明，在设定参数下，五组供暖方式热负荷扩大比例由大到小的顺序为：增设电热泵+储热罐、增设电锅炉、增设储热罐、增设吸收式热泵、原抽汽供暖。这是因为首先增设储热罐可以通过热负荷的“消峰填谷”实现现有热负荷更高的扩大比例。增设电锅炉以及增设电热泵和储热罐耦合方式能够进一步提高热负荷扩大比例是因为电热转换的作用。同时可以发现，在电热泵可满足的热负荷扩大比例的条件下，选择电热泵+储热罐方式下的主蒸汽消耗量最低。为此，可根据实际需要进一步优化电热泵的参数，

使热负荷扩大比例的边界进一步提高。

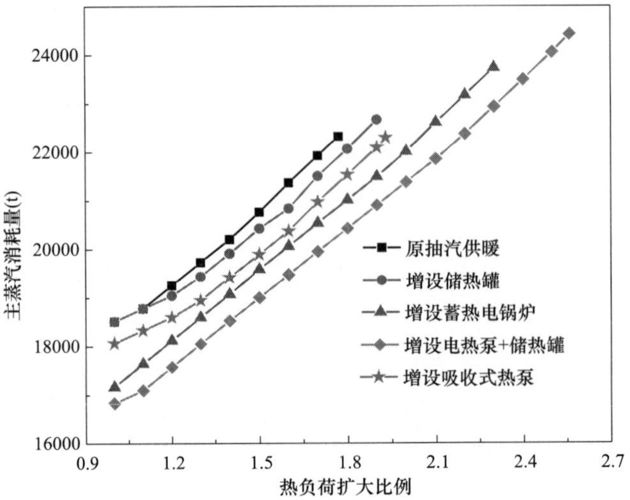

图 8-7 不同供暖方式下热负荷扩大比例与主蒸汽消耗量的关系

第二节 风—光—蓄电—燃煤互补系统

一、系统简介

风—光—蓄电—燃煤多能互补系统主要由燃煤机组、风力发电（风电）、光伏发电（光伏）以及蓄电池构成，如图 8-8 所示。其中，燃煤机组为亚临界 2×350MW 机组，为满足机组运行的安全性，耦合系统最低运行负荷为 2 台机组额定负荷的 40%（280MW），升降负荷速率限制为额定负荷的 2%/min（14MW/min）。通过设定单一消纳、互补消纳和蓄电池辅助消纳 3 种情景分别对该多能互补耦合系统进行参数优化分析：①单一消纳情景指燃煤机组分别与风电或光伏耦合，以满足电网负荷要求；②互补消纳情景指燃煤机组与风电—光伏耦合，满足电网负荷要求，同时通过调整风电和光伏的嵌入比例，实现两者的互补性消纳；③蓄电池辅助调节情景则是在互补消纳的基础上，通过蓄电池调整“源—储—荷”的匹配性，实现更高比例的新能源电力嵌入。

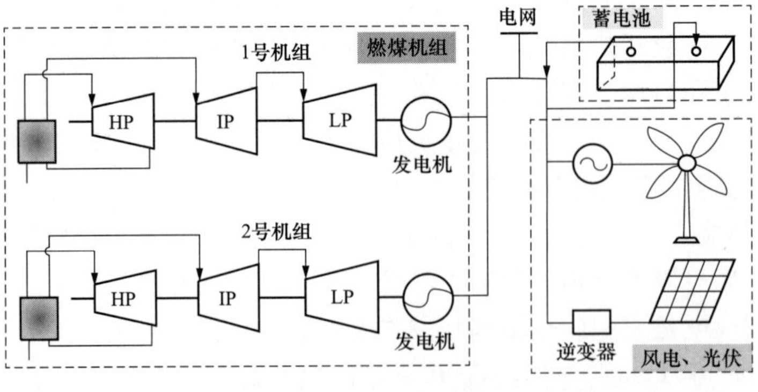

图 8-8 风—光—蓄电—燃煤多能互补系统示意

为进一步分析多能互补系统参数间定量关系，选用 1 天内（1440min）的实际参数进行模型验证，结果如图 8-9 所示。系统电负荷为 2 台机组共同承担的供电需求，单位风电功率反映当风电容量折算为 1MW 时的风电功率波动情况，单位光伏功率反映光伏容量折算为 1MW 时的光伏功率波动情况。由图 8-9 可以看出，光伏主要在白天生产，而此时风电输出为低谷，这为多能互补系统参数优化设计的可行性提供了依据。

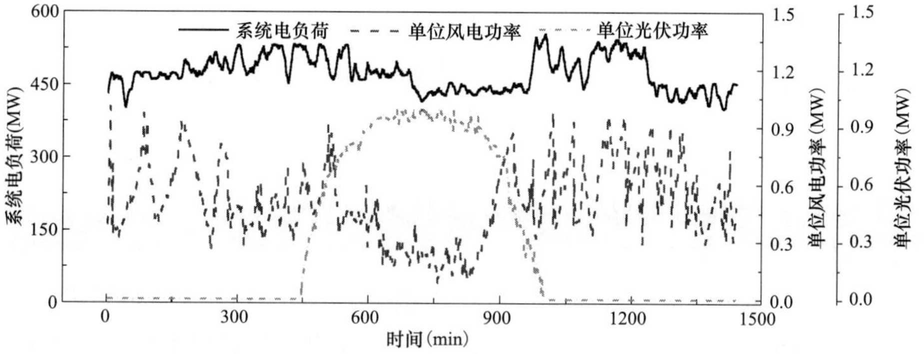

图 8-9　风—光—蓄电—燃煤多能互补系统电负荷及单位风电、单位光伏功率曲线

二、多能互补系统运行逻辑

分别以燃煤机组的调节区域约束、风电和光伏的波动特性以及电网需求特点和蓄电池参数设定为基准，构建多能互补系统模型。该模型的特点是在满足发电功率与用电负荷需求匹配的前提下，实现新能源电力的更高占比。为满足外界负荷要求以及对风电、光伏的消纳，2 台 350MW 燃煤机组需进行调峰运行，风—光—蓄电—燃煤多能互补系统的运行逻辑如图 8-10 所示。需要指出的是，设定双机组具有相同性能，两者间电负荷均匀分配，等额承担新能源电力消纳。

对于单一消纳，如图 8-10（a）所示，需先设定一个风电或光伏比例系数 i（整数），当燃煤机组可以消纳时，则增大比例系数 i；否则，减小比例系数 i。通过循环计算得出一个单独消纳风电/光伏的最大消纳总量。

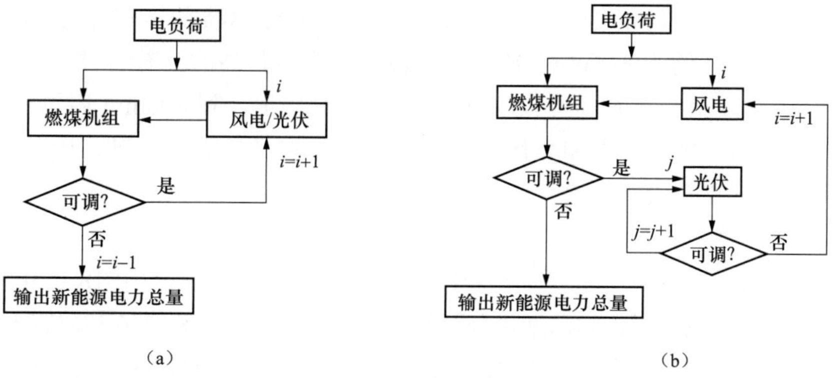

图 8-10　风—光—蓄电—燃煤多能互补系统的运行逻辑（一）

（a）单一消纳；（b）互补消纳

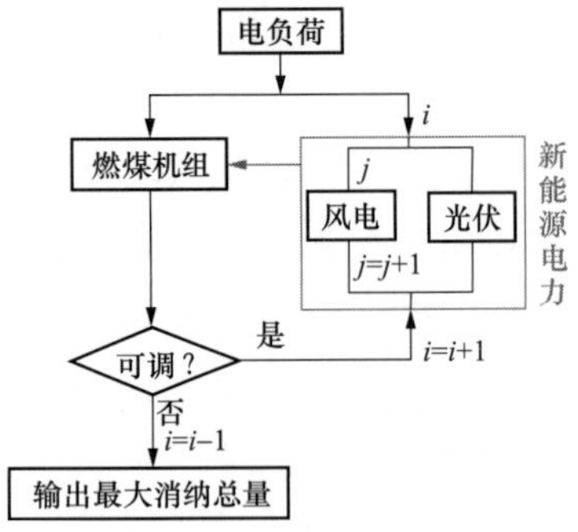

（c）

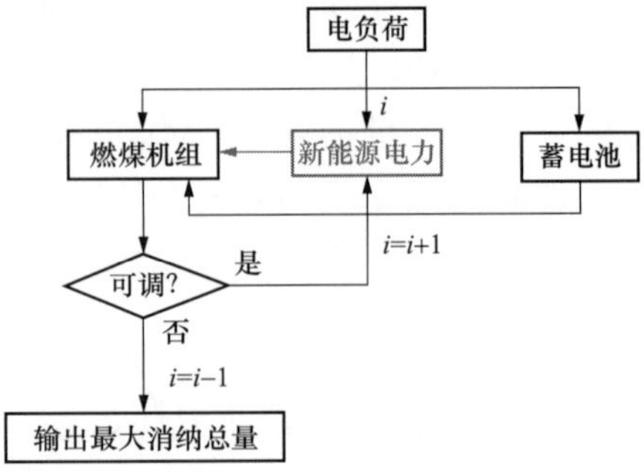

（d）

图 8-10　风—光—蓄电—燃煤多能互补系统的运行逻辑（二）

（c）风电容量优化；（d）蓄电调节辅助

对于互补消纳有 2 种方式：

（1）设定一个风电比例系数 i 和一个光伏比例系数 j（整数）。当燃煤机组满足可调时，增大光伏比例系数 j；否则，增加风电比例系数 i。循环计算得出最大互补消纳总量，如图 8-10（b）所示。

（2）将风电和光伏看作一个整体新能源电力，设其比例系数为 i，其中风电比例系数为 j。判断燃煤机组是否可调：若可调，则增加新能源电力比例系数 i 和风电比例系数 j；反之，则减少比例系数 i。计算得出最大新能源电力消纳总量，如图 8-10（c）所示。

蓄电池调节辅助运行逻辑如图 8-10（d）所示。设新能源电力比例系数为 i，当满足燃煤机组可调时，增大比例系数 i，蓄电池起辅助燃煤机组调峰的作用。

三、结果与讨论

（一）风、光电力单一消纳

图 8-11 展示了 2×350MW 燃煤机组单独消纳风电、光电的计算结果。由图 8-11 可以看出，该机组在最低运行负荷（额定负荷的 40%，即 280MW）和升降负荷速率限制为 14MW 的约束下，消纳风电总量占比为 1.45%（风电容量设定为 13MW），消纳光伏总量占比为 3.20%（光伏容量设定为 49MW）。风电和光伏的消纳体现出不同特点：风电在 0～600min 和 900～1440min 内消纳负荷在 6MW 功率上下对称波动，在中午时段 600～900min 消纳负荷较低（约为 3MW）；光电则表现出与风电强烈的互补特性，光伏消纳负荷由 450min 开始逐渐由 0 上升到约 45MW 并保持相对稳定，到 800min 后再逐渐下降。需要说明的是，计算得到的风电和光伏功率均以图 8-9 波动数据为基础，因此计算得到的功率可认为是风电和光伏的容量。

（二）风—光电力互补消纳

图 8-12 展示了风电—光伏互补情景下风电—光伏的耦合消纳情况。由图 8-12 可以看出：风电—光伏互补时，风电、光伏的消纳量分别约为 142.51MW・h 和 366.32MW・h；而单独消纳时，风电和光伏的消纳量仅为 165.31MW・h 和 364.51MW・h。风电、光伏单独消纳时，仅能实现风电消纳总量的 1.45%或者光伏消纳总量的 3.2%（结合图 8-10），而耦合消纳不仅可以实现风电 1.25%的消纳比例，还可以实现光伏 2.95%的消纳比例，

如图 8-13 所示。

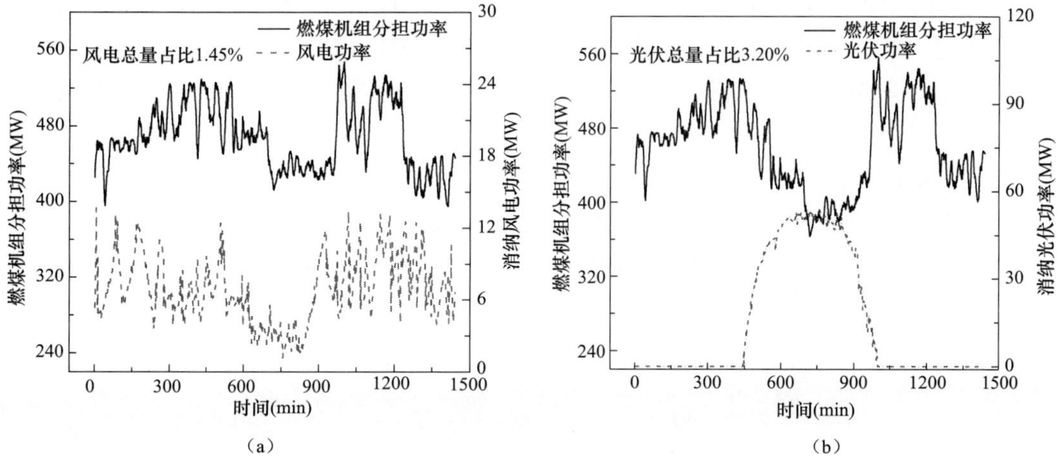

图 8-11　2×350MW 燃煤机组单独消纳风电、光电的计算结果

（a）风电消纳；（b）光伏消纳

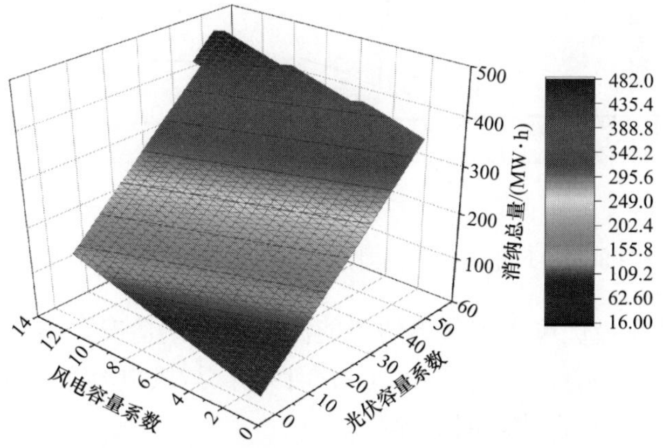

图 8-12　消纳总量与风电、光伏容量的相关性

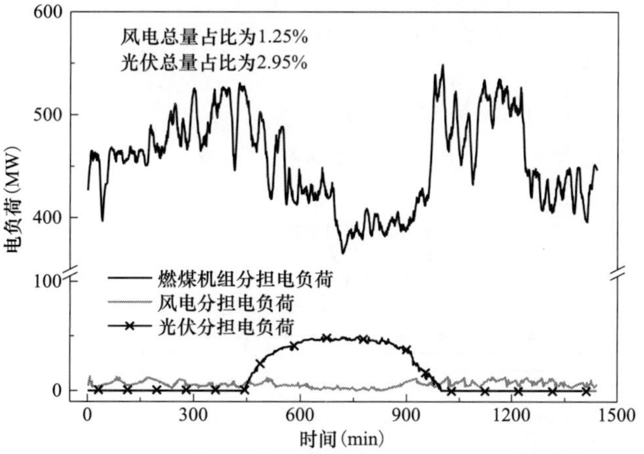

图 8-13　互补消纳形式

由此可见，无论是消纳系数还是消纳功率都能够体现风电—光伏耦合消纳的优势。此外，从消纳系数看，计算得到的风电和光伏最大消纳系数分别为 14%和 60%，光伏消纳系数约是风电消纳系数的 4 倍，这是因为风电在白天发电负荷相对较小，在凌晨和夜间相对较大，与外界电力负荷需求相反。因此，可通过优化风电消纳比例，实现更大容量的风电—光伏消纳。

（三）风电容量优化

风电消纳比例对风电—光伏互补消纳量的影响如图 8-14 所示。由图 8-14 可以看出，将风电容量设定为原风电容量的 19%时，由于其大大降低了风电自身的波动性，更有利于风电—光伏间的互补，导致新能源电力的消纳总量达到最大值，接近 800MW • h。

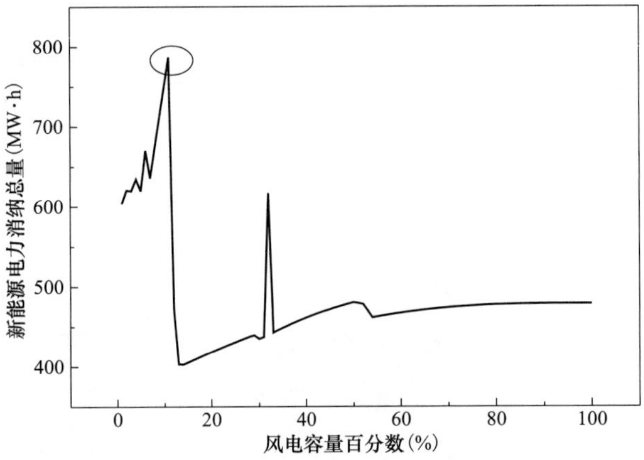

图 8-14　风电消纳比例对风电—光伏互补消纳量的影响

图 8-15 显示了在最优风电容量下的新能源电力消纳情况。由图 8-15 可见，风电消纳总量占比为 3.72%，光伏消纳总量占比为 3.19%；与风电容量优化前相比，风电消纳总量占比和光伏消纳总量占比均明显提高。

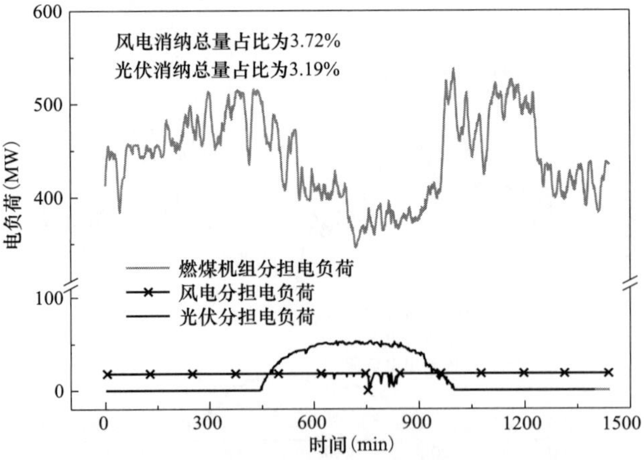

图 8-15　在最优风电容量下的新能源电力消纳情况

（四）蓄电调节辅助

为进一步提高对新能源电力的消纳，先设定蓄电池相关参数，放电速率设为73.7MW，容量设为48.5MW・h。通过计算，在该蓄电池参数下，新能源电力、蓄电池充放电和燃煤机组的电负荷情况如图8-16所示。需要指出的是，蓄电池充放电功率为非零阶段均为蓄电池启动阶段。由图8-16可明显看出，蓄电池充放电在某个具体的时间点需要较大，最终对新能源电力消纳总量占比可达到22.55%。

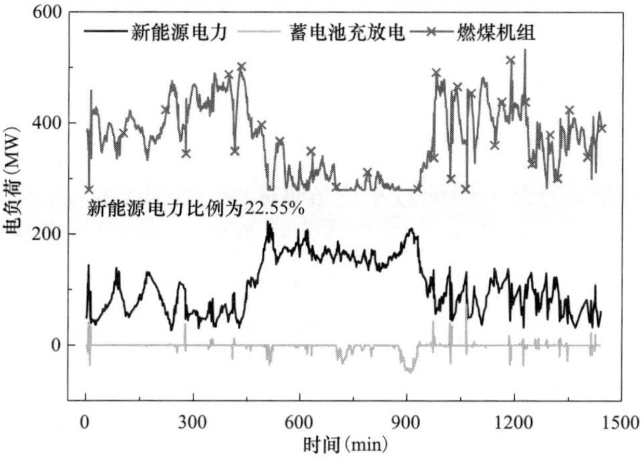

图8-16　蓄电池辅助调节下新能源电力、蓄电池充放电和燃煤机组的电负荷情况

综上所述，在单一消纳情景下，风电和光伏的消纳比例分别为1.45%和3.20%；在互补消纳情景下，风电和光伏的消纳比例可达到4.20%，进一步优化风电容量百分比可将新能源电力消纳总量占比增加至6.91%；在设定的蓄电池参数下，新能源电力消纳总量占比可达到22.55%。

第三节　双储能燃煤互补系统

一、燃煤机组耦合双储能发电系统

（一）风电场景

由于我国大规模风电主要集中在“三北”（东北、华北和西北）地区，风电难以独立地被全部就地消纳。因此，在发电侧布局双储能型燃煤机组系统能够有效解决风电波动性和随机性给电网带来的不稳定、利用率低及弃风率高等问题，其代表性的系统结构及运行机制如图8-17所示。

图8-17（a）所展示的系统中，通过电池储能与储热式电锅炉系统“削峰填谷”，能够提高系统整体的调峰能力，减少系统弃风电量。系统结构包含了风电机组、常规机组、热电联产机组、电池储能、电锅炉和储热系统。储热式电锅炉的电采暖方式通过配置储热系统，在弃风时段利用电锅炉满足供热的同时，可以进行储热；在非弃风时段储热系统放热，能够实现能量在时间上的转移。电池储能系统利用其响应速度快、能量可双向流动的特点，可实时响应电网调度指令进行充放电[152]。

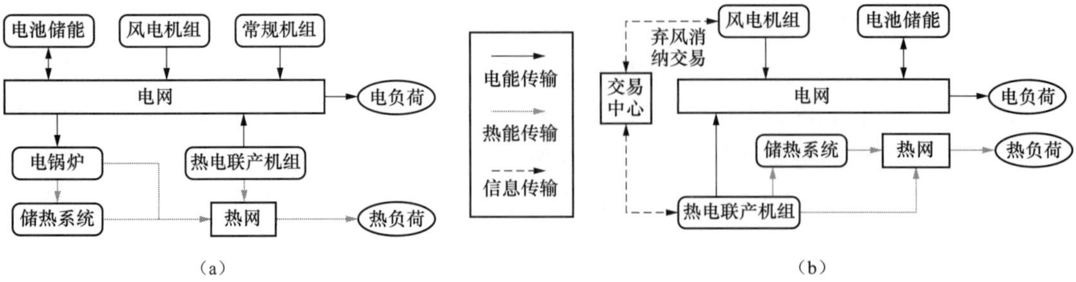

图 8-17　风电嵌入下的双储能型系统组成

（a）电池储能与储热式电锅炉系统组成；（b）协调热电联产消纳弃风系统组成

此外，李军徽等[153]对上述系统进行了优化研究，通过优化系统运行情况，对电锅炉、电池储能进行控制，当弃风消纳效率由65%提高10%时，系统年收益由原来的315.6万元增加到了773.9万元，极大地提高了储能装置的利用率与经济性，增加了系统的灵活性。朱炳铨等[154]针对上述系统结构中由电池储能、电锅炉和储热系统组成的电热混合储能系统进行分析，提出一种优化定容方法，相较于不安装储能设备时风电消纳率提高21.1%，总成本至少下降6万元，能够在有效提高风电利用率的同时保证系统的经济性。李敏超等[155]在上述系统较好消纳风电的基础上考虑碳交易机制下的碳减排情况，对比发现混合储能的运行方式相较于单电储能或单热储能运行在风电消纳率增加3.83%～19.72%时，能够降低系统碳排放量50～380t，减少碳排放成本0.1万～0.76万元，有利于提升系统环保性和经济性。图8-17（b）所示为利用电池储能和储热系统实现热电联产机组消纳弃风的系统组成。热电联产机组在配置储热系统后，其调峰能力显著增加。电池储能设备配合风电机组来平抑其出力波动性。由此，电池储能、储热系统和风电机组、热电联产机组共同通过电网交易中心完成日前深度调峰交易，并确定弃风消纳深度调峰的协议价格。最后，交易中心基于协议价格，对电池储能、热电联产机组及其储热系统进行调度，实现对弃风电量的消纳。需要通过维持储热系统的蓄热量，保障系统的持续供热能力和多日连续调节能力[156]。

（二）光伏场景

通过燃煤机组结合储能系统能够提高光伏电力的消纳能力，代表性的系统结构如图8-18所示。

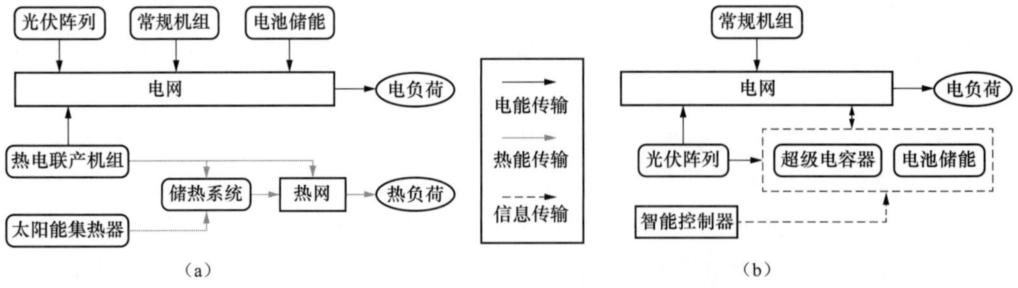

图 8-18　光伏嵌入下的双储能型系统组成

（a）耦合储热与电池储能的热电联产系统组成；（b）耦合超级电容器与电池储能的火电系统组成

图 8-18（a）系统由热电联产机组、常规机组、太阳能集热器、太阳能光热、电池储能及储热系统组成。储热系统和电池储能可用于满足热能和电力需求：热电联产机组、常规机组和光伏阵列产生的电力被输送到电网，同时电池储能将富余的光伏电力储存起来并用于低谷放电；热电联产机组和太阳能集热器产生的热量被分配到当地的热网或因富余而被储存起来，当热能需求较高但产热不足时，可以通过释放热量来解决用户对热能的需求[157]。图 8-18（b）中的系统由常规火电机组、光伏阵列、电池储能以及超级电容器组成，并且安装了智能控制器等智能设备，可根据能量管理策略采取不同的储能运行方式[158]。

此外，Li Peng 等[159]提出一种先进绝热压缩空气储能、储热与太阳能辅助热相结合的热电联产系统，通过合理分配系统产生的热能提高系统整体的效率；胡基栋[160]对光储微网系统并网进行研究，通过对光伏发电单元、储能单元以及并网单元的控制策略进行调整，实现源—网—储协调控制，保证系统稳定运行。

（三）双新能源场景

图 8-19（a）中利用电池储能与超级电容器组成的混合储能系统来改善风能和光伏并网发电的波动性。系统可以组合多个储能设备以缓解由风能和光伏并网所带来的不利影响。当用电需求小于电源总发电量时，可用储能设备进行储存，需求大于电源总发电量时放电满足负荷需求，实现削峰填谷，确保供电稳定[161]。图 8-19（b）中电负荷需求由新能源（光伏、风电）和常规机组满足，当风光互补发电系统产生的电能有富余时，富余的电能通过电解水得到氢气，存储在氢气罐里，其次由电池储能储存。若系统产生的电能不足以满足用户电量需求，则由燃料电池和蓄电池辅助发电系统供电，进一步提高系统灵活性和能源利用效率[162]。

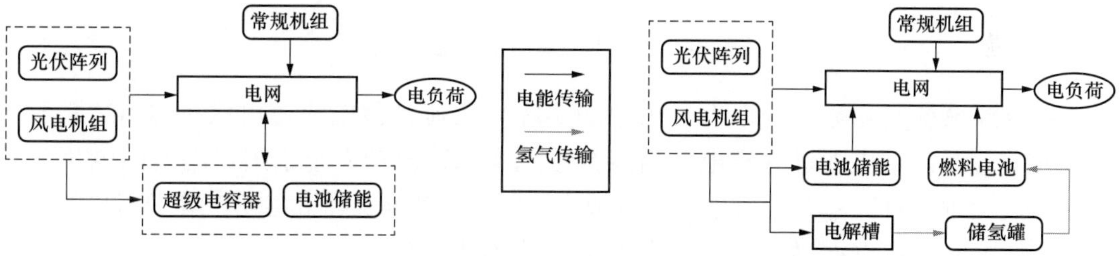

（a） （b）

图 8-19 双新能源嵌入下的双储能型系统组成

（a）电池-超级电容器混合储能系统组成；（b）储氢-电池储能混合储能系统组成

此外，吴瑞鹏等[163]提出一种含锂电池和超级电容器的风光储联合发电系统，采用低通滤波器结合超级电容器荷电状态二次反馈的控制策略能够有效提升混合储能系统的使用寿命，年成本降低了 22.8%，提高系统的经济性。郭苏等[164]提出了一种含电池储能和储热的风光热储能混合电力系统，该系统有效提高了输电效率，平准化度电成本（LCOE）由 121.53 美元/（MW·h）降至 107.75 美元/（MW·h），更具成本效益，具有较好的经济性。

二、储能系统控制逻辑

目前，我国在储能技术，包括蓄电池储能、储冷储热、超级电容器、抽水储能、压缩空气储能、飞轮储能以及氢储能等技术的基础研发和工程化方面均取得了重大进展[165]。当储能系统并入电网时，可通过发挥其调节能力提高机组的风电和光伏能力，增强电网的稳定性。基于蓄电池储能、储热和超级电容器的控制逻辑分析储能技术参与电力系统调节的一般规律。

（一）蓄电池

蓄电池作为重要的储能形式，由于能量可双向流动、功率响应较快，其主要在电网独立运行时作为压频控制单元稳定电网电压和频率，在电网不稳定时，进行相应的充放电处理，起到一定的“削峰填谷”作用。其基本运行控制逻辑如图 8-20 所示[167,168]，其中 P_{sj} 为电网实际功率（能源系统实际输出功率），P_{fh} 为用户的实际电负荷。

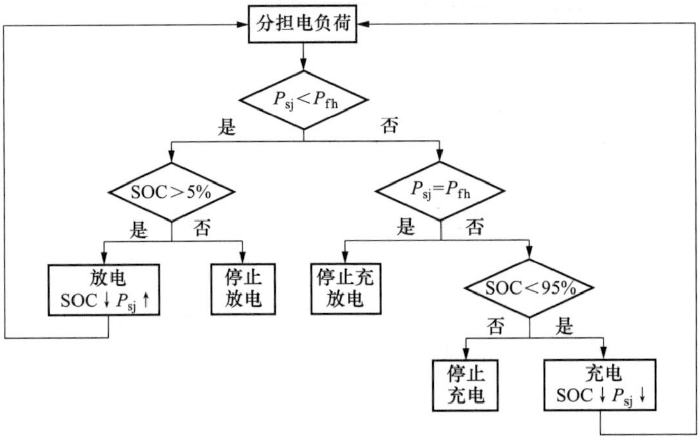

图 8-20　蓄电池储能运行逻辑图

当能源系统实际输出功率大于用户的实际电负荷且蓄电池荷电状态 SOC_x 低于上限 $SOC_{x,max}$ 时，蓄电池进行充电；当能源系统实际输出功率小于用户的实际电负荷且 SOC_x 高于下限 $SOC_{x,min}$ 时，蓄电池进行放电；当能源系统实际输出功率等于用户的实际电负荷且蓄电池的 SOC_x 处于正常范围时，蓄电池不工作。

（二）储热

储热技术具有规模大、成本低、寿命长等优点，在电力、建筑、工业等领域得到广泛应用。以风电嵌入系统为例，当机组供热量大于热需求时，多余的热储存于储热罐，当机组供热量不足时，储热装置释热与机组一同供热；如果储热装置与机组供热仍不能满足供热需求，不足部分可由电锅炉等其他热源补足。储热系统基本运行逻辑图[167, 168]如图 8-21 所示，其中 Q_{rec} 为余热回收量，Q_{req} 为热负荷需求，Q_1 为原有储热量，Q_2 为新储热量，Q_3 为补燃量。

当余热回收量大于热负荷需求时，储存热量，且新的储热量为原有的出热量加上回收量与需求量差值；当余热回收量小于热负荷需求时，释热，且释放的热量由机组原有的储热量提供，若原有储热量不足，则由电锅炉进行补足。此运行逻辑对于大部分有储热参与的电网调节系统同样适用，但模型本身并没有具体考虑储热参数自身的优化

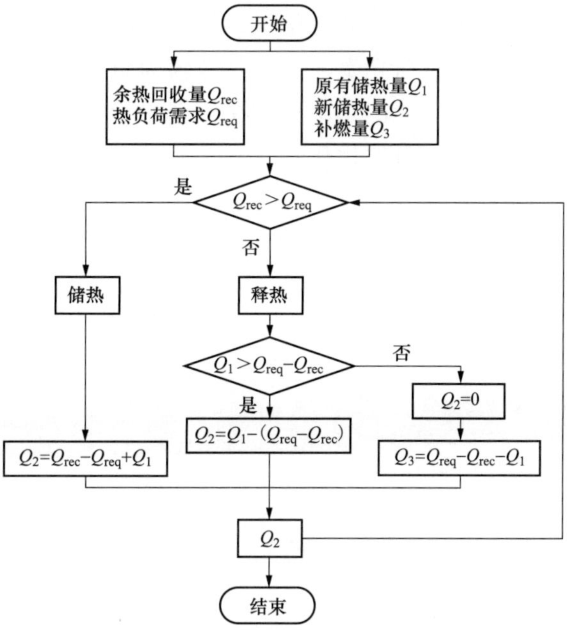

图 8-21 储热系统基本运行逻辑图

（三）超级电容器

超级电容器是一种重要的功率型储能器件，具有功率密度高、循环寿命长、充放电速度快等优点，与蓄电池储能类似，超级电容器在并入电网时，通过其电极/电解液界面的充放电过程，对电网的稳定性调节起着“削峰填谷”的作用。由于蓄电池功率密度小、循环寿命短等缺点，所以在充放电次数较多和电网负荷高的情况下，通常加入超级电容器来避免蓄电池的频繁充放电，延长其使用寿命，并且提高了系统的稳定性。超级电容器储能的基本运行逻辑图[169]如图 8-22 所示，其中 P_{min} 为充电阈值，P_{max} 为放电阈值，P_{cmax} 为充电最大值，P_{dmax} 为放电最大值，P 为分担电负荷。

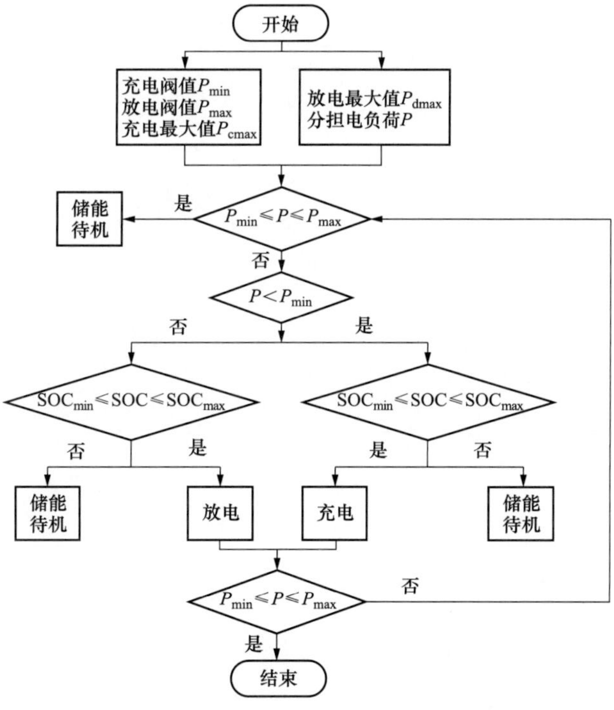

图 8-22 超级电容器储能的基本运行逻辑图

当负荷功率小于 P_{min} 时，储能系统进行充电，储存电能，充电参考值为负载功率与充电阈值的差值和充电最大值两者的最大值；当牵引负荷大于 P_{max} 时，储能系统进行放电，补偿负荷功率，放电参考值为负载功率与放电阈值的差值和放电最大值两者的最小值，使电网输出功率稳定在一个平稳的区间。另外，此模型本身并没有具体考虑超级电容器参数自身的优化。

第九章

燃煤机组的热电耦合特性研究

近年来，我国“三北”地区弃风、弃光问题非常严重，尤其是冬季供暖期，热电联产机组因热电耦合不得不高出力发电，从而挤占了新能源电力的上网空间，“热电解耦”是解决这一问题的重要途径。为此，我国正在积极推进热电联产机组热电解耦改造，主要包括旁路供热、低压缸切除、配置储热设备、配置电锅炉等。本章主要针对上述 4 种改造方案，分析其提升灵活性的效果，为明确未来场景、分析能源系统运行效率、进行集中优化调度、制定相关消纳政策等奠定基础。

第一节　热电联产机组的深度调峰问题

一、热电联产机组热电耦合特性

大型火电机组一旦实施供热，就需要保证供热质量。在保证供热参数的同时，面临的主要问题就是解决供热与电网低谷调峰的热电耦合矛盾。目前国内的热电联产机组主要分为两大类：背压式机组和抽汽式机组。背压式机组将汽轮机的所有乏汽送入供热蒸汽管网进行供热，没有冷源损失，效率较高，但在满足一定供热功率的条件下发电功率无法调节，需要严格按照“以热定电”的方式运行；抽汽式机组是在汽轮机中间抽取一部分蒸汽作为供热源，其供热功率和发电功率可在一定范围内自由调节，但在采暖期，也需要严格按照“以热定电”的方式运行。

所谓的“以热定电”的运行方式是指先根据热负荷确定供热输出，再根据供热输出确定机组发电可调空间，进而参与电网平衡调度。以抽汽式热电联产机组为例，分析“以热定电”运行方式对风电消纳能力的影响（见图 9-1）。

图 9-1 给出了抽汽式热电联产机组“以热定电”运行方式对风电消纳能力的影响[170]。其中，图 9-1（a）表示风电并网前后热电联产机组的电负荷曲线，图 9-1（b）表示抽汽式热电联产机组安全运行区间：$P_{\mathrm{Con}}^{\mathrm{e,max}}$、$P_{\mathrm{Con}}^{\mathrm{e,min}}$ 为机组纯凝工况下的最大、最小电出力；$P_{\mathrm{CHP}}^{\mathrm{e,max}}$ 为最大供热功率；c_{v} 为 AB 段斜率的绝对值；c_{m} 为 BC 段斜率的绝对值。假设某日各时段热负荷均为 $P_{\mathrm{LD}}^{\mathrm{h}}$，则机组满足热负荷的功率可调范围为 E～F 之间。可以看出，风电并网前，该范围能够满足电负荷调节需求，而风电并网后，热电联产机组的发电负荷

空间降低，导致部分时段［图 9-1（a）中 $b\sim h$ 时段］的电负荷需求低于 $P^{e}_{CHP,E}$。在这些时段，若热电联产机组仍然采用“以热定电”的方式运行，将无法满足风电并网后的出力需求，系统必须弃风，弃风量如图 9-1（a）中 *bcdefghb* 部分所围面积；而若机组采用优先满足发电需求的“以电定热”运行方式，则机组最小电出力可以降低到 *C* 点位置，此时的发电功率与供热功率分别为 $P^{e}_{CHP,C}$ 和 $P^{h}_{CHP,C}$。则 *bcdfghb* 部分的风电可被消纳（*defd* 部分风电因机组最小出力限制无法被消纳），但此时机组供热能力随着发电功率的下降而降低，从而无法满足热负荷需求。

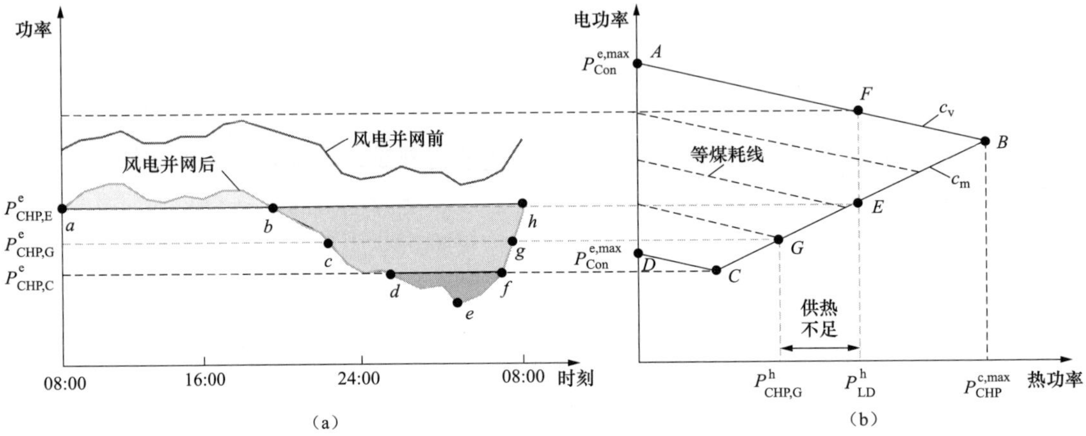

图 9-1　抽汽式热电联产机组“以热定电”运行方式对风电消纳能力的影响

（a）电负荷曲线；（b）安全运行区间

二、热电联产机组安全运行区间

热电联产机组的热电耦合特性是限制其深度调峰能力、导致风电消纳能力不足的根本原因。为了解决这一问题，要消纳风电，首先应解决采暖期“以热定电”所导致的高出力强迫发电问题，即热电解耦。本质上热电解耦是通过补偿供热方式来扩大热电联产机组的安全运行区间，不同于纯凝式机组仅考虑锅炉稳燃能力与汽轮机运行工况，抽汽式热电联产机组在供热工况下还需要考虑供热抽汽流量对机组安全运行的影响，也就是说，抽汽式热电联产机组的安全运行区间是基于“抽汽流量—负荷”的二维的安全运行区间。对于抽汽式热电联产机组来说，保证其安全运行需要保障：锅炉最大连续蒸发量、汽轮机最大进汽量、锅炉最低稳燃蒸发量、汽轮机低压缸最小通流量等。以某电厂 330MW 亚临界机组为例[171]，说明确定热电联产机组负荷安全区计算流程，如图 9-2 所示。

计算步骤如下。

（1）确定最大锅炉出力负荷线 *AB* 和最小锅炉出力负荷线 *ED*。其中，*A* 点（0，356.48MW）为最大发电负荷工作点，*B* 点（550t/h，262.75MW）为额定供热负荷工作点，以上工作点可以通过设计说明书中的热平衡图获得。拟合直线 *AB* 可得

$$AB:\ N_e = -0.1704 D_h + 356.48 \tag{9-1}$$

式中：N_e为机组功率，MW；D_h为供热抽汽流量，t/h。

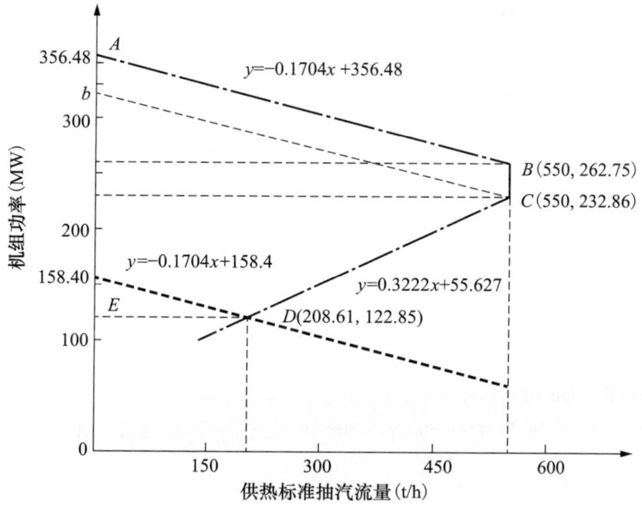

图 9-2　热电联产机组安全区计算流程示意图

在抽汽—功率区域内绘制最大锅炉出力负荷线*AB*，相同斜率下可得最小锅炉出力负荷（48%负荷）线*ED*，表达为

$$ED\text{：}N_e = -0.1704D_h + 158.4 \tag{9-2}$$

（2）确定供热工况下最小发电负荷线*CD*。供热工况下最小发电负荷取决于低压缸最小进汽量。被研究机组的低排最小通过流量为140t/h，额定供热负荷为550t/h，合计690t/h。表9-1给出了不同负荷工况下机组主蒸汽流量、中压缸排汽量、低压缸进汽量、供热标准抽汽流量以及机组负荷的对应关系。

表 9-1　　不同负荷工况下机组运行参数的对应关系

机组工况	主蒸汽流量（t/h）	中压缸排汽量（t/h）	低压缸进汽量（t/h）	供热标准抽汽流量（t/h）	机组负荷（MW）
VWO	1100.00	757.78	757.78	0.00	356.481
THA	997.56	695.00	695.00	0.00	330.000
75%THA	722.00	521.68	521.68	0.00	247.505
50%THA	483.83	357.90	357.90	0.00	165.004
40%THA	400.01	297.01	297.01	0.00	132.007
30%THA	314.66	233.49	233.49	0.00	99.007
额定抽汽	1043.26	726.67	226.67	500.00	256.292
最大抽汽	1100.00	761.40	211.40	550.00	262.747

由表9-1可见，主蒸汽流量与中压缸排汽量呈线性相关，拟合可得中压缸排汽量的关系为

$$D_{\text{IPC}}^{\text{out}} = 0.6648D_{\text{m}} + 31.871 \tag{9-3}$$

式中：$D_{\text{IPC}}^{\text{out}}$ 为低压缸进汽与供热抽汽流量之和，t/h；D_{m} 为主蒸汽流量，t/h。

将 $D_{\text{IPC}}^{\text{out}} = 690\text{t/h}$ 带入式（9-3）可得对应主蒸汽流量 D_{m}=989.97t/h。通过表 9-1 中机组负荷与主蒸汽流量对应关系拟合可得

$$N_{\text{e}} = 0.3275D_{\text{m}} + 2.3662 \tag{9-4}$$

将 $D_{\text{m}} = 989.97\text{t/h}$ 带入式（9-4）可得其对应负荷 $N_{\text{e}} = 326.58\text{MW}$，即图 9-2 中 b 点坐标为（0，326.58MW）。由于 bC 等负荷线与 AB 等负荷线平行，可得 bC 等负荷线表达式为

$$bC\text{：} N_{\text{e}} = -0.1704D_{\text{h}} + 326.58 \tag{9-5}$$

可得额定供热抽汽流量下最小发电负荷点 C 点坐标为（550t/h，232.86MW）。根据式（9-4），最小锅炉出力负荷 ED 线对应的主蒸汽流量为 476.44t/h，带入式（9-3）并考虑低压缸最小进汽量，获得该工况下最大供热抽汽流量为 208.61t/h，根据式（9-2）得对应机组发电功率为 122.85MW，即最小锅炉出力负荷下最大供热工况点 D 坐标为（208.61t/h，122.85MW）。对 CD 线进行拟合表达为

$$CD\text{：} N_{\text{e}} = 0.3222D_{\text{m}} + 55.627 \tag{9-6}$$

综上所述，图 9-3 中阴影部分即为供热工况下热电联产机组的运行安全区间，其边界表达式（9-7）为

$$\begin{cases} y_{AB} = -0.1704x + 356.48 \\ x_{BC} = 550 \\ y_{CD} = 0.3222x + 55.627 \\ y_{DE} = -0.1704x + 158.4 \end{cases} \tag{9-7}$$

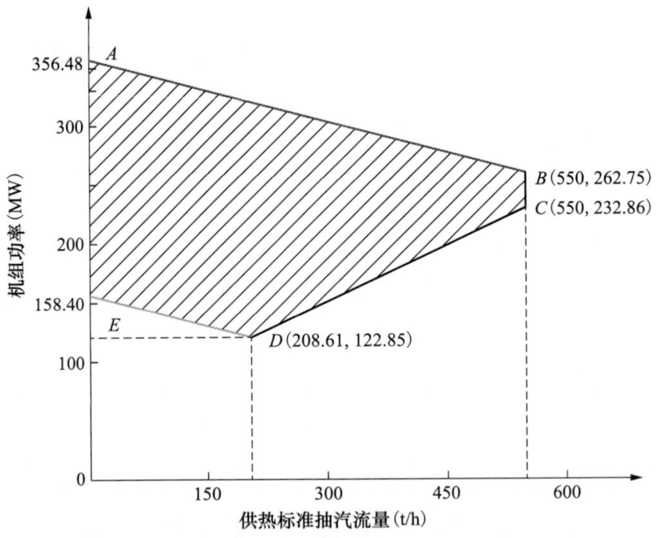

图 9-3　热电联产机组的安全运行区间

第二节　低压缸切除方案及特性

一、低压缸切除补偿供热原理

图 9-4 给出了低压缸切除补偿供热原理图。由图 9-4 可见，低压缸切除运行技术是指在低压缸高真空条件下：

（1）采用完全密封的液压蝶阀，通过开关控制实现低压缸在“零出力”和“满出力”运行模式间切换，当热电联产机组处于用电低谷阶段时，通过关闭中低压缸导汽管蝶阀，切除低压缸全部进汽，使低压缸“零出力”并在高真空条件下以背压供热方式运行，实现热电联产机组的热电解耦。

（2）在原进汽管道上新增旁路管道，向低压缸内通入少量的冷却蒸汽，用于带走低压转子转动产生的鼓风热量，保证机组安全运行。

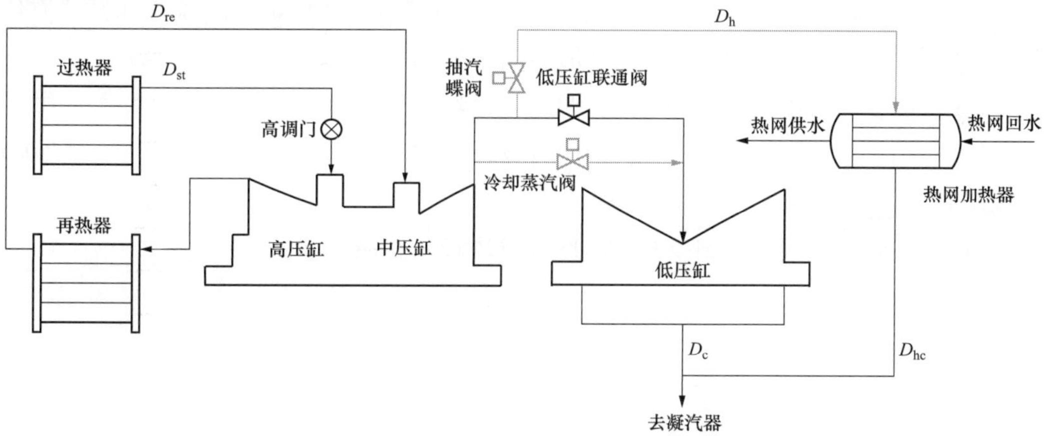

图 9-4　低压缸切除补偿供热原理图

二、低压缸切除供热安全运行区间

低压缸切除辅助供热改造后，热电联产机组的供热安全区也随之变化，但低压缸切除不会影响锅炉最大蒸发量、汽轮机最大进汽量以及锅炉低负荷稳燃工况，忽略低压缸切除后，进入低压缸的冷却蒸汽流量，则只需要将低压缸切除减少的机组做功量从总功率中剔除即可。低压缸进汽及抽汽设计参数如表 9-2 所示。

表 9-2　　低压缸进汽及抽汽设计参数

项目	进汽流量（t/h）	进汽焓（kJ/kg）	排汽焓（kJ/kg）	6 抽流量（t/h）	6 抽焓（kJ/kg）	7 抽流量（t/h）	7 抽焓（kJ/kg）	8 抽流量（t/h）	8 抽焓（kJ/kg）
100%P_e	695	3020.2	2313.2	39.13	2817.7	30.78	2628.7	33.48	2478.7
75%P_e	521.68	3029.6	2331.3	27.61	2825.3	21.54	2633.5	19.58	2485.2
50%P_e	357.90	3009.8	2363.3	17.78	2810.3	13.84	2622.6	8.81	2478.9
40%P_e	297.01	2983.0	2378.2	14.39	2789.3	11.24	2607.7	5.43	2466.8
30%P_e	233.49	2955.3	2403.2	11.01	2767.8	8.61	2592.0	2.38	2454.7

注　P_e为额定功率。

基于表 9-2，忽略轴封漏汽和散热损失，根据计算不同负荷下低压缸内部功如表 9-3 所示。

表 9-3　　不同负荷工况下低压缸内部功

负荷工况	进汽量（t/h）	内部功（MW）
100%P_e	695.00	126.770
75%P_e	521.68	94.758
50%P_e	357.90	60.785
40%P_e	297.01	47.404
30%P_e	233.49	34.208

$$N_{LPC} = D_{in}(h_{in} - h_{out}) - \sum_{j=6}^{8} D_j(h_j - h_{out}) \tag{9-8}$$

式中：D_{in} 为低压缸进汽量，t/h；h_{in} 为低压缸进汽焓，kJ/kg；h_{out} 为低压缸排汽焓，kJ/kg；D_j 为低压缸第 j 级抽汽流量，t/h；h_j 为该汽缸第 j 级抽汽焓，kJ/kg。

经线性拟合，低压缸内部功与进汽量之间的线性关系为

$$N_{LPC} = 0.2014D_{LPC} - 12.01 \tag{9-9}$$

式中：N_{LPC} 为低压缸内部功，MW。

低压缸切除热电联产机组供热安全区计算流程示意如图 9-5 所示。

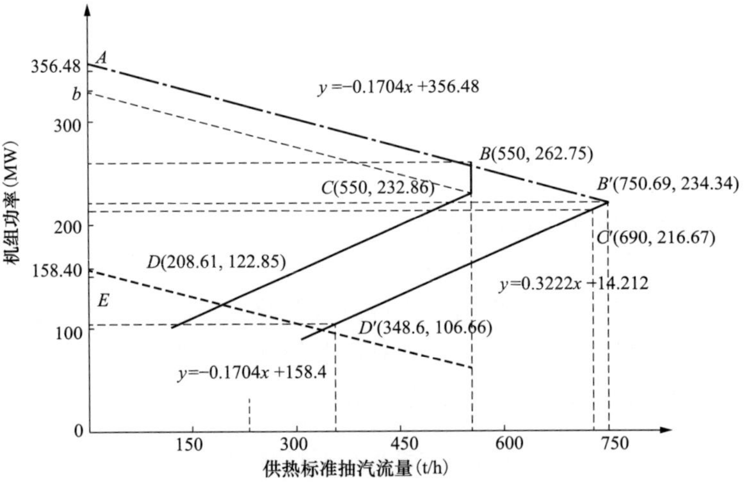

图 9-5　低压缸切除热电联产机组供热安全区计算流程示意图

计算步骤如下。

（1）确定最大锅炉出力负荷线 AB' 和最小锅炉出力负荷线 ED' 。由于低压缸切除辅助供热既不会改变锅炉最大蒸发量，也不会改变锅炉最小出力负荷（48%额定负荷），因此低压缸切除后，机组的最大锅炉出力负荷线 AB' 与原最大锅炉出力负荷线 AB 重合，最小锅炉出力负荷线 ED' 与原最小锅炉出力负荷线 ED 重合。则 AB 线和 ED' 线分

别为

$$AB'：\ N_e=-0.1074D_h+356.48 \quad (9\text{-}10)$$

$$ED'：\ N_e=-0.1074D_h+158.4 \quad (9\text{-}11)$$

（2）确定B'点坐标。首先将最大负荷工况的机组负荷356.48MW代入式（9-4），得到对应的主蒸汽流量为1081.26t/h；然后代入式（9-5），得到对应的中压缸排汽流量为750.69t/h，减去最大抽汽工况下的550t/h，则最大抽汽工况下，低压缸切除获得的供热抽汽流量为200.69t/h，将其代入式（9-9），获得的机组功率下降值为28.41MW，在原来的262.75MW的基础上，剔除低压缸切除下降的功率，则机组功率为234.34MW，即B'点坐标为（750.69t/h，234.34MW），由此可见，低压缸切除能够使机组在相同电负荷情况下，供热能力得到提升。

（3）确定C'点坐标。首先将b点的机组负荷326.58MW代入式（9-4），得到对应的主蒸汽流量为989.97t/h；然后代入式（9-5），得到对应的中压缸排汽流量为690.00t/h，减去额定抽汽工况下的550t/h，则额定抽汽工况下，低压缸切除获得的供热抽汽流量为140.00t/h，将其代入式（9-9），获得的机组功率下降值为16.19MW，在原来的232.86MW的基础上，剔除低压缸切除下降的功率，则机组功率为216.67MW，即B'点坐标为（690t/h，216.67MW），可见，由于低压缸切除，C点的坐标已落在$C'D'$线上。

（4）确定D'点坐标。首先将E点的机组负荷158.40MW代入式（9-4），得到对应的主蒸汽流量为467.44t/h；然后代入式（9-5），得到对应的中压缸排汽流量为348.6t/h，减去最大抽汽工况下的208.61t/h，则最大抽汽工况下，低压缸切除获得的供热抽汽流量为140.00t/h，将其代入式(9-9)，获得的机组功率下降值为16.19MW，在原来的122.85MW的基础上，剔除低压缸切除下降的功率，则机组功率为106.66MW，即D'点坐标为（348.6t/h，106.66MW）。

（5）确定最大供热工况下发电负荷线$B'D'$。根据B'、C'和D'点坐标拟合，可得

$$B'D'：\ N_e=0.3191D_m-4.452 \quad (9\text{-}12)$$

由式（9-12）可见，低压缸切除改造基本不改变$B'D'$线的斜率，只是将其向下平移了一定距离。

综上所述，图9-6中灰色阴影部分为原机组的供热安全区，黑色线$B'D'$是低压缸切除新增的部分，也就是说，在实际投运过程中，低压缸切除是在$ABCDEA$区域和$B'D'$线上来回切换，当机组需要参与深度调峰时，切除低压缸进汽，使机组运行在$B'D'$线上，当机组退出深度调峰时，机组运行在$ABCDEA$区域。其边界表达为

$$\begin{cases} y_{AB}=-0.1704x+356.48 \\ x_{BC}=550 \\ y_{CD}=0.3222x+55.627 \\ y_{DE}=-0.1704x+158.4 \end{cases}$$

$$\text{或} \quad (9\text{-}13)$$

$$y_{B'D'}=0.3191x-4.452$$

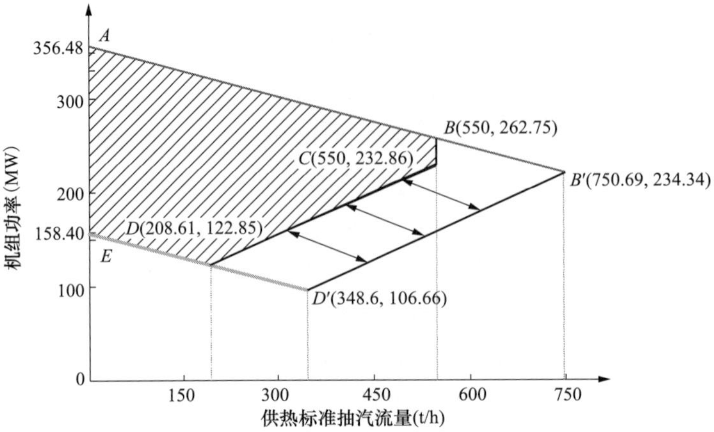

图 9-6 低压缸切除热电联产机组安全区

为了进一步分析低压缸切除补偿供热对热电联产机组深度调峰能力的影响特性，参照图 9-5 和图 9-6 中供热安全区的计算结果，获得了低压缸切除热电联产机组的深度调峰能力，如表 9-4 所示。

表 9-4　　低压缸切除热电联产机组的深度调峰能力

项目	抽汽式热电联产机组		低压缸切除热电联产机组		
供热标准抽汽流量（t/h）	最低技术出力（MW）	深度调峰能力（%）	最低技术出力（MW）	深度调峰能力（%）	调峰能力变化（%）
0	158.4	52.0	158.4	52	0
100	141.4	57.2	141.4	57.2	0
200	124.3	62.3	124.3	62.3	0
300	152.3	53.8	107.3	67.5	13.7
400	184.5	44.1	123.2	62.7	23.4
500	216.7	34.3	155.1	53.0	28.4
600	—	—	187.0	43.3	43.3
700	—	—	218.9	33.7	33.7

由表 9-4 可见，低压缸切除改造本身不会影响到锅炉最低稳燃负荷，因此当供热标准抽汽流量在 0～200t/h 时，低压缸切除热电联产机组的深度调峰能力没有变化；但当机组供热标准抽汽流量在 300～700t/h 时，相比于抽汽式热电联产机组，低压缸切除热电联产机组的深度调峰能力显著升高，尤其当机组供热标准抽汽流量达到 600t/h 时，低压缸切除热电联产机组的深度调峰能力从 0%提升至 43.3%，由此可见，对于该厂的灵活性改造参数而言，低压缸切除改造大幅提升了热电联产机组的深度调峰能力。更重要的是低压缸切除能够降低机组最低技术出力，最低可达到 106.66MW（32.3%P_e），这一点与两级旁路补偿供热相同。

第三节　储热罐方案及特性

一、储热罐补偿供热原理

储热罐存储的热量一般来自热电联产机组发电余热、风电、太阳能发电等低碳热能或廉价热能，其最大储热时间一般为几小时到几天。热水储热系统主要利用水的显热来储存热量。热水储热罐的主要功能包括实现热电解耦、优化热源与供热系统经济运行、作为尖峰热源和备用热源等。目前，国际上工程应用较多的热水储热技术是斜温层储热技术，斜温层的基本原理是以温度梯度层隔开冷热介质。斜温层储热系统是利用同一个储热罐同时储存高低温两种介质，比起传统的冷热分存双罐系统，投资显著降低。目前，斜温层储热技术已经应用于光热发电储热、燃煤供热调峰等系统中，在欧洲尤其是北欧的丹麦、瑞典、挪威等国家发展较为成熟。

按压力变化的情况划分，储热罐可分为变压式储热罐和定压式储热罐。变压式储热罐包括蒸汽储热罐和汽水混合储热罐两类，定压式储热罐包括常压式储热罐和承压式储热罐两类。对常压或承压式热水储热罐的选型需要根据区域供热系统的特点，供热管网供水温度低于98℃时多采用常压储热罐，高于98℃时采用承压储热罐。其中，常压储热罐内水的压力为常压，如同热网循环水系统的膨胀水箱，由于其压力水平低，制造工艺简单。以某330MW汽包炉亚临界热电联产机组配置储热罐为例进行分析，其热网首站回水温度为68℃，出口母管供水温度为91℃[172]。

图9-7给出了热电联产机组的日负荷曲线，网格区域表示热泵承担的基本热负荷。图9-8给出了储热罐补偿供热原理图。由图9-8可见，在原来的热网供水母管和回水母管上，添加储热罐装置[174]，在机组收到电网调峰指令后，机组电负荷指令降低，其供热能力也随之降低，此时可启动储热罐对外放热，来补充供热能力不足的部分；相反在白天电负荷指令较高供热能力有富余时，可启动储热罐进行储热，及时收集供热能力富

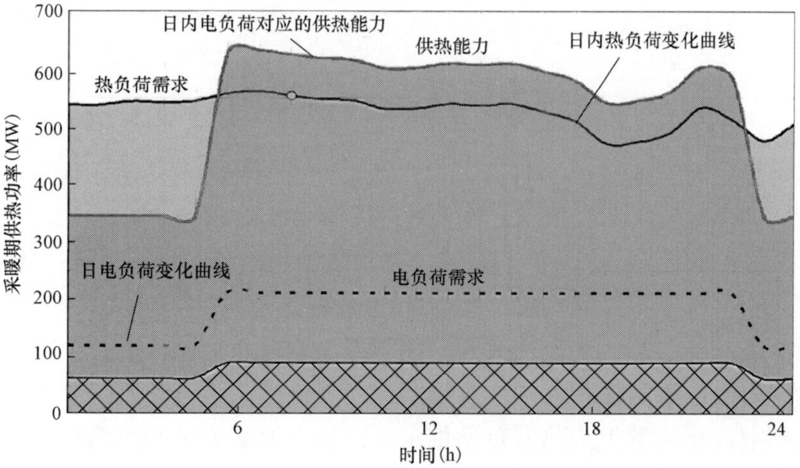

图9-7　热电联产机组的日负荷曲线

余的部分。由此可见，储热罐相当于一个可控的虚拟热用户，利用用户对电负荷和热负荷需求在时间上的差异，将部分供热能力从白天平移到了夜间。

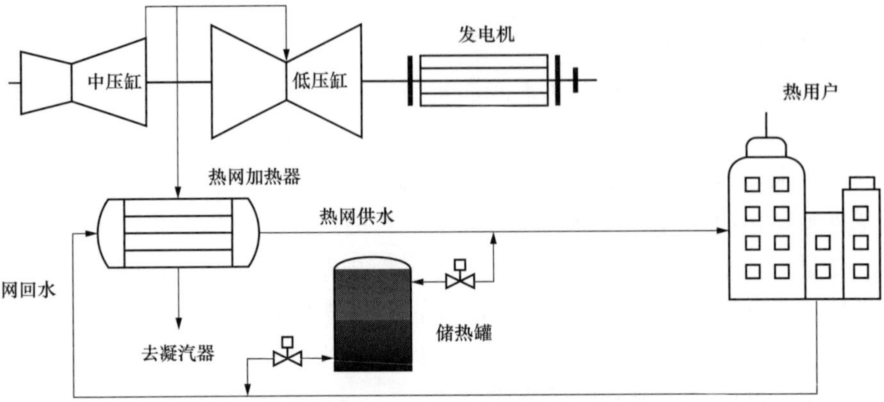

图 9-8　储热罐补偿供热原理图

图 9-9 给出了储热罐储/放热流程图。图 9-9 中粗线为原热网水流程；中粗为储热罐热水流程，细线为储热罐冷水流程，其中，实线为储热流程，虚线为放热流程。

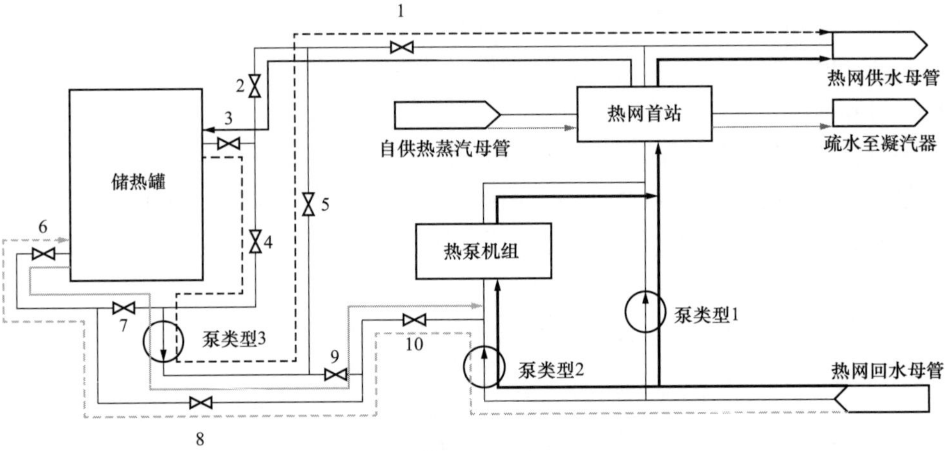

图 9-9　储热罐储/放热流程图

在储热阶段：阀门 1、2、3 打开，热水从热网首站流入储热罐；阀门 6、7、9、10 打开，冷水从储热罐流入热泵机组；阀门 4、5、8 关闭。

在放热阶段：阀门 3、4、5、1 打开，热水从储热罐流入供水母管；阀门 10、8、6 打开，冷水从回水母管流入储热罐；阀门 2、7、9 关闭。

在停止阶段：阀门 1～10 全部关闭，泵类型 3 停运。

在上述阀门中，阀门 2 和阀门 8 为调节门，其他阀门为电动门。泵类型 1、2、3 均为变频泵。其中，泵类型 1 为热网首站供水泵；泵类型 2 为热泵机组供水泵，在放热阶段提供储热罐冷水补水压力；泵类型 3 为储热罐循环水泵，在储热阶段将储热罐中冷水排出，放热阶段将储热罐中热水排出。

在储放热过程中，应重点关注储热罐水位的变化情况。在放热过程中，当储热罐水位过低时，会导致储热罐上部汽水分布器暴露至空气中，出现打空泵的危险工况；在储热过程中，当储热罐水位过高时，会引起储热罐溢流现象，导致不必要的热量损失。此外，在储放热过程中，还应时刻关注斜温层位置的变化情况，避免其在储放热过程中移出储热罐。

二、储热罐供热安全运行区间

储热罐改造本身不影响锅炉最大蒸发量负荷线、锅炉最低稳燃负荷线以及低压缸最小冷却流量负荷线，因此只需要计算储热罐系统增加的供热量，将供热安全区的相应工作点进行平移即可。储热罐系统设计参数如表 9-5 所示，含储热罐热电联产机组供热安全区计算流程示意如图 9-10 所示。

表 9-5　储热罐系统设计参数

项　　目	单　　位	数　　值
罐体直径	m	26
罐壁总高	m	43.4
罐体总高	m	48.6
罐体容积	m^3	25864.9
介质有效容积	m^3	22000
罐体设计温度	℃	100
罐体设计压力	bar	1.07
热水温度	℃	91
冷水温度	℃	38
储热罐循环泵流量	t/h	1200×3 台

注　1bar=0.1MPa。

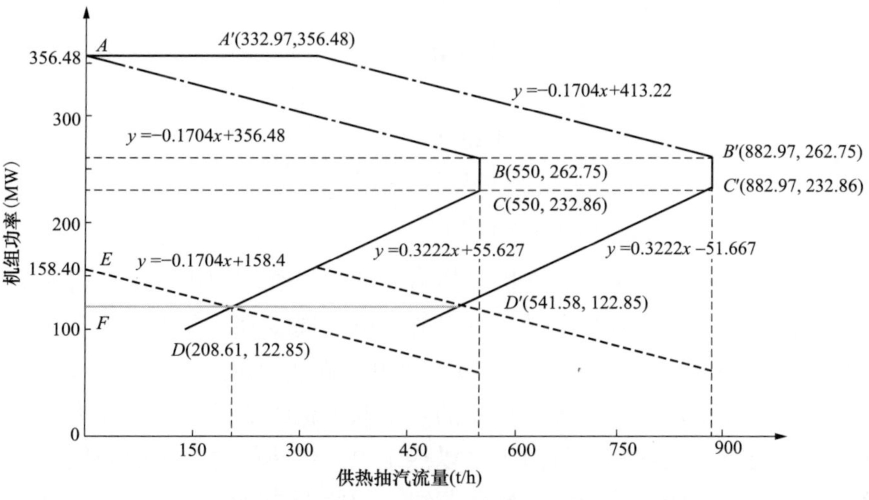

图 9-10　含储热罐热电联产机组安全区计算流程示意图

考虑研究的热电联产机组共配备了 3 台储放热循环泵，在放热过程中，最大放热流量为 3600t/h，为了统一量纲，将储热罐放热流量转化为供热标准抽汽流量，即

$$\Delta D_{\max}=\frac{c_p(t_{\text{out}}-t_{\text{in}})}{h_{\text{IPC}}-h_{\text{s}}}D_{\text{tank}} \tag{9-14}$$

式中：c_p 为水的平均定压比热容，kJ/（kg • ℃）；t_{out} 为储热罐热水出水温度，℃；t_{in} 为储热罐冷水进水温度，℃；D_{tank} 为放热过程中储热罐热水流量，t/h；h_{IPC} 为中压缸排汽焓，kJ/kg；h_{s} 为中压缸排汽压力对应的饱和水焓，kJ/kg。

取 $c_p = 4.1882$kJ/（kg • ℃），$t_{\text{out}} = 91$℃，t_{in} =38℃，$D_{\text{tank}} = 3600$t/h，$h_{\text{IPC}} = 2992.6$kJ/kg，$h_{\text{s}} = 548.35$kJ/kg。经计算，储热罐最大放热量对应的供热标准抽汽流量为 $\Delta D_{\max} =$ 332.97t/h。

在放热过程中，含储热罐热电联产机组的安全区相比于原来的供热安全区向右平移 $\Delta D_{\max}$，则 A' 点的坐标为（332.97，356.48），B' 点的坐标为（882.97，262.75），C' 点的坐标为（882.97，232.86），D' 点的坐标为（541.58，122.85）。同理，在储热过程中，3 台热泵同时储热时，最大储热功率为 332.97t/h，而 D 点供热标准抽汽流量仅为 208.61t/h，该点抽出的蒸汽可全部被储热罐消纳，因此，D 点可平移至 y 轴，记 F 点，坐标为（0t/h，122.85）。

经拟合含储热罐热电联产机组的安全边界为

A-A'：$N_{\text{e}} = 356.48$MW 且 0t/h＜D_{h}＜332.97t/h

A'-B'：$N_{\text{e}} = -0.1704D_{\text{h}} + 413.22$

B'-C'：$D_{\text{h}} = 882.97$t/h 且 232.86MW＜N_{e}＜262.75MW

C'-D'：$N_{\text{e}} = 0.3222D_{\text{h}} - 51.667$

D'-F：$N_{\text{e}} = 122.85$MW 且 0t/h＜D_{h}＜541.58t/h

综上所述，图 9-11 中灰色阴影部分为原机组的供热安全区，网格部分为配置储热罐后热电联产机组安全区新增的部分。其边界表达为

$$\begin{cases} y_{AA'} = 356.48 \\ y_{A'B'} = -0.1704x + 413.22 \\ x_{B'A'} = 882.97 \\ y_{C'D'} = 0.3222x - 51.667 \\ y_{D'F} = 122.85 \end{cases} \tag{9-15}$$

为了量化储热罐改造对热电联产机组热电特性的影响，以图 9-11 获得的安全运行区为基础，计算并绘制含储热罐热电联产机组的热电解耦能力示意图（见图 9-12）。

图 9-12 所示为含储热罐热电联产机组的热电解耦能力示意图。由图 9-12（a）可见，在相同机组负荷工况下，经储热罐改造后的热电联产机组的供热解耦能力均显著提高，尤其在低负荷工况下，能够解决机组因“以热定电”供热能力不足的问题；同时需要注意的是储热罐改造不改变锅炉最低稳燃负荷线，因此无法降低机组最低发电负荷。

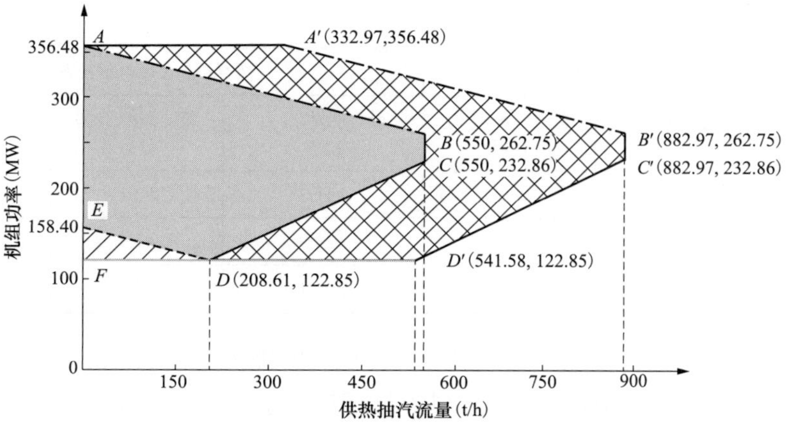

图 9-11　含储热罐热电联产机组安全运行区

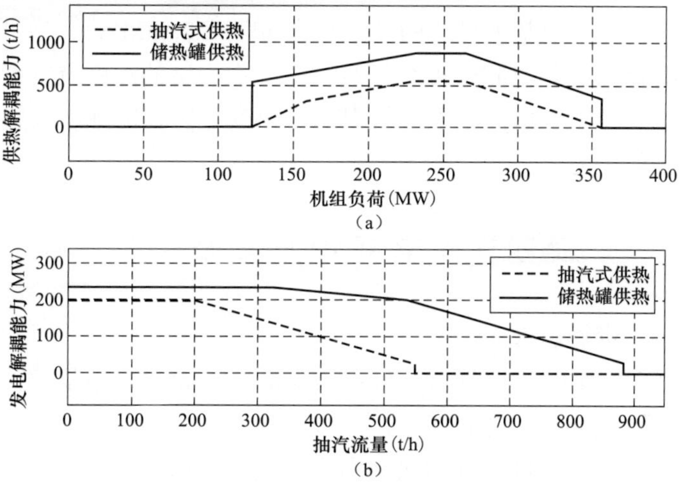

图 9-12　含储热罐热电联产机组的热电解耦能力示意图

为了进一步分析储热罐改造对热电联产机组调峰能力的影响，参照图 9-2 和图 9-12 中供热安全区的计算结果，获得的深度调峰能力如表 9-6 所示。

表 9-6　　含储热罐热电联产机组的深度调峰能力

项目	抽汽式热电联产机组		含储热罐热电联产机组		
供热抽汽流量(t/h)	最低技术出力(MW)	深度调峰能力(%)	最低技术出力(MW)	深度调峰能力(%)	调峰能力变化(%)
0	158.4	52.0	122.85	62.8	10.8
100	141.4	57.2	122.85	62.8	5.6
200	124.3	62.3	122.85	62.8	0.5
300	152.3	53.8	122.85	62.8	9.0
400	184.5	44.1	122.85	62.8	18.7
500	216.7	34.3	122.85	62.8	28.5

续表

项目	抽汽式热电联产机组		含储热罐热电联产机组		
供热抽汽流量（t/h）	最低技术出力（MW）	深度调峰能力（%）	最低技术出力（MW）	深度调峰能力（%）	调峰能力变化（%）
600	—	—	141.7	57.1	57.1
700	—	—	173.9	47.3	47.3
800	—	—	206.1	37.6	37.6

表 9-6 给出了含储热罐热电联产机组的深度调峰能力。由图可见，储热罐改造虽然不会影响锅炉最低稳燃负荷，但其在低供热标准抽汽量下（0～100t/h），仍然能够降低机组最低技术出力，这是由于储热罐在低负荷工况下还可以扮演虚拟热用户的角色，将锅炉最低稳燃负荷工况下的供热标准抽汽流量全部消纳，从而使机组可以运行在锅炉最低稳燃负荷线与低压缸最小冷却流量线的交叉点上（即 122.85MW）。当供热标准抽汽流量大于 600t/h 时，含储热罐热电联产机组仍然存在一定程度的深度调峰能力，而此时该供热标准抽汽流量早已超出了原热电联产机组的供热安全区，因此，表格中对应的最低技术出力和深度调峰能力为空。

第四节 电锅炉方案及特性

一、电锅炉补偿供热原理

图 9-13 给出了电锅炉补偿供热原理图。由图 9-13 可见，电锅炉系统的热网循环水与原有热网循环水系统的接口都有两个，一个是热水部分即与热网加热器后的热网供水管道的接口，另一个是冷水部分即与热网回水管道的接口。电锅炉的配电变压器接在厂用变压器后、主变压器之前。当热电厂接收到电力调峰要求时，锅炉出力降低，抽汽供热能力也随之降低，此时汽动电锅炉消耗机组电出力对热网循环水进行加热。由于发电机出口处的电量除厂用电外被电锅炉大量消耗，使得实际的上网电量大大减少，实现了电力低谷调峰的同时又不影响供热，即实现了热电解耦。

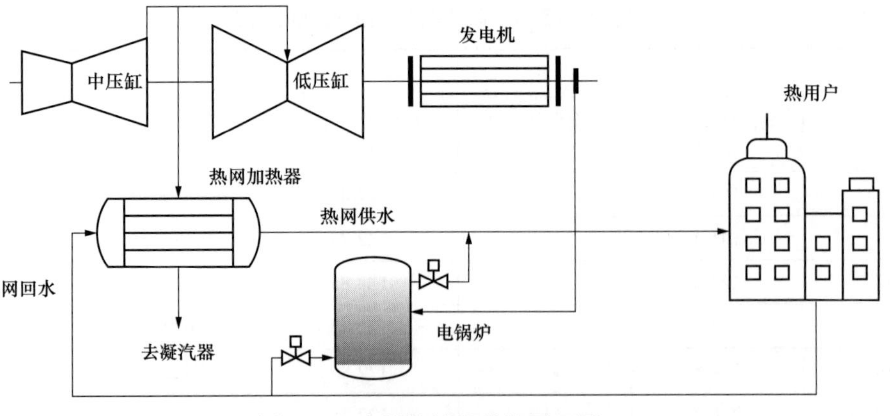

图 9-13　电锅炉补偿供热原理图

二、电锅炉供热安全运行区间

电锅炉改造本身不影响锅炉最大蒸发量负荷线、锅炉最低稳燃负荷线以及低压缸最小冷却流量负荷线，因此只需要计算电锅炉系统增加的供热量，将供热安全区的相应工作点进行平移即可。所研究电厂的电锅炉系统设计参数如表 9-7 所示，含电锅炉热电联产机组供热安全区的计算流程示意如图 9-14 所示。

表 9-7　　电锅炉系统设计参数

项　　目	参　　数
电锅炉用电功率 $P_{\text{e.boiler}}$	5×25MW
电热转换效率 $\eta_{\text{elec. to heat}}$	99%
板式换热器换热效率 $\eta_{\text{heat to heat}}$	95%

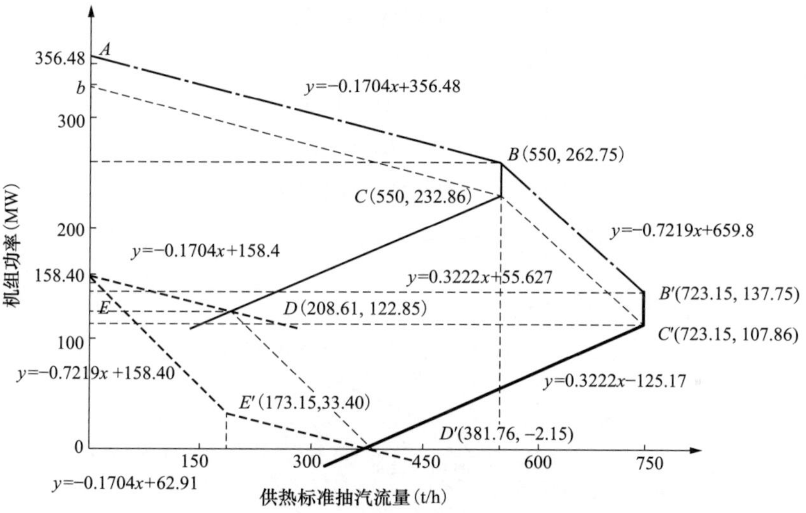

图 9-14　含电锅炉热电联产机组安全区的计算流程示意图

电锅炉的最大供热功率为

$$Q_{\text{e.boiler}} = \eta_{\text{elec. to heat}} \times \eta_{\text{heat to heat}} \times P_{\text{e.boiler}} \tag{9-16}$$

式中：$Q_{\text{e.boiler}}$ 为电锅炉供热功率，MW；$\eta_{\text{elec. to heat}}$ 为电热转换效率，%；$\eta_{\text{heat to heat}}$ 为板式换热器换热效率，%；$P_{\text{e.boiler}}$ 为电锅炉用电功率，MW。

$$D_{\text{e.max}} = \frac{3600 \times Q_{\text{e.boiler}}}{h_{\text{IPC}} - h_{\text{s}}} \tag{9-17}$$

式中：$D_{\text{e.max}}$ 为锅炉供热功率对应的标准供热抽汽流量，t/h；h_{IPC} 为中压缸排汽焓，kJ/kg；h_{s} 为热网加热器饱和水焓，kJ/kg。

结合电锅炉的设计参数，取 $h_{\text{IPC}} = 2992.6\text{kJ/kg}$，$h_{\text{s}} = 548.35\text{kJ/kg}$。经计算，电锅炉最大供热功率对应的供热标准抽汽流量 $D_{\text{e.max}} = 173.15\text{t/h}$，消耗的电功率为 125MW。

在电锅炉辅助供热过程中，其供热安全运行区间相比于原来的供热安全区向下方平

移 $D_{e.max}$，则 B' 点的坐标为（723.15，137.75），C' 点的坐标为（723.15，107.86），D'（381.76，−2.15），E'（173.15，33.40）。

经拟合含电锅炉热电联产机组的安全边界为：

A-B：$N_e = -0.1704D_h - 356.48$

B-B'：$N_e = -0.7219D_h - 659.8$

B'-C'：$D_h = 723.15\text{t/h}$ 且 $107.86\text{MW} < N_e < 137.75\text{MW}$

C'-D'：$N_e = 0.3222D_h - 125.17$

D'-E'：$N_e = -0.1704D_h + 62.91$

E'-E：$N_e = -0.7219D_h + 158.40$

综上所述，图 9-15 中浅灰色阴影部分为原机组的供热安全区，深灰色阴影部分为配置电锅炉后热电联产机组安全区新增的部分。其边界表达为

$$\begin{cases} y_{AB} = -0.1704x - 356.48 \\ y_{BB'} = -0.7219x - 659.8 \\ x_{B'C'} = 723.15 \\ y_{C'D'} = 0.3222x - 125.17 \\ y_{D'E'} = -0.1704x + 62.91 \\ y_{E'E} = -0.7219x + 158.40 \end{cases} \tag{9-18}$$

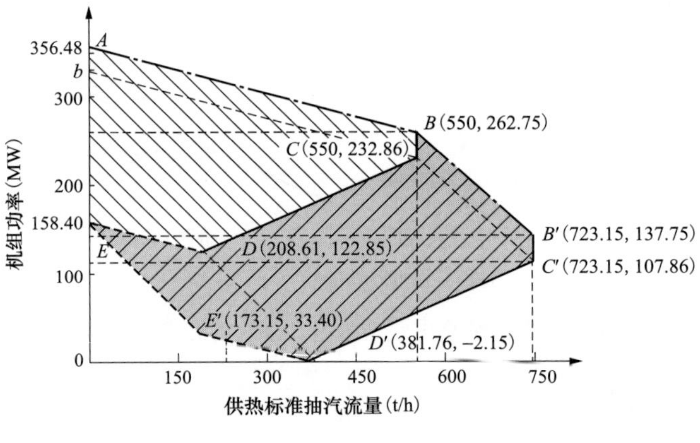

图 9-15　含电锅炉热电联产机组安全运行区

第十章

燃煤机组深度热电解耦控制

“以热定电”的刚性耦合特性是限制供热机组调峰能力的主要原因，“热电解耦”是解决这一问题的重要途径。机组本体设备及辅助设备的设计与灵活性改造，供热侧热电解耦设计及蓄热装置的灵活性改造是提升供热机组热电解耦能力的基础，热电解耦控制是深度挖掘供热机组热电解耦能力，实现其深度变负荷的重要措施。本章的研究对象是我国东北某热电厂 2×330MW 抽汽式供热机组，为了减小电负荷需求低谷时段机组的调峰压力，该厂的两台供热机组先后完成多重灵活性供热改造，具体包括吸收式热泵改造、两级旁路改造以及储热罐改造。灵活性改造虽然通过改变供热机组热电特性提高了供热机组的热电解耦能力，但如何从控制层面深度挖掘供热机组的热电解耦能力是当下急需解决的问题。

第一节　抽汽供热基本原理及特性分析

一、抽汽式供热基本原理

图 10-1 给出了抽汽式供热系统原理图。由图 10-1 可见，中压缸排汽主要分为两部分，其中一部分进入低压缸做功，另一部分形成 5 段抽汽；在 5 段抽汽中，一部分进入 5 号低压加热器加热凝结水，另一部分进入热网加热器加热热网回水，经换热后，形成的疏水温度参数较高，一般送入除氧器形成锅炉给水。中、低压缸的连通管道上设置有低压缸进汽阀（LV 阀），可对中压缸排汽压力进行调节，由于压差和流量之间存在定量关系，因此通过调节 LV 阀开度可实现供热负荷的自然调节。

二、抽汽供热特性分析

热网加热器实际上是一种表面式加热器。在换热过程中，供热抽汽在热网加热器壳侧不断释放热量，并凝结成对应压力下的饱和水；热网回水在热网加热器管侧不断吸收热量对外供热；当热网循环水温度或流量发生变化时，热网加热器壳侧饱和水的压力也随之变化，受压差—流量定量关系的影响，供热抽汽流量也会随之变化，最终系统能够进入新的稳态，因此，热网加热器是一个自平衡对象。由于热网加热器的这一自平衡特性，抽汽式供热机组可在一定范围内自动调节抽汽流量以适应热网热负荷需求的变化，在这种情况下，只需要利用 LV 阀控制好中压缸的排汽压力，就能够很好地实现热网热负荷的调节。

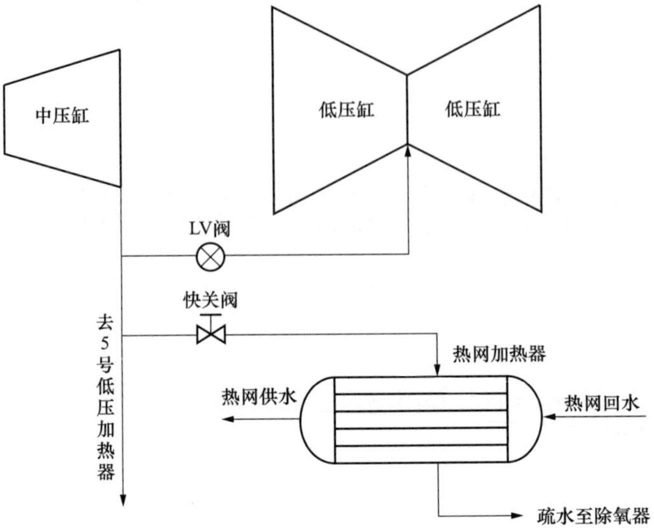

图 10-1　抽汽式供热原理图

供热负荷的调节一般分为量调节和质调节。其中，量调节是指维持热网供水温度不变，通过调节热网供水流量来实现供热负荷的调节；质调节是指维持热网供水流量不变，通过调节热网供水温度来实现供热负荷的调节。量调节的优点是节能效果显著，缺点是对系统设备及控制系统要求较高；质调节的优点是管理及控制过程简单，缺点是系统设备耗电量大。研究对象电厂采用的是质调节方式。此外，在供热抽汽投运过程中，还需实时监测 LV 阀前后压力，当 LV 阀前压力高于某一安全值时，可能导致中压缸排汽压比失调，出现中压缸“鼓风”现象；当 LV 阀后压力低于某一安全值时，可能导致低压缸进汽量无法达到最小冷却流量，出现低压缸“闷缸”现象。

第二节　吸收式热泵辅助供热模型

一、热泵系统运行流程

按照功能和用途，吸收式热泵（Absorption Heat Pump，AHP）一般分为第一类吸收式热泵和第二类吸收式热泵。其中，第一类吸收式热泵能够在高温热源的驱动下，将低温热源的热量向高温热源传递，此类热泵的设计目标是获取更多的热量输出，因此也常被称为增强型热泵；第二类吸收式热泵能够在中温热源的驱动下，将一部分中温热源提升至更高温度，此类热泵的设计目标是获得更高的输出温度，因此也常被称为升温型热泵。第一类吸收式热泵的基本原理是在部分汽轮机抽汽的驱动下，利用第一类吸收式热泵的基本特性，将循环水中的热量提取并传递至热网循环水中用于供热。

图 10-2 给出了吸收式热泵辅助供热原理图。由图 10-2 可见，吸收式热泵主要由蒸发器、吸收器、发生器、溶液热交换器以及冷凝器构成，其基本原理是利用溴化锂浓溶

液和稀溶液吸收特性差异，将循环水中的部分余热进行回收利用。具体运行过程如下。

（1）发生器中的溴化锂稀溶液 11 在驱动蒸汽的加热下，水分被逐渐汽化，形成溴化锂浓溶液 12；溴化锂浓溶液 12 在溶液热交换器中与溴化锂稀溶液 10 发生隔离式换热，溴化锂稀溶液 10 被预热形成较高温度的溴化锂稀溶液 11，同时溴化锂浓溶液进入吸收器，吸收来自蒸发器的水蒸气 17，形成溴化锂稀溶液 9，溴化锂稀溶液 9 由溶液循环泵升压后打入发生器，至此完成溴化锂溶液的循环过程。

（2）吸收器中的溴化锂浓溶液在吸收水分的过程中会放出大量热量，可对热网回水 1 进行初步加热，形成中间温度的热网水 18；同时发生器中受热汽化的过热蒸汽 14 在冷凝器中被凝结成水，并放出大量热量，可对热网水 18 进行再次加热，形成最终的热网供水 8，至此完成热网回水的加热过程。

（3）冷凝器中的凝结水经节流后进入蒸发器，被循环水加热形成饱和蒸汽 17，而后进入吸收器，被溴化锂浓溶液 13 吸收，如此反复完成吸收式热泵内水的循环过程。

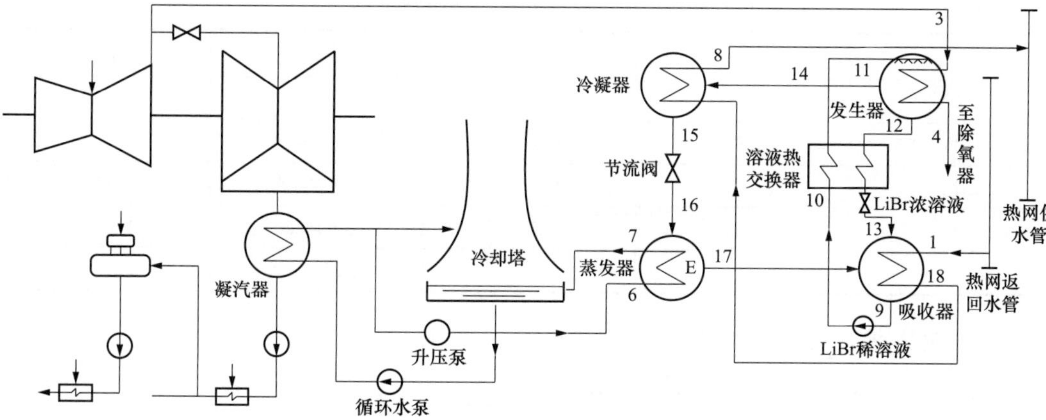

图 10-2　吸收式热泵辅助供热原理图[22]

二、水和溴化锂溶液物性特性

在建立热泵机组模型之前，首先需要了解水和溴化锂溶液的物性特性，其求解的准确度会直接影响到模型的精度，借助查阅图表的方式不适用于模型的连续性仿真，因此，在文献［174-176］的基础上，整理了水和溴化锂溶液的拟合计算方程。

（一）溴化锂溶液物性参数计算

由于溴化锂具有极强的吸水性，且溴化锂稀溶液和浓溶液的吸收特性差异较大，因此常被作为吸收式热泵机组的循环工质。目前，国内外对溴化锂溶液物性参数方面的研究已相对成熟，参考国内外提出的经验公式，整理的溴化锂溶液物性参数如下：

（1）溴化锂溶液温度计算方程[178]为

$$t = t_s \sum_{n=0}^{3} A_n \zeta^n + \sum_{n=0}^{3} B_n \zeta^n \tag{10-1}$$

式中：t 为压力为 pMPa 时，溴化锂溶液的饱和温度，℃；t_s 为压力为 pMPa 时，水的饱和温度，℃；ζ 为溴化锂溶液的浓度，%。

A、B 系数见表 10-1 中的方程回归系数。

表 10-1　溴化锂溶液温度计算方程回归系数

编号	A_n	B_n
0	0.770033	140.877
1	$1.45455e^{-2}$	−8.55749
2	$-2.63906e^{-4}$	0.16709
3	$2.27609e^{-6}$	$-8.82641e^{-4}$

（2）溴化锂溶液浓度计算方程[176]为

$$\zeta = \sum_{n=0}^{3} A_n t_s^n + t\sum_{n=0}^{3} B_n t_s^n + t^2\sum_{n=0}^{4} C_n t_s^n + t^3\sum_{n=2}^{3} D_n t_s^n \tag{10-2}$$

式（10-2）中，A、B、C、D 系数见表 10-2。

表 10-2　溴化锂溶液浓度计算方程回归系数

编号	A_n	B_n	C_n	D_n
0	0.31057	$1.232e^{-2}$	$-1.9166e^{-4}$	$1.6386e^{-6}$
1	$-1.282e^{-2}$	$3.846e^{-4}$	$-3.334e^{-6}$	$-2.16e^{-8}$
2	$-1.7312e^{-4}$	$-7.1457e^{-8}$	$5.3123e^{-8}$	$1.505e^{-10}$
3	$5.3303e^{-7}$	$-5.73e^{-9}$	$-3.6012e^{-10}$	$-4.678e^{-13}$
4			$1.0257e^{-12}$	

（3）溴化锂溶液焓值计算方程[176]为

$$h = \sum_{n=0}^{4} A_n \zeta^n + t\sum_{n=0}^{2} B_n \zeta^n + t^2\sum_{n=0}^{2} C_n \zeta^n + t^3\sum_{n=0}^{2} D_n \zeta^n \tag{10-3}$$

式中：h 为溴化锂溶液的焓值。

式（10-2）中，A、B、C、D 系数见表 10-3。

表 10-3　溴化锂溶液焓值计算方程回归系数

编号	A_n	B_n	C_n	D_n
0	−571.17715	4.07	$4.96e^{-4}$	$-3.996e^{-6}$
1	7507.234	−5.123	$3.145e^{-3}$	$1.46183e^{-6}$
2	−23006.7518	2.297	$-4.69e^{-3}$	$4.189e^{-6}$
3	28037.3668			
4	−11610.75			

（4）溴化锂溶液面上过热蒸汽焓值计算方程[176]。

溴化锂溶液沸腾时，其平衡态液面上的水蒸气具有很大的过热度，其焓值计算式为

$$h_g = 418.68 + 4.1868t_s + 383.65(647.1 - t_s)^{0.316} + (1.8543 + 5.7221\times10^{-4}t)(t - t_s) \tag{10-4}$$

式中：h_g 为溴化锂溶液面上过热蒸汽焓值，kJ/kg。

（二）水和水蒸气热力参数计算[178]

（1）饱和水压力计算方程为

$$p_s = \exp\left[\sum_{n=0}^{2} A_n \left(\frac{t_s + 273.15}{1000}\right)^{n-1} + A_n \log_{10}(t_s + 273.15)\right] \tag{10-5}$$

式中：p_s 为饱和水压力，MPa；A_n 为系数，见表 10-4。

表 10-4　饱和水压力计算方程回归系数

编号	A_n	编号	A_n
0	−7.821541	2	10.28003
1	82.86568	3	−11.48776

（2）饱和水温度计算方程为

$$t_s = \frac{1000}{\sum_{n=0}^{5} A_n [\log_{10}(p_s)]^n} - 273.15 \tag{10-6}$$

式中：t_s 为饱和水温度，℃；A_n 为系数，见表 10-5。

表 10-5　饱和水温度计算方程回归系数

编号	A_n	编号	A_n
0	2.20732	3	1.619692e^{-4}
1	−0.2117187	4	4.8996e^{-5}
2	−2.166605e^{-3}	5	3.691725e^{-6}

（3）饱和水焓值计算方程为

$$h_{ws} = \sum_{n=0}^{5} A_n \left(\frac{t_s + 273.15}{1000}\right)^n \tag{10-7}$$

式中：h_{ws} 为饱和水焓值，kJ/kg；A_n 为系数，见表 10-6。

表 10-6　饱和水焓值计算方程回归系数

编号	A_n	编号	A_n
0	−3153.99	3	298456.8
1	29137.65	4	−363216.8
2	−122497.3	5	178529.6

（4）饱和蒸汽焓值计算方程为

$$h_{ss} = \sum_{n=0}^{5} A_n \left(\frac{t_s + 273.15}{1000}\right)^n \tag{10-8}$$

式中：h_{ss}为饱和蒸汽焓值，kJ/kg；A_n为系数，见表 10-7。

表 10-7　　饱和蒸汽焓值计算方程回归系数

编号	A_n	编号	A_n
0	6010.277	3	−570404.6
1	−47493.0	4	677286.5
2	238841.6	5	−326486.2

三、吸收式热泵动态模型

为了简化系统建模，做出以下假设：蒸发器出口的蒸汽为饱和蒸汽，冷凝器出口的水为饱和水；吸收器和发生器出口的溴化锂溶液为饱和溶液；各换热器的散热损失忽略不计；节流阀内的节流过程为绝热过程。

（一）蒸发器动态

在蒸发器中，循环水余热将湿蒸汽加热为饱和蒸汽。湿蒸汽的焓为冷凝器压力对应的饱和水焓。假设进出蒸发器的循环水流量相等，进出蒸发器循环工质（水或水蒸气）流量相等，基于蒸发器的输入输出能量平衡，建立蒸发器的微分方程为

$$C_e\frac{dt_7}{dt}=\frac{1}{3600}[D_W c_p(t_6-t_7)-D_s(h_{17}-h_{16})] \tag{10-9}$$

式中：C_e为蒸发器蓄热系数，即单位温度变化时蒸发器存储或释放的热量，MJ/℃；t_7为循环水出水温度，℃；D_W为循环水流量，t/h；c_p为水的定压比热容，取 4.1882，kJ/（kg • ℃）；t_6为循环水进水温度，℃；D_s为热泵内循环工质（水或水蒸气）流量，t/h；h_{17}为蒸发器出口饱和蒸汽焓值，kJ/kg；h_{16}为蒸发器入口湿蒸汽焓值，kJ/kg。

蒸发器出口端差定义为蒸发器出口循环水温度与蒸发器压力下的饱和温度之差，即

$$\Delta t_e=t_7-t_{17} \tag{10-10}$$

式中：Δt_e为蒸发器端差，℃。

（二）吸收器动态

在吸收器中，溴化锂浓溶液吸收水蒸气形成稀溶液，并在这过程中放出大量热量来加热热网水。假设进出吸收器的热网水流量相等，基于吸收器的能量平衡，建立吸收器的微分方程为

$$C_a\frac{dt_{18}}{dt}=\frac{1}{3600}[D_s h_{17}+D_{RLB}h_{13}-D_{LLB}h_9-D_r c_p(t_{18}-t_1)] \tag{10-11}$$

式中：C_a为吸收器的蓄热系数，即单位温度变化时吸收器存储或释放的热量，MJ/℃；t_{18}为吸收器出口热网水温度，℃；D_{RLB}为溴化锂浓溶液流量，t/h；h_{13}为进入吸收器溴化锂浓液焓值，kJ/kg；D_{LLB}为溴化锂稀溶液流量，t/h；h_9为离开吸收器溴化锂稀溶液焓值，kJ/kg；D_r为热网水流量，t/h；t_1为热网回水温度，℃。

根据热泵内工质质量守恒，得

$$D_{RLB} + D_S = D_{LLB} \tag{10-12}$$

根据溴化锂质量守恒，得

$$D_{RLB}\zeta_{13} = D_{LLB}\zeta_9 \tag{10-13}$$

式中：ζ_{13} 为进入吸收器溴化锂浓溶液的浓度，%；ζ_9 为离开吸收器溴化锂稀溶液的浓度，%。

吸收器的端差定义为吸收器出口溴化锂稀溶液温度与热网出口水温之差，即

$$\Delta t_a = t_9 - t_{18} \tag{10-14}$$

式中：Δt_a 为吸收器的端差，℃。

（三）发生器动态

在发生器中，利用汽轮机抽汽作为驱动蒸汽加热溴化锂稀溶液，使得其中的水分蒸发形成浓溶液，并在这过程中吸收大量热量。假设进入发生器的抽汽流量和离开发生器的疏水流量相等，基于发生器的能量平衡，建立发生器的蓄热微分方程为

$$C_g \frac{dD_S}{dt} = \frac{1}{3600}[D_{LLB}h_{11} + D_{j1}(h_3 - h_4) - D_S h_{14} - D_{RLB}h_{12}] \tag{10-15}$$

式中：C_g 为发生器的蓄热系数，即单位循环工质流量变化时发生器存储或释放的热量，MJ/（t/h）；h_{14} 为发生器产生过热蒸汽的焓值，kJ/kg；h_{12} 为发生器出口溴化锂浓溶液焓值，kJ/kg；h_{11} 为进入发生器溴化锂稀溶液焓值，kJ/kg；D_{j1} 为热泵耗汽量，t/h；h_3 为驱动蒸汽焓，kJ/kg；h_4 为驱动蒸汽疏水焓，kJ/kg。

根据质量守恒，得

$$D_{RLB}\zeta_{12} = D_{LLB}\zeta_{11} \tag{10-16}$$

式中：ζ_{11} 为进入发生器溴化锂稀溶液的浓度，%；ζ_{12} 为离开发生器溴化锂浓溶液的浓度，%。

（四）溶液热交换器动态

在溶液热交换器中，流出吸收器的稀溶液与流出发生器的浓溶液进行热量交换。热量从浓溶液中向稀溶液中传递。假设进出溶液热交换器的浓溶液和稀溶液均相等，基于溶液热交换器的能量平衡，建立的溶液热交换器蓄能微分方程为

$$C_S \frac{dt_{11}}{dt} = \frac{1}{3600}[D_{RLB}(h_{12} - h_{13}) - D_{LLB}(h_{11} - h_{10})] \tag{10-17}$$

式中：C_S 为溶液热交换器的蓄热系数，即单位温度变化时溶液热交换器动态存储或释放的热量，MJ/℃；h_{10} 为进入溶液热交换器的溴化锂稀溶液焓值，kJ/kg。

根据溴化锂质量守恒，得

$$\zeta_{12} = \zeta_{10} = \zeta_9 \tag{10-18}$$

$$\zeta_{12} = \zeta_{13} \tag{10-19}$$

（五）冷凝器动态

发生器产生的过热水蒸气在冷凝器中凝结，放出的热量用于加热热网水。假设进出

冷凝器的热网水流量相等、进出冷凝器的循环工质流量相等，基于冷凝器的能量平衡，建立的冷凝器蓄能微分方程为

$$C_{\mathrm{C}}\frac{\mathrm{d}t_8}{\mathrm{d}t}=\frac{1}{3600}[D_{\mathrm{r}}c_p(t_8-t_{18})-D_{\mathrm{S}}(h_{14}-h_{15})] \tag{10-20}$$

式中：C_{C} 为冷凝器的蓄热系数，即单位温度变化时冷凝器存储或释放的热量，MJ/℃；h_{15} 为冷凝器压力下的饱和水焓，kJ/kg；t_8 为冷凝器出口热网水温度，℃。

冷凝器端差定义为冷凝器压力下的饱和温度与热网水出口水温之差，即

$$\Delta t_{\mathrm{c}}=t_{15}-t_8 \tag{10-21}$$

由于冷凝器至蒸发器不存在换热过程，因此认为

$$h_{16}=h_{15} \tag{10-22}$$

综上所述，建模的吸收式热泵机组模型为

$$\begin{cases}C_{\mathrm{e}}\dfrac{\mathrm{d}t_7}{\mathrm{d}t}=\dfrac{1}{3600}[D_{\mathrm{w}}c_p(t_6-t_7)-D_{\mathrm{S}}(h_{17}-h_{16})]\\ C_{\mathrm{a}}\dfrac{\mathrm{d}t_{18}}{\mathrm{d}t}=\dfrac{1}{3600}[D_{\mathrm{S}}h_{17}+D_{\mathrm{RLB}}h_{13}-D_{\mathrm{LLB}}h_9-D_{\mathrm{r}}c_p(t_{18}-t_1)]\\ C_{\mathrm{g}}\dfrac{\mathrm{d}D_{\mathrm{S}}}{\mathrm{d}t}=\dfrac{1}{3600}[D_{\mathrm{LLB}}h_{11}+D_{j1}(h_3-h_4)-D_{\mathrm{S}}h_{14}-D_{\mathrm{RLB}}h_{12}]\\ C_{\mathrm{S}}\dfrac{\mathrm{d}t_{11}}{\mathrm{d}t}=\dfrac{1}{3600}[D_{\mathrm{RLB}}(h_{12}-h_{13})-D_{\mathrm{LLB}}(h_{11}-h_{10})]\\ C_{\mathrm{C}}\dfrac{\mathrm{d}t_8}{\mathrm{d}t}=\dfrac{1}{3600}[D_{\mathrm{r}}c_p(t_8-t_{18})-D_{\mathrm{S}}(h_{14}-h_{15})]\end{cases} \tag{10-23}$$

其中

$$\Delta t_{\mathrm{e}}=t_7-t_{17}$$

$$D_{\mathrm{RLB}}+D_{\mathrm{S}}=D_{\mathrm{LLB}}$$

$$D_{\mathrm{RLB}}\zeta_{13}=D_{\mathrm{LLB}}\zeta_9$$

$$\Delta t_{\mathrm{a}}=t_9-t_{18}$$

$$D_{\mathrm{RLB}}\zeta_{12}=D_{\mathrm{LLB}}\zeta_{11}$$

$$\zeta_{12}=\zeta_{10}=\zeta_9$$

$$\zeta_{12}=\zeta_{13}$$

$$\Delta t_{\mathrm{c}}=t_{15}-t_8$$

$$h_{16}=h_{15}$$

$$COP=\frac{D_{\mathrm{w}}c_p(t_6-t_7)+D_{j1}(h_3-h_4)}{D_{j1}(h_3-h_4)}$$

模型的控制输入为 D_{w}、D_{r}、D_{j1}、t_6；模型的扰动输入为 t_1、p_{j1}；模型的控制输出为 t_8；模型需要监视的经济运行参数为 t_7、COP；模型待定动态参数为 C_{e}、C_{a}、C_{g}、C_{S}、C_{C}；模型虽然不存在待定静态参数，但模型的求解过程较复杂。

（六）模型求解及验证

热网系统是一个具有极大迟延和惯性的热力系统，在实际运行过程中，热用户更关注热网水温的静态指标，对于短时间内（10min 内）吸收式热泵出水温度的波动并不敏感。为了满足仿真要求，假定吸收式热泵蓄能动态参数：$C_e = C_a = C_g = C_S = C_C = 1$。本小节所建立的热泵机组非线性动态模型是一个隐式模型，大量的热力参数需要通过式（10-1）～式（10-8）中水和溴化锂溶液物性特性拟合公式进行计算，同时 5 个状态量的初值也会直接影响动态仿真过程的收敛性，过度偏离的状态初值可能导致仿真过程出现极限环而无法进行。为此，给出 5 个状态量初值的求解过程，具体如下。

（1）假定蒸发器、吸收器以及冷凝器的端差分别为 $\Delta t_e = 2$℃、Δt_a=3℃和 Δt_c=5℃，假定溴化锂溶液的放气范围 $\zeta_{13} - \zeta_9 = 4\%$，管路压损为 1%。

（2）状态量 t_8 的初值取热泵出水温度设计值 62.93℃，考虑冷凝器端差的基础上，冷凝器出口饱和水温度为 67.93℃，对应的饱和水焓为 284.35kJ/kg。由于溴化锂水溶液焓值定义时，规定溶液温度 t=0℃，质量分数 $\zeta = 0\%$时的基准焓值为 418.7kJ/kg，因此，以溴化锂溶液焓值基准为标准，h_{15}=703.05kJ/kg，由于节流阀是一个绝热节流过程，则 $h_{16} = h_{15} = 703.05\text{kJ/kg}$。

（3）状态量 t_7 的初值取循环水出水温度设计值 29.5℃，考虑蒸发器端差的基础上，蒸发器出口饱和蒸汽温度为 27.5℃，对应的饱和蒸汽焓为 2551.07kJ/kg。同理，以溴化锂溶液焓值基准为标准，h_{17}=2969.77kJ/kg。

（4）循环水进水温度 t_6 和流量 D_w 分别取设计值 38℃和 2333.33t/h，将 D_w、c_p、t_6、t_7、h_{16}、h_{17} 代入式（10-9）得热泵内循环工质流量 D_S 的初值为 36.65t/h。

（5）热网水温度 t_{18} 的初值取热泵进水和出水温度的平均值，即 51.47℃。

（6）考虑蒸发器端差的基础上，离开吸收器稀溶液温度 $t_9 = 54.47$℃。由蒸发器出口饱和蒸汽温度 t_{17}，可计算出蒸发器的工作压力为 0.003674MPa，按照管路压降损失 1%计算，则吸收器的工作压力为 0.003637MPa，对应的饱和水温度为 27.33℃，将离开吸收器稀溶液的温度和对应工作压力下的饱和水温度带入溴化锂溶液浓度方程，可得溴化锂稀溶液的浓度 $\zeta_9 = 52.08\%$；由冷凝器出口饱和水温度 t_{15}，可计算出冷凝器的工作压力为 0.018111MPa，按照管路压降损失 1%计算，则发生器的工作压力为 0.018292MPa，对应的饱和水温度为 57.93℃，将稀溴化锂溶液的浓度 $\zeta_{11} = \zeta_9 = 52.08\%$和对应压力下的饱和水温度带入溴化锂溶液温度方程，可得溴化锂稀溶液的温度 $t_{11} = 89.38$℃。

在 Matlab 环境下，将第二节第二部分中水和溴化锂溶液物性特性计算方程编写成对应的 m 文件，在 Simulink 环境下，借助 S-Function 函数调用 m 文件，完成各部件输入、输出能量偏差的计算和输出；将计算偏差连接至对应的状态积分器；将积分更新的状态变量送回 S-Function 函数进行迭代运算，如此完成吸收式热泵机组动态模型的搭建。

仿真结果显示，在上述端差、放气范围、管路压损的假设条件下，模型状态分别稳定在 $t_7 = 30.5$℃、$t_{18} = 50.322$℃、$t_{11} = 92.29$℃、$D_S = 32.18$t/h、$t_8 = 61.61$℃。该稳态下，热泵机组涉及的各参数如表 10-8 所示。

表 10-8　　热泵机组稳态各参数值

部件	物流	温度（℃）	压力（MPa）	流量（t/h）	浓度（%）
蒸发器	6	38.0	0.6	2333.33	—
	7	30.5	0.4	2333.33	—
	16	28.5	0.00394	32.18	—
	17	28.5	0.00390	32.18	—
吸收器	1	40.0	0.80	2000.00	—
	18	50.3	0.79	2000.00	—
	9	53.3	0.0038	440.10	50.83
	10	53.3	0.0275	440.10	50.83
	13	60.83	0.0038	407.92	54.83
发生器	3	248.00	0.15	45.66	—
	4	146.1	0.15	45.66	—
	11	92.30	0.0272	440.10	54.83
	12	105.08	0.0272	407.92	54.83
	14	105.08	0.0272	32.18	—
冷凝器	8	61.61	0.78	2000.00	—
	15	66.61	0.0269	32.18	—

为了说明模型静态计算结果的准确性，将循环水出水温度、热泵出水温度、热泵制热能力的模型输出与设计输出进行对比，结果如表 10-9 所示。由表 10-9 可见，模型输出与实际输出存在一定相对偏差，但能够满足工程应用需求。

表 10-9　　模型输出与设计输出对比

项目	模型输出	设计输出	相对误差
循环水出水温度	30.5℃	29.5℃	3.39%
热泵供水温度	61.61℃	62.93℃	2.10%

为了进一步说明模型静态计算结果的准确性，在相同假设条件下，以文献［180］中热泵的设计参数进行仿真验证，该热泵机组的设计参数如表 10-10 所示。

表 10-10　　文献［180］中热泵机组的设计参数

项目	数值	项目	数值
制热能力（MW）	38.77	循环水入口温度（℃）	38
热网水流量（t/h）	1667	循环水出口温度（℃）	30
热网水入口温度（℃）	58	驱动蒸汽压力（MPa）	0.4
热网水出口温度（℃）	78	驱动蒸汽流量（t/h）	34.955
循环水流量（t/h）	1717		

表 10-11 给出了初始稳态工况下热泵机组的各项参数，表 10-12 给出了相应模型输出与设计输出的对比情况。由对比结果可知，模型输出的循环水出水温度和热泵供水温度与设计输出匹配良好。

表 10-11　　文献［180］初始稳态工况下热泵机组的各项参数值

部件	物流	温度（℃）	压力（MPa）	流量（t/h）	浓度（%）
蒸发器	6	38.0	0.6	1717	—
	7	30.94	0.4	1717	—
	16	28.94	0.0040	22.91	—
	17	28.94	0.0040	22.91	—
吸收器	1	58	0.80	1667	—
	18	67.54	0.79	1667	—
	9	70.54	0.0040	362.20	59.23
	10	70.54	0.0040	362.20	59.23
	13	60.83	0.0039	339.28	63.23
发生器	3	248.00	0.40	34.955	—
	4	146.10	0.40	34.955	—
	11	128.26	0.0519	440.10	63.23
	12	144.54	0.0519	407.92	63.23
	14	144.54	0.0519	22.91	—
冷凝器	8	77.25	0.78	1667	—
	15	82.25	0.0514	22.91	—

表 10-12　　模型输出与设计输出的对比情况

项目	模型输出	设计输出	相对误差
循环水出水温度	30.94℃	30℃	3.13%
热泵供水温度	77.25℃	78℃	0.96%

通过模型开环扰动试验来分析和验证模型的动态特性，热泵机组初始条件参数：热网水流量为 2000t/h，热网回水温度为 38℃，热网出水温度为 61.61℃，循环水流量为 2333.33t/h，循环水进水温度为 38℃，循环水出水温度为 30.5℃，抽汽压力为 0.15MPa，抽汽流量为 45.66t/h。

图 10-3 给出了模型在保持其他输入不变，循环水流量、热网水流量、驱动蒸汽流量阶跃降低时，热泵的开环特性。由图可见：①当循环水流量阶跃降低时，循环水出水温度降低，考虑端差不变的情况下，蒸发器内饱和温度降低，蒸发能力下降，其热负荷也随之下降，同时，由于驱动蒸汽流量不变，发生器的热负荷也基本不变，因此系统 *COP* 值减小；②当热网水流量阶跃降低时，由于热网水在吸收器和冷凝器中吸收的热量整体是降低的，即总热负荷是降低的，在驱动蒸汽流量不变的情况下，发生器的热负荷也基本不变，因此系统 *COP* 值减小；③当驱动蒸汽流量降低时，热泵整体的制热能力下降，

使得循环水出水温度升高，热泵供水温度降低，同时，驱动蒸汽流量的降低使得发生器的热负荷下降，并且相比于热泵整体的制热能力降幅更大，因此系统 *COP* 值增加。

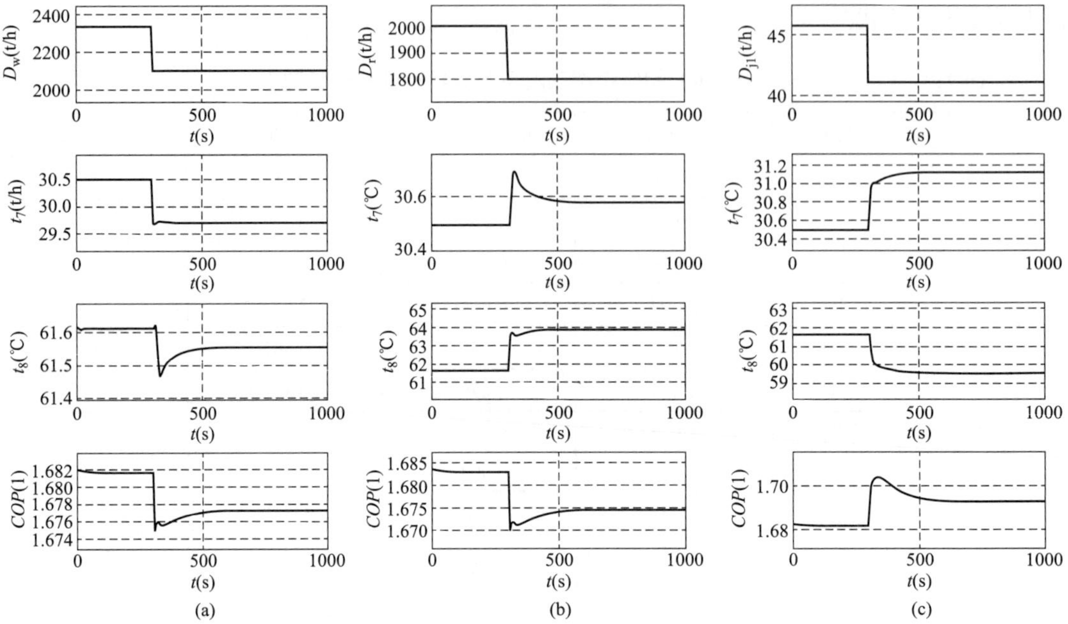

图 10-3　热泵模型的开环特性（Ⅰ）

（a）循环水流量阶跃降低；（b）热网水流量阶跃降低；（c）驱动蒸汽流量阶跃降低

图 10-4 给出了模型在保持其他输入不变，循环水进水温度、热网回水温度、驱动蒸汽压力阶跃降低时，模型控制输出及经济性运行参数的变化情况。由图可见：①当循环

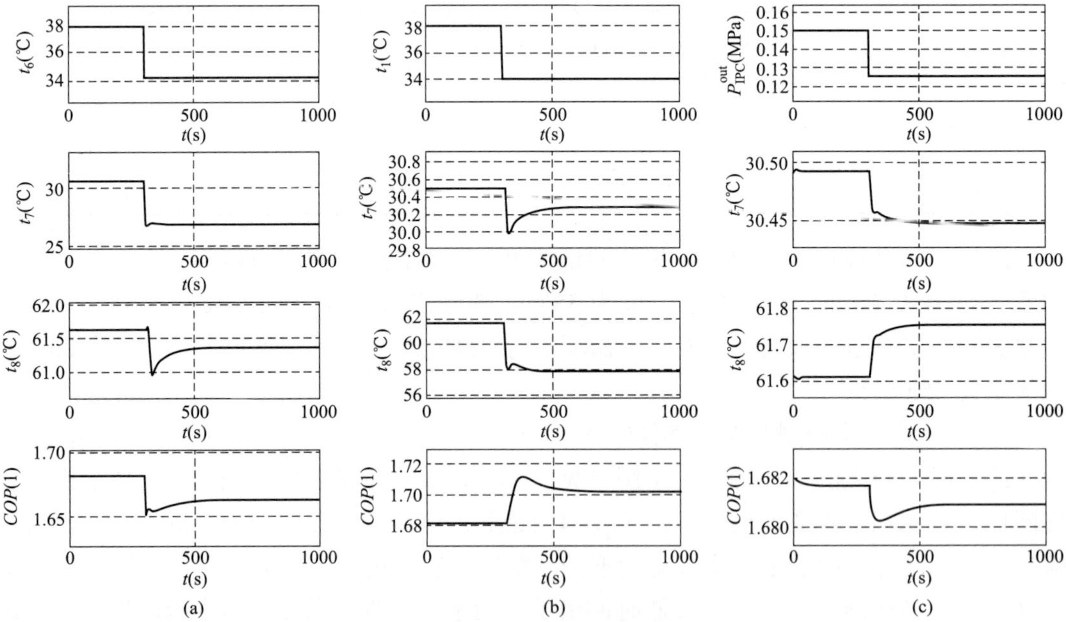

图 10-4　模型的开环特性（Ⅱ）

（a）循环水进水温度阶跃降低；（b）热网回水温度阶跃降低；（c）驱动蒸汽压力阶跃降低

水进水温度降低时（38℃至大于 34.2℃），循环水出水温度也随之降低，蒸发器内饱和温度降低，蒸发器的蒸发能力下降，其热负荷也随之下降，同时，由于驱动蒸汽流量不变，发生器的热负荷也基本不变，因此系统 *COP* 值减小；②当热网回水温度降低时（38℃至大于 34.2℃），吸收器出口溴化锂溶液温度降低，溴化锂溶液的吸收特性增强，其在吸收过程中放出的热量增加，使得系统 *COP* 值升高；③当驱动蒸汽压力降低时（0.15MPa 至大于 0.135MPa），驱动热源出口饱和水的温度也随之降低，在换热过程中使得发生器出口溴化锂浓溶液温度降低，其浓度也随之降低，使得吸收器的吸收能力下降，导致系统 *COP* 值降低。

第三节　含两级旁路供热机组动态模型

一、制粉过程动态

典型的中速磨煤机正压直吹式制粉系统由给煤机、磨煤机、煤粉分离器、一次风管、燃烧器等构成。其中，给煤机的动态过程可以被近似为一个纯迟延环节；制粉过程的动态特性主要体现在磨煤机和煤粉分离器上，其动态过程可以被近似为一个惯性环节；煤粉在一次风管和燃烧器中的停留时间较短，并且燃烧过程也非常快，因此这部分动态过程可以被忽略。

给煤机动态过程包含的纯迟延环节可表示为

$$q_{\mathrm{m,m}} = q_{\mathrm{m,b}}(t-\tau) \tag{10-24}$$

制粉动态过程包含的惯性环节可表示为

$$T_{\mathrm{f}}\frac{\mathrm{d}q_{\mathrm{m,f}}}{\mathrm{d}t} - q_{\mathrm{m,f}} + q_{\mathrm{m,m}} \tag{10-25}$$

式中：$q_{\mathrm{m,m}}$ 为进入磨煤机煤的质量流量，t/h；$q_{\mathrm{m,b}}$ 为给煤机质量流量，t/h；$q_{\mathrm{m,f}}$ 为进入锅炉的燃料量，t/h；τ 为给煤机至磨煤机入口迟延时间，s；T_{f} 为制粉过程惯性时间，s；τ 和 T_{f} 为待定动态参数。

二、汽包蓄能动态

汽包压力反映了锅炉输入能量与锅炉蒸发量之间的平衡，故选取汽包压力为状态量，基于汽包蒸汽的质量平衡，建立汽包蓄能的微分方程为

$$C_{\mathrm{b}}\frac{\mathrm{d}p_{\mathrm{b}}}{\mathrm{d}t} = K_1 q_{\mathrm{m,f}} - K_2\sqrt{p_{\mathrm{b}} - p_{\mathrm{t}}} - D_{\mathrm{r}}' \tag{10-26}$$

式中：C_{b} 为汽包蓄能系数，即单位压力变化时锅炉存储或释放的蒸汽量，为待定动态参数，[t/（h·s）] /MPa；p_{b} 为汽包压力，MPa；K_1 和 K_2 为待定静态参数；p_{t} 为主蒸汽压力，MPa；D_{r}' 为按主蒸汽热量水平折算的再热蒸汽流量，t/h。

查阅热平衡图得不同工况滑压方式下，主蒸汽流量、主蒸汽焓、给水焓、再热蒸汽流量、再热热段蒸汽焓、再热冷段蒸汽焓（见表 10-13）。

表 10-13　　不同工况下主/再热蒸汽参数

工况	主蒸汽流量（t/h）	主蒸汽焓（kJ/kg）	给水焓（kJ/kg）	再热蒸汽流量（t/h）	再热热段蒸汽焓（kJ/kg）	再热冷段蒸汽焓（kJ/kg）
100%P_e	997.56	3396.9	1220.3	829.81	3536.5	3040.0
75%P_e	722.00	3432.7	1127.9	613.81	3545.3	3055.2
50%P_e	483.83	3464.9	1024.1	419.81	3513.5	3068.9
40%P_e	400.01	3466.3	978.1	349.74	3473.7	3073.2
30%P_e	314.66	3464.2	923.6	277.40	3433.8	3077.8

基于主/再热蒸汽参数，计算不同工况下主/再热蒸汽吸热量，并按式（10-27）将再热蒸汽流量折算成具有主蒸汽热量水平的再热蒸汽流量 D_r'（见表 10-14）。

$$\frac{Q_m}{D_m}=\frac{Q_r}{D_r'} \tag{10-27}$$

式中：D_m 为主蒸汽流量，t/h；Q_m 为主蒸汽吸热量，kJ/s；Q_r 为再热蒸汽吸热量，kJ/s。

表 10-14　　不同工况下主/再热蒸汽流量及吸热量

工况	D_m（t/h）	Q_m（kJ/s）	D_r（t/h）	Q_r（kJ/s）	D_r'（t/h）
100%P_e	997.56	603135.86	829.81	114444.63	189.29
75%P_e	722.00	462240.44	613.81	83563.41	130.52
50%P_e	483.83	323709.15	419.81	51846.54	77.49
40%P_e	400.01	276473.58	349.74	38908.58	56.29
30%P_e	314.66	222062.55	277.40	27431.78	38.87

根据表 10-14，将实际再热蒸汽流量 D_r 和折算后的再热蒸汽流量 D_r' 进行线性拟合后可得

$$D_r'=0.2848D_r-45.483 \tag{10-28}$$

三、主蒸汽管道蓄能动态

主蒸汽压力反映了汽包出口蒸汽流量与进入汽轮机蒸汽流量、进入高压减温减压器蒸汽流量的平衡，故选取主蒸汽压力为状态量，基于主蒸汽管道蒸汽的质量平衡，建立主蒸汽管道蓄能的微分方程为

$$C_t=\frac{\mathrm{d}p_t}{\mathrm{d}t}=K_2\sqrt{p_b-p_t}-K_3p_tu_T-K_4p_tu_H \tag{10-29}$$

式中：C_t 为主蒸汽管道蓄能系数，即单位压力变化时主蒸汽管道存储或释放的蒸汽量，为待定动态参数，[t/（h • s）]/MPa；K_3 和 K_4 为待定静态参数；u_T 为主汽门开度，%；u_H 为高压减温减压器旁路门开度，%。

四、再热蒸汽管道蓄能动态

再热蒸汽压力反映了再热蒸汽流量与进入中压缸蒸汽流量、进入低压减温减压器蒸汽流量的平衡，故选取再热蒸汽压力为状态量，基于再热蒸汽管道蒸汽的质量平衡，建

立再热蒸汽管道蓄能微分方程为

$$C_{\mathrm{r}}\frac{\mathrm{d}p_{\mathrm{r}}}{\mathrm{d}t}=D_{\mathrm{r}}-100K_{7}p_{\mathrm{r}}-K_{8}p_{\mathrm{r}}u_{\mathrm{L}} \tag{10-30}$$

式中：C_{r} 为再热蒸汽管道蓄能系数，即单位压力变化时再热蒸汽管道存储或释放的蒸汽量，[t/（h·s）]/MPa；D_{r} 为再热蒸汽流量，t/h；p_{r} 为再热蒸汽压力，MPa；u_{L} 为低压减温减压器旁路门开度，%。

其中，D_{r} 的计算式为

$$D_{\mathrm{r}}=K_{5}K_{3}p_{t}u_{\mathrm{T}}+K_{6}K_{4}p_{t}u_{\mathrm{H}} \tag{10-31}$$

式中：K_5、K_6、K_7、K_8 为待定静态参数；C_{r} 为待定动态参数。

五、热网加热器蓄能动态

热网加热器内饱和水温度反映了中压缸排汽、低压旁路产汽包含的热量与进入低压缸做功蒸汽热量和进入热网加热器换热蒸汽热量的平衡。因此，选取热网加热器饱和温度作为状态量，基于热网加热器的热量平衡，建立热网加热器蓄能微分方程为

$$M_{\mathrm{h}}\frac{\mathrm{d}t_{\mathrm{sw}}}{\mathrm{d}t}=Q_{\mathrm{h}}-\frac{1}{3600}q_{\mathrm{m,x}}c_{p,\mathrm{x}}(t_{\mathrm{o}}-t_{\mathrm{i}}) \tag{10-32}$$

$$\Delta t=t_{\mathrm{sw}}-t_{\mathrm{o}} \tag{10-33}$$

式中：M_{h} 为以温度为标准的热网加热器蓄能系数，MJ/℃；t_{sw} 为热网加热器内饱和水温度，℃；Q_{h} 为进入热网加热器蒸汽释放的热量，MJ/s；$q_{\mathrm{m,x}}$ 为热网循环水流量，t/h；$c_{p,\mathrm{x}}$ 为热网循环水比定压热容，MJ/（t·℃）；t_{o} 为热网加热器出水温度，℃；t_{i} 为热网加热器进水温度，℃；Δt 为热网加热器端差，℃。

式（10-33）中，t_{sw} 的传输过程存在一定的惯性和迟延，不适于作为状态量。热网加热器在实际运行过程中，壳侧水处于饱和状态，这种情况下，水的温度和压力存在唯一对应关系，忽略抽汽压降，热网加热器内蒸汽饱和压力等于中压缸排汽压力，因此，可采用中压缸排汽压力 $p_{\mathrm{IPC}}^{\mathrm{out}}$ 代替热网加热器内饱和水温度 t_{sw} 作为状态量。表 10-15 列出了正常工况范围内汽轮机中压缸排汽压力与对应的饱和温度。

表 10-15　　汽轮机中压缸的排汽压力与对应的饱和温度

$p_{\mathrm{IPC}}^{\mathrm{out}}$（MPa）	0.2	0.3	0.4	0.5	0.6
t_{o}（℃）	120.2	133.5	143.6	151.8	158.8

经线性拟合后可得

$$t_{\mathrm{sw}}=95.5p_{\mathrm{IPC}}^{\mathrm{out}}+103.38 \tag{10-34}$$

考虑热网加热器端差 $\Delta t=10℃$，则热网加热器出水温度为

$$t_{\mathrm{o}}=95.5p_{\mathrm{IPC}}^{\mathrm{out}}+93.38 \tag{10-35}$$

取饱和水定压比热容为 4.1882MJ/（t·℃），将式（10-34）和式（10-35）代入式（10-32）得

$$95.5M_{\mathrm{h}}\frac{\mathrm{d}p_{\mathrm{IPC}}^{\mathrm{out}}}{\mathrm{d}t}=Q_{\mathrm{h}}-\frac{4.1882}{3600}q_{\mathrm{m,x}}(95.5p_{\mathrm{IPC}}^{\mathrm{out}}-t_i+93.38) \tag{10-36}$$

令 $C_{\mathrm{h}}=95.5M_{\mathrm{h}}$，则

$$C_{\mathrm{h}}\frac{\mathrm{d}p_{\mathrm{IPC}}^{\mathrm{out}}}{\mathrm{d}t}=Q_{\mathrm{h}}-\frac{4.1882}{3600}q_{\mathrm{m,x}}(95.5p_{\mathrm{IPC}}^{\mathrm{out}}-t_i+93.38) \tag{10-37}$$

蒸汽进入热网加热器释放的热量 Q_{h} 与中压缸排汽焓、热网加热器壳侧饱和水焓以及进入热网加热器的蒸汽流量有关，应采用式（10-38）计算，即

$$Q_{\mathrm{h}}=\frac{1}{3600}D_{\mathrm{h}}(h_{\mathrm{IPC}}^{\mathrm{out}}-h_{\mathrm{sw}}) \tag{10-38}$$

$$D_{\mathrm{h}}=100K_9K_7p_{\mathrm{r}}+K_{10}K_8p_{\mathrm{r}}u_{\mathrm{L}}-K_{11}p_{\mathrm{IPC}}^{\mathrm{out}}u_{\mathrm{LPC}}^{\mathrm{in}}-K_{12}p_{\mathrm{IPC}}^{\mathrm{out}}u_{\mathrm{AHP}} \tag{10-39}$$

式中：D_{h} 为进入热网加热器的蒸汽流量，t/h，计算方法为中压缸排汽量+低压旁路产汽量–进入低压缸做功蒸汽流量–进入吸收式热泵蒸汽量；$h_{\mathrm{IPC}}^{\mathrm{out}}$ 为中压缸排汽焓，kJ/kg；h_{sw} 为热网加热器壳侧饱和水焓，kJ/kg；$u_{\mathrm{LPC}}^{\mathrm{in}}$ 为中低压缸连通阀（LV 阀）开度，%；u_{AHP} 为吸收式热泵驱动蒸汽节流阀开度，%。

为了深入分析中压缸排汽焓和热网加热器壳侧饱和水焓随负荷工况的变化情况，查阅热平衡图，记录了设计工况下的中压缸排汽压力、排汽温度、排汽焓以及热网加热器壳侧饱和水焓（见表 10-16）。

表 10-16　　不同工况下中压缸排汽及热网加热器参数

工况	中压缸排汽压力（MPa）	中压缸排汽温度（℃）	中压缸排汽焓（kJ/kg）	加热器壳侧饱和水焓（kJ/kg）
THA	0.533	278.9	3020.2	650.67
TRL	0.518	277.0	3016.6	645.97
TMCR	0.554	278.6	3018.9	657.08
VWO	0.580	278.2	3017.4	664.77
90%THA（定压）	0.477	280.0	3024.1	632.56
75%THA（定压）	0.397	281.5	3029.3	603.56
50%THA（定压）	0.269	268.6	3006.6	545.72
40%THA（定压）	0.220	254.4	2979.5	517.62
30%THA（定压）	0.172	240.0	2952.1	484.71
75%THA（滑压）	0.402	281.7	3029.6	605.50
50%THA（滑压）	0.274	270.2	3009.8	548.35
40%THA（滑压）	0.225	256.3	2983.0	520.70
30%THA（滑压）	0.175	241.7	2955.3	486.97
高压加热器全停	0.524	285.3	3033.6	647.86
额定抽汽	0.490	261.8	2986	636.90
最大抽汽	0.490	256.7	2975.4	636.90
厂用汽	0.496	267.6	2997.9	638.88

经线性拟合，中压缸排汽焓与排汽压力的拟合优度 R^2 仅为 0.4186，两者不存在线性相关特性，如图 10-5（a）所示；中压缸排汽焓与排汽温度是线性相关的，如图 10-5（b）所示，这是由于水蒸气随着压力降低，其焓值受温度的影响增大，受压力的影响减小。

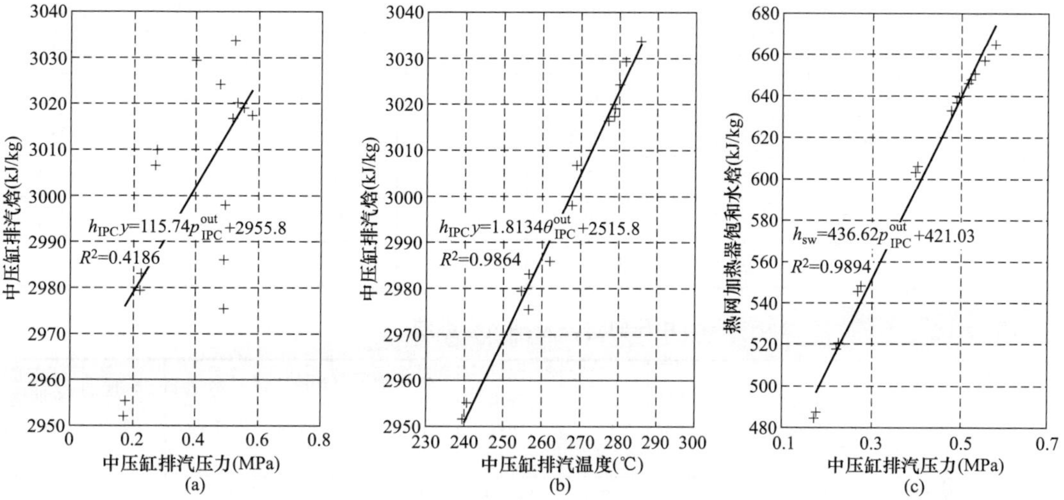

图 10-5　中压缸排汽及热网加热器参数的拟合曲线

（a）中压缸排汽焓与排汽压力；（b）中压缸排汽焓与排汽温度；（c）热网加热器饱和水焓与中压缸排汽压力

虽然中压缸排汽焓随温度有规律可循，但所建的热网加热器蓄能动态模型中不存在与中压缸排汽温度相关的状态量，为此，假定中压缸排汽焓为所有工况中最大值与最小值的平均值［见式（10-40）］，并按式（10-41）计算由此产生的最大相对误差。

$$h_{IPC}^{out}=\frac{\max(h_{IPC}^{out(i)})+\min(h_{IPC}^{out(i)})}{2} \tag{10-40}$$

$$\delta_{h}^{max}=\frac{\max(h_{IPC}^{out(i)})-h_{IPC}^{out}}{\frac{1}{c}\sum_{i=1}^{i=c}h_{IPC}^{out(i)}-\frac{1}{c}\sum_{i=1}^{i=c}h_{sw}^{i}} \tag{10-41}$$

式中：h_{IPC}^{out} 为假定的中压缸排汽焓，kJ/kg；$h_{IPC}^{out(i)}$ 为表 10-16 中各工况下的中压缸排汽焓，kJ/kg；δ_{h}^{max} 为按假定中压缸排汽焓计算产生的最大相对误差，%；c 为表 10-16 中所涉及的工况数量；h_{sw} 为热网加热器壳侧饱和水焓，kJ/kg。

经计算，假定的中压缸排汽焓 $h_{IPC}^{out}=2992.85\text{kJ/kg}$，由此产生的最大相对误差 $\delta_{h}^{max}=1.68\%$，该误差能够满足工程应用需求。此外，热网加热器壳侧饱和水焓与中压缸排汽压力的拟合优度 R^2 高达 0.9894，拟合结果为

$$h_{sw}=436.62p_{IPC}^{out}+421.03 \tag{10-42}$$

六、汽轮机动态

实际上，供热机组在纯凝工况和供热工况下中压缸的排汽压力不同，即使汽轮机的进汽参数相同，高、中、低压缸做功的比例也是不同的，但各汽缸的做功量与其内部功基本一致，为此查阅热平衡图，统计了高、中、低压缸进汽参数和各段抽汽参数（见表 10-17～表 10-19）。

表 10-17　　高压缸进汽及抽汽参数统计

项目	进汽流量（t/h）	进汽焓（kJ/kg）	排汽焓（kJ/kg）	1 抽流量（t/h）	1 抽焓（kJ/kg）	2 抽流量（t/h）	2 抽焓（kJ/kg）
100%P_e	997.56	3396.9	3040.0	72.6	3157.1	69.92	3040.0
75%P_e	722.00	3432.7	3055.2	45.18	3172.7	44.43	3055.2
50%P_e	483.83	3464.9	3068.9	25.99	3189.4	25.21	3068.9
40%P_e	400.01	3466.3	3073.2	20.27	3196.3	19.22	3073.2
30%P_e	314.66	3464.2	3077.8	14.87	3203.8	13.68	3077.8
额定抽汽	1043.26	3396.9	3050.0	81.20	3173.7	74.34	3050.0
最大抽汽	1100.00	3396.9	3060.9	87.99	3187.2	79.65	3060.9

表 10-18　　中压缸进汽及抽汽参数统计

项目	进汽流量（t/h）	进汽焓（kJ/kg）	排汽焓（kJ/kg）	3 抽流量（t/h）	3 抽焓（kJ/kg）	4 抽流量（t/h）		4 抽焓（kJ/kg）	5 抽流量（t/h）	5 抽焓（kJ/kg）
						至除氧器	至冷水泵汽轮机			
100%P_e	829.81	3536.1	3020.2	37.9	3331.8	21.68	36.24	3127.2	43.24	3020.2
75%P_e	613.81	3545.3	3029.6	25.12	3340.9	14.85	25.46	3136.6	29.83	3029.6
50%P_e	419.81	3513.5	3009.8	14.72	3314.9	9.19	21.27	3113.9	18.84	3009.8
40%P_e	349.74	3473.7	2983.0	11.36	3281.0	7.33	20.60	3083.9	15.16	2983.0
30%P_e	277.43	3433.8	2955.3	8.04	3247.1	5.46	20.26	3052.8	11.5	2955.3
额定抽汽	860.27	3534.3	2986.0	43.06	3325.6	26.52	38.62	3110.4	30.04	2986.0
最大抽汽	903.51	3532.5	2975.4	46.84	3323.0	29.49	41.02	3104.8	29.56	2975.4

表 10-19　　低压缸进汽及抽汽参数统计

项目	进汽流量（t/h）	进汽焓（kJ/kg）	排汽焓（kJ/kg）	6 抽流量（t/h）	6 抽焓（kJ/kg）	7 抽流量（t/h）	7 抽焓（kJ/kg）	8 抽流量（t/h）	8 抽焓（kJ/kg）
100%P_e	695	3020.2	2313.2	39.13	2817.7	30.78	2628.7	33.48	2478.7
75%P_e	521.68	3029.6	2331.3	27.61	2825.3	21.54	2633.5	19.58	2485.2
50%P_e	357.90	3009.8	2363.3	17.78	2810.3	13.84	2622.6	8.81	2478.9
40%P_e	297.01	2983.0	2378.2	14.39	2789.3	11.24	2607.7	5.43	2466.8
30%P_e	233.49	2955.3	2403.2	11.01	2767.8	8.61	2592.0	2.38	2454.7
额定抽汽	226.67	2986.0	2319.9	11.91	2626.9	9.42	2480.9	2.29	2356.6
最大抽汽	211.40	2975.4	2320.4	11.25	2611.9	8.87	2468.4	1.60	2346.1

基于表 10-17～表 10-19，忽略轴封漏汽和散热损失，根据式（10-43）计算各汽缸的内部功如表 10-20 所示，由表 10-20 可见，通过计算获得的汽轮机总内部功和机组的实际功率基本一致，相对误差也在可接受的范围内。

$$N = D_{in}(h_{in} - h_{out}) - \sum_{i=1}^{c} D_i(h_i - h_{out}) \tag{10-43}$$

式中：D_{in} 为汽缸的进汽量，t/h；h_{in} 为汽缸的进汽焓，kJ/kg；h_{out} 为汽缸的排汽焓，

kJ/kg；D_i 为该汽缸第 i 级抽汽流量，t/h；h_i 为该汽缸第 i 级抽汽焓，kJ/kg；c 为该汽缸所包含的抽汽级数。

表 10-20　　各汽缸内部功计算及误差统计

项目	高压缸		中压缸		低压缸		总内部功（kW）	实际功率（kW）	相对误差（%）
	进汽量（t/h）	内部功（kW）	进汽量（t/h）	内部功（kW）	进汽量（t/h）	内部功（kW）			
100%P_e	997.56	96535	829.81	113914	695.00	126770	337219	330000	2.19
75%P_e	722.00	74235	613.81	84558	521.68	94758	253551	247505	2.44
50%P_e	483.83	52351	419.81	56610	357.90	60785	169746	165004	2.87
40%P_e	400.01	42986	349.74	45948	297.01	47404	136338	132007	3.28
30%P_e	314.66	33253	277.43	35527	233.49	34208	102988	99007	4.02
额定抽汽	1043.26	97740	860.27	124711	226.67	40480	262931	256292	2.59
最大抽汽	1100.00	99580	903.51	132761	211.40	37176	269517	262747	2.58%

图 10-6 给出了各汽缸进汽量与内部功的拟合曲线，由图 10-6 可得各汽缸的做功量为

$$N_{HPC} = 82.245D_{HPC} + 9318.5 \tag{10-44}$$

$$N_{IPC} = 151.43D_{IPC} - 7170.1 \tag{10-45}$$

$$N_{LPC} = 191.62D_{LPC} - 6534.9 \tag{10-46}$$

式中：N_{HPC} 为高压缸的内部功，kW；N_{IPC} 为中压缸的内部功，kW；N_{LPC} 为低压缸的内部功，kW；D_{HPC} 为高压缸的进汽量，t/h，$D_{HPC} = K_3 p_t u_T$；D_{IPC} 为中压缸的进汽量，t/h，$D_{IPC} = 100K_7 p_r$；D_{LPC} 为低压缸的进汽量，t/h，$D_{LPC} = K_{11} p_{IPC}^{out} u_{LPC}^{in}$。

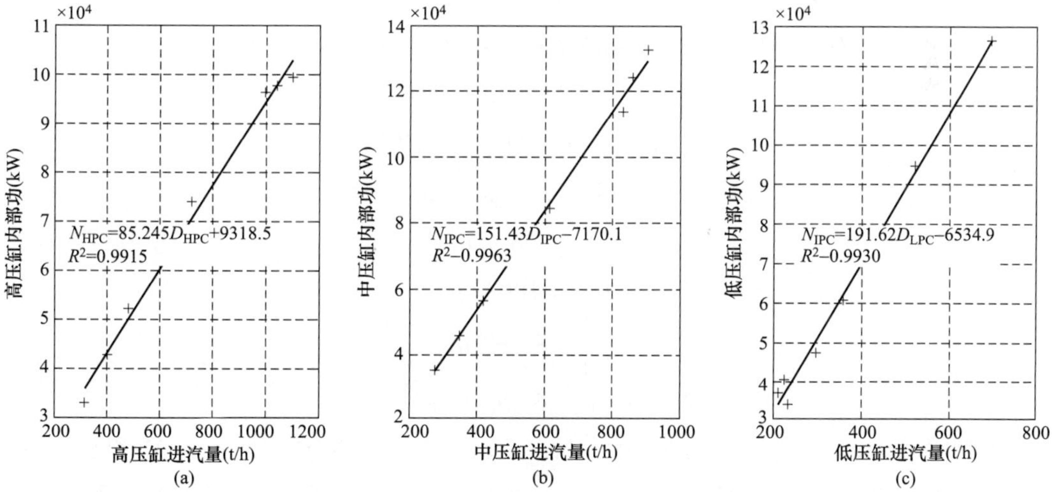

图 10-6　各汽缸进汽量与内部功的拟合曲线

（a）高压缸进汽量与高压缸内部功；（b）中压缸进汽量与中压缸内部功；（c）低压缸进汽量与低压缸内部功

蒸汽在汽轮机内的做功量可以视为蒸汽在高、中、低压缸的内部功之和，其做功过程可以被近似为一个惯性环节，即

$$T_{\mathrm{t}}\frac{\mathrm{d}N_{\mathrm{e}}}{\mathrm{d}t}=-N_{\mathrm{e}}+(N_{\mathrm{HPC}}+N_{\mathrm{IPC}}+N_{\mathrm{LPC}})\mathrm{e}^{-3} \tag{10-47}$$

式中：N_{e} 为机组电负荷，MW；T_{t} 为汽轮机惯性时间，为待定动态参数，s。

综上所述，建立的含两级减温减压旁路的供热机组模型为

$$\begin{cases} T_{\mathrm{f}}\dfrac{\mathrm{d}q_{\mathrm{m,f}}}{\mathrm{d}t}=-q_{\mathrm{m,f}}+q_{\mathrm{m,m}} \\ C_{\mathrm{b}}\dfrac{\mathrm{d}p_{\mathrm{b}}}{\mathrm{d}t}=K_1q_{\mathrm{m,f}}-K_2\sqrt{p_{\mathrm{b}}-p_{\mathrm{t}}}-D_{\mathrm{r}}' \\ C_{\mathrm{t}}\dfrac{\mathrm{d}p_{\mathrm{t}}}{\mathrm{d}t}=K_2\sqrt{p_{\mathrm{b}}-p_{\mathrm{t}}}-K_3p_{\mathrm{t}}u_{\mathrm{T}}-K_4p_{\mathrm{t}}u_{\mathrm{H}} \\ C_{\mathrm{r}}\dfrac{\mathrm{d}p_{\mathrm{r}}}{\mathrm{d}t}=D_{\mathrm{r}}-100K_7p_{\mathrm{r}}-K_8p_{\mathrm{r}}u_{\mathrm{L}} \\ C_{\mathrm{h}}\dfrac{\mathrm{d}p_{\mathrm{IPC}}^{\mathrm{out}}}{\mathrm{d}t}=Q_{\mathrm{h}}-\dfrac{4.1882}{3600}q_{\mathrm{m,x}}(95.5p_{\mathrm{IPC}}^{\mathrm{out}}-t_i+93.38) \\ T_{\mathrm{t}}\dfrac{\mathrm{d}N_{\mathrm{e}}}{\mathrm{d}t}=-N_{\mathrm{e}}+(N_{\mathrm{HPC}}+N_{\mathrm{IPC}}+N_{\mathrm{LPC}})\mathrm{e}^{-3} \end{cases} \tag{10-48}$$

其中，

$$q_{\mathrm{m,m}}=q_{\mathrm{m,b}}(t-\tau)$$

$$D_{\mathrm{r}}'=0.2848D_{\mathrm{r}}-45.483$$

$$D_{\mathrm{r}}=K_5K_3p_{\mathrm{t}}u_{\mathrm{T}}+K_6K_4p_{\mathrm{t}}u_{\mathrm{H}}$$

$$Q_{\mathrm{h}}=\frac{1}{3600}D_{\mathrm{h}}(h_{\mathrm{IPC}}^{\mathrm{out}}-h_{\mathrm{sw}})$$

$$D_{\mathrm{h}}=100K_9K_7p_{\mathrm{r}}+K_{10}K_8p_{\mathrm{r}}u_{\mathrm{L}}-K_{11}p_{\mathrm{IPC}}^{\mathrm{out}}u_{\mathrm{LPC}}^{\mathrm{in}}-K_{12}p_{\mathrm{IPC}}^{\mathrm{out}}u_{\mathrm{AHP}}$$

$$N_{\mathrm{HPC}}=85.245D_{\mathrm{HPC}}+9318.5$$

$$N_{\mathrm{IPC}}=151.43D_{\mathrm{IPC}}-7170.1$$

$$N_{\mathrm{LPC}}=191.62D_{\mathrm{LPC}}-6534.9$$

$$D_{\mathrm{HPC}}=K_3p_{\mathrm{t}}u_{\mathrm{T}}$$

$$D_{\mathrm{IPC}}=100K_7p_{\mathrm{r}}$$

$$D_{\mathrm{LPC}}=K_{11}p_{\mathrm{IPC}}^{\mathrm{out}}u_{\mathrm{LPC}}^{\mathrm{in}}$$

$$D_{\mathrm{AHP}}=K_{12}p_{\mathrm{IPC}}^{\mathrm{out}}u_{\mathrm{AHP}}$$

模型输入为 $q_{\mathrm{m,b}}$、u_{T}、u_{H}、u_{L}、$u_{\mathrm{LPC}}^{\mathrm{in}}$、$u_{\mathrm{AHP}}$、$t_{\mathrm{i}}$、$q_{\mathrm{m,x}}$；模型输出为 p_{t}、N_{e} 和 θ_{o}；模型待定静态参数为 K_1、…、K_{12}；模型待定动态参数为 τ、T_{f}、C_{b}、C_{t}、C_{r}、C_{h}、T_{t}。

七、模型参数确定及验证

依据我国某热电厂供热机组的设计数据（见表 10-21）确定模型的静态参数。表中下脚标 RG 表示额定发电负荷工况（Rated Generation），RH 代表额定供热负荷工况（Rated Heating）。

表 10-21 330MW 机组的设计数据

项目	数值	项目	数值
发电功率 $N_{E(RG)}$（MW）	330	高压旁路蒸汽流量 $D^{in}_{HTDPR(RH)}$（t/h）	175
总给煤量 $q_{m,b(RG)}$（t/h）	207.74	低压旁路蒸汽流量 $D^{in}_{LTDPR(RH)}$（t/h）	208.50
入炉煤低位发热量 $Q_{net,ar}$（MJ/kg）	13.50	汽包压力 $p_{b(RH)}$（MPa）	18.59
主蒸汽流量 $D_{m(RG)}$（t/h）	997.56	主蒸汽压力 $P_{t(RH)}$（MPa）	16.70
再热蒸汽流量 $D_{r(RG)}$（t/h）	829.81	调节级压力 $p_{1(RH)}$（MPa）	13.887
中压缸排汽流量 $D^{out}_{IPC(RG)}$（t/h）	695.00	再热蒸汽压力 $p_{r(RH)}$（MPa）	3.699
主蒸汽流量 $D_{m(RH)}$（t/h）	1043.26	中压缸排汽压力 $p^{out}_{IPC(RH)}$（MPa）	0.490
再热蒸汽流量 $D_{r(RH)}$（t/h）	860.27	低压缸进汽压力 $P^{in}_{LPC(RH)}$（MPa）	0.157
中压缸排汽流量 $D^{out}_{IPC(RH)}$（t/h）	726.67	高压旁路减温水流量 $q^{in}_{HTDPR(RH)}$（t/h）	33.5
供热抽汽流量 $D_{h(RH)}$（t/h）	500	低压旁路减温水流量 $q^{in}_{LTDPR(RH)}$（t/h）	37.21
低压缸入口蒸汽流量 $D^{in}_{LPC(RH)}$（t/h）	226.67	热网循环水回水温度 $\theta_{i(RH)}$（℃）	62.93

基于上述机组的设计数据，K_1～K_{11} 的计算公式为

$$q_{m,b(RH)} = q_{m,b(RG)} \frac{D_{m(RH)} + D'_{r(RH)}}{D_{m(RG)} + D'_{r(RG)}} \tag{10-49}$$

$$K_1 = \frac{D_{m(RH)} + D'_{r(RH)}}{q_{m,b(RH)}} \tag{10-50}$$

$$K_2 = \frac{D_{m(RH)}}{\sqrt{p_{b(RH)} - p_{r(RH)}}} \tag{10-51}$$

$$K_3 = \frac{D_{m(RH)}}{p_{t(RH)} u_{T(RH)}} = \frac{D_{m(RH)}}{100 p_{1(RH)}} \tag{10-52}$$

$$K_3 = \frac{D_{m(RH)}}{p_{t(RH)} u_{T(RH)}} = \frac{D_{m(RH)}}{100 p_{1(RH)}} \tag{10-53}$$

$$K_4 = \frac{D^{in}_{HTDPR(RH)}}{p_{t(RH)} u_{H(RH)}} \tag{10-54}$$

$$K_5 = \frac{D_{r(RH)}}{D_{m(RH)}} \tag{10-55}$$

$$K_6 = \frac{D^{in}_{HTDPR(RH)} + q^{in}_{HTDPR(RH)}}{D^{in}_{HTDPR(RH)}} \tag{10-56}$$

$$K_7 = \frac{D_{r(RH)}}{100 p_{r(RH)}} \tag{10-57}$$

$$K_8 = \frac{D^{in}_{LTDPR(RH)}}{p_{r(RH)} u_{L(RH)}} \tag{10-58}$$

$$K_9 = \frac{D_{\mathrm{IPC(RH)}}^{\mathrm{out}}}{D_{\mathrm{r(RH)}}} = \frac{D_{\mathrm{LPC(RH)}}^{\mathrm{in}} + D_{\mathrm{h(RH)}}}{D_{\mathrm{r(RH)}}} \tag{10-59}$$

$$K_{10} = \frac{D_{\mathrm{LTDPR(RH)}}^{\mathrm{in}} + q_{\mathrm{LTDPR(RH)}}^{\mathrm{in}}}{D_{\mathrm{LTDPR(RH)}}^{\mathrm{in}}} \tag{10-60}$$

$$K_{11} = \frac{D_{\mathrm{LPC(RH)}}^{\mathrm{in}}}{u_{\mathrm{LPC(RH)}}^{\mathrm{in}} p_{\mathrm{LPC(RH)}}^{\mathrm{out}}} = \frac{D_{\mathrm{LPC(RH)}}^{\mathrm{in}}}{100\dfrac{p_{\mathrm{LPC(RH)}}^{\mathrm{in}}}{p_{\mathrm{LPC(RH)}}^{\mathrm{out}}} p_{\mathrm{LPC(RH)}}^{\mathrm{out}}} = \frac{D_{\mathrm{LPC(RH)}}^{\mathrm{in}}}{100P_{\mathrm{LPC(RH)}}^{\mathrm{in}}} \tag{10-61}$$

6 台吸收式热泵在满负荷工况下运行时，所需的总驱动蒸汽流量为 273.96t/h，则单台供热机组需提供的驱动蒸汽流量为 136.98t/h，u_{AHP} 取 50%，则 K_{12} 的计算公式为

$$K_{12} = \frac{136.98}{p_{\mathrm{IPC}}^{\mathrm{out}} u_{\mathrm{AHP}}} \tag{10-62}$$

在实际运行过程中，9000t/h 的 38℃热网回水经吸收式热泵加热至 62.93℃，需消耗的驱动蒸汽流量按比例计算得 205.47t/h，单台供热机组需提供的驱动蒸汽量为 102.735t/h，单台供热机组实际进入热网加热器的蒸汽量为 397.265t/h。取中压缸平均排汽焓为 2992.85kJ/kg，0.49MPa 对应的饱和水焓为 636.9kJ/kg，则抽汽在热网加热器中的放热量为 259.98MW，经计算，这部分热量能够将 2859.50t/h 的 62.93℃热网水加热至 141.08℃（0.49MPa 对应的饱和水温度减去假定端差 10℃），因此，热网加热器进水流量初值取 2859.50t/h。此时，u_{AHP} 应为 37.5%

模型动态参数需要通过扰动试验获得。对于制粉惯性时间 T_{f}、迟延时间 τ、热网加热器蓄热系数 C_{h} 和汽轮机惯性时间 T_{t}，沿用文献［139］中同等类型机组的典型数据，即 $\tau = 15\mathrm{s}$，$T_{\mathrm{f}} = 120\mathrm{s}$、$C_{\mathrm{h}} = 160\mathrm{MJ/MPa}$、$T_{\mathrm{t}} = 12\mathrm{s}$。

锅炉蓄热系数 C_{b} 通过主汽门扰动试验确定。在试验过程中，记录汽包压力和主蒸汽流量，并通过下式计算锅炉总蓄热系数为

$$\tilde{C}_{\mathrm{b}} = \frac{\int_0^{t_1}[D_{\mathrm{m}}(t) - D_{\mathrm{m}}(0)]\mathrm{d}t}{p_{\mathrm{d}}(0) - p_{\mathrm{d}}(t_1)}, \ [\mathrm{t/(h \cdot s)}]\ /\mathrm{MPa} \tag{10-63}$$

图 10-7 给出了该厂主汽门扰动试验曲线。由图 10-7 可见，在试验过程中，给煤量 $q_{\mathrm{m,b}}$ 保持 145t/h 不变，主汽门开度 u_{t} 从 76.15%阶跃降低至 74.15%。根据式（10-63）计算的锅炉总蓄热系数为 $5308[\mathrm{t/(h \cdot s)}]/\mathrm{MPa}$。

汽包蓄热系数 C_{b} 一般占总蓄热系数的 90%，主蒸汽管道蓄热系数 C_{t} 和再热蒸汽管道蓄热系数 C_{r} 通常占总蓄热系数的 10%，将主、再热蒸汽蓄热系数按各 5%计算，则 $C_{\mathrm{b}} = 5308$［t/（h·s）］/MPa；$C_{\mathrm{t}} = 265.4$［t/（h·s）］/MPa；$C_{\mathrm{r}} = 265.4$［t/（h·s）］/MPa。

根据上述方法，经过试验和计算获得的模型参数如表 10-22 所示。

表 10-22　　含两级减温减压旁路供热机组模型参数

$K_1 = 5.7131$	$K_5 = 0.8246$	$K_9 = 0.8447$	$\tau = 15$	$C_{\mathrm{r}} = 265.4$
$K_2 = 800.1323$	$K_6 = 1.1914$	$K_{10} = 1.1785$	$T_{\mathrm{f}} = 120$	$C_{\mathrm{h}} = 160$
$K_3 = 0.7512$	$K_7 = 2.3257$	$K_{11} = 14.4375$	$C_{\mathrm{b}} = 5308$	$T_{\mathrm{t}} = 12$
$K_4 = 0.1050$	$K_8 = 0.5637$	$K_{12} = 5.591$	$C_{\mathrm{t}} = 265.4$	

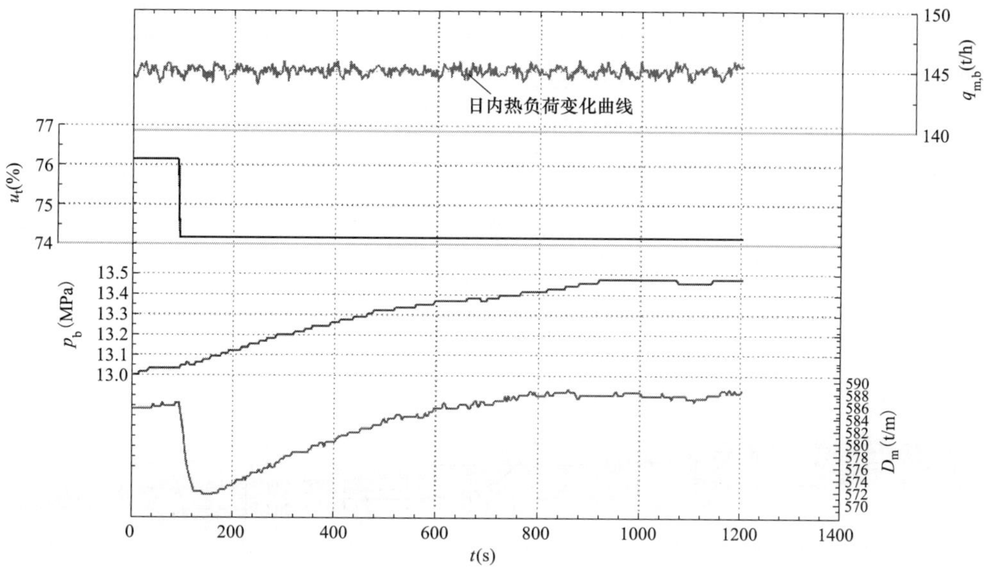

图 10-7　主汽门扰动试验

通过模型开环扰动试验分析和验证模型的动态特性，机组额定抽汽工况参数：给煤量为 217.25t/h，主汽门开度为 83.16%，抽汽蝶阀开度为 32.4%，机组功率为 256.29MW，机前压力为 16.7MPa，中压缸排汽压力为 0.49MPa，供热抽汽流量为 500t/h，其中，进入热网加热器的蒸汽量为 397.265t/h，进入吸收式热泵的蒸汽量为 102.735t/h，热网加热器进水流量为 2859.50t/h，进水温度为 62.93℃。

图 10-8 给出了模型在保持其他输入不变，给煤量、主汽门开度、高压旁路门开度阶跃扰动试验时，各被控量的输出情况。

（1）当给煤量阶跃降低 10%时，主蒸汽压力、机组负荷和热网加热器饱和温度的响应过程均存在不同程度的惯性和迟延，其中热网加热器饱和温度的惯性和迟延最大，这是由于锅炉侧制粉、燃烧和吸热过程较缓慢。

（2）当主汽门阶跃增加 10%时，主蒸汽压力迅速下降并稳定在新的稳态值，机组负荷短暂超调后恢复至初值，热网加热器出水温度表现出同样的特性，这是机组蓄能短时间释放的表现。

（3）当高压旁路门阶跃增加至 40%开度时，主蒸汽压力和机组负荷迅速下降并稳定至新的稳态值，热网加热器饱和温度升高并稳定至新的稳态值，这是由于高压旁路的开启降低了进入高压缸做功的蒸汽量，导致机组功率下降，但同时提高了再热蒸汽压力，使得中压缸排汽压力对应的饱和温度水升高，在端差不变的情况下，热网加热器出水温度升高。

图 10-9 给出了模型在保持其他输入不变，低压旁路门开度、抽汽蝶阀开度、吸收式热泵节流阀开度阶跃扰动试验时，各被控量的输出情况。

（1）当低压旁路门阶跃增加至 40%开度时，机组负荷迅速降低并稳定至新的稳态值，热网加热器饱和温度升高并稳定至新的稳态值，这是由于低压旁路的开启降低了进入中压缸做功的蒸汽量，导致机组功率下降，但同时增加了进入热网加热器换热的蒸汽量，使得热网加热器出水温度升高。

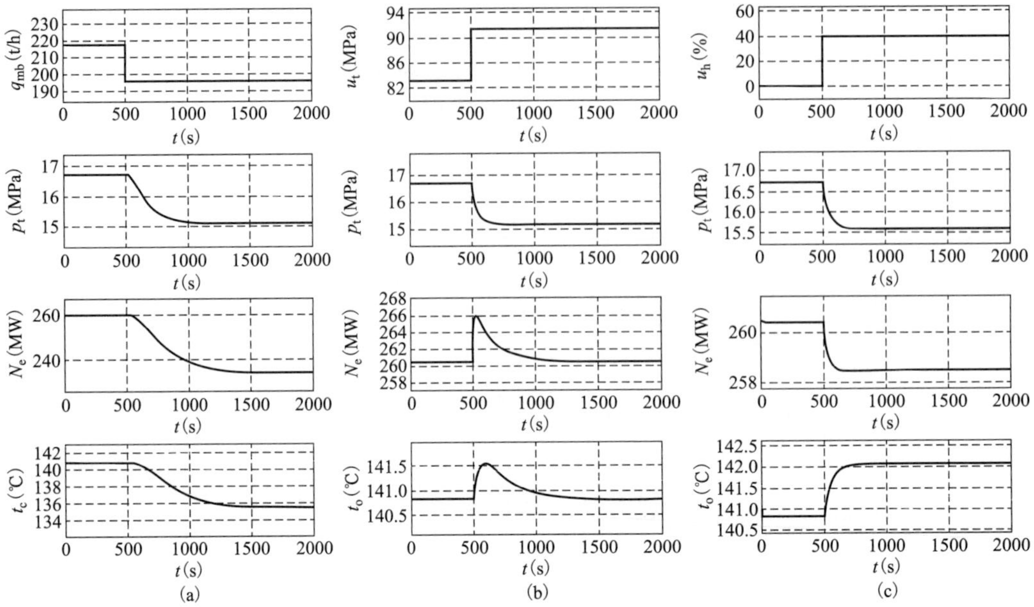

图 10-8　模型的开环特性（Ⅰ）

（a）给煤量阶跃扰动试验时；（b）主汽门开度阶跃扰动试验时；（c）高压旁路门开度阶跃扰动试验时

（2）当供热抽汽蝶阀开度阶跃增加 10%时，机组负荷迅速升高并稳定至新的稳态值，热网加热器出水温度降低并稳定在新的稳态值，这是由于供热抽汽蝶阀开度的开启增加了进入低压缸做功的蒸汽量，导致机组功率升高，但同时减少了进入热网加热器换热的蒸汽量，使得热网加热器出水温度降低。

（3）当吸收式热泵节流阀开度阶跃降低 10%时，机组负荷迅速增加并稳定至新的稳态值，热网加热器出水温度升高并稳定在新的稳态值，这是由于节流阀开度的减小提高了中压缸排汽压力，使得更多的蒸汽进入中压缸和热网加热器。

图 10-10 给出了模型在保持其他输入不变，加热器入口热网水温度、热网水流量阶跃扰动试验时，各被控量的输出情况。

（1）当加热器入口热网水温度降低 10%时，热网水在热网加热器中的吸热量增加，热网加热器工作压力下降，对应的饱和水温度也随之下降，在热网加热器端差不变的情况下，热网加热器出水温度降低；同时抽汽压力降低，使得进入低压缸做功的蒸汽量降低，机组负荷降低。

（2）当热网水流量阶跃降低 10%时，热网水在加热器中的吸热量减少，热网加热器工作压力升高，对应的饱和水温度随之升高，在热网加热器端差不变的情况下，热网加热器出水温度升高；同时抽汽压力升高，使得进入低压缸做功的蒸汽量增加，机组负荷升高。

图 10-11 给出了高压旁路阀和低压旁路阀开启过程中，进入高压缸和中压缸的蒸汽流量变化，由图 10-11 可见，当高压旁路阀阶跃开启时，进入高压缸的蒸汽流量迅速降低，进入中压缸的蒸汽流量迅速增加，由于高、中压缸对称布置，而各汽缸轴向推力的大小一般与进汽量成正比，由此可见，高压旁路开启过程中可能引起轴向推力向机尾方向增加，同理当低压旁路开启过程中可能引起轴向推力向机头方向增加；另外，高压旁路的开启会引起高

压排汽压比下降，导致高压排汽压力和高压排汽温度升高，过高的高压缸排汽压力和温度将引起汽轮机高压缸内通流特性发生变化，影响汽轮机末级叶片强度；低压旁路的开启会引起高压排汽压比上升，导致高压排汽压力和温度降低，引起汽轮机末级叶片热应力变化，影响机组使用寿命。综上所述，在两级旁路参与供热机组供热过程中，应协调配合高、低压旁路开度，确保轴向推力和高压排汽压比在合理范围内，更好地保证机组的安全稳定供热。

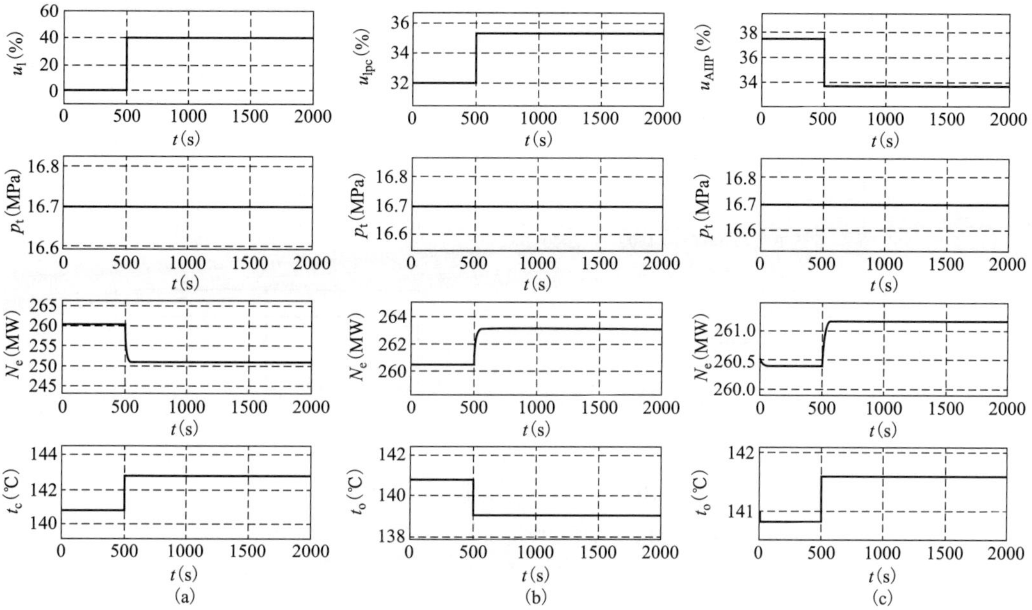

图 10-9　模型的开环特性（Ⅱ）

（a）低压旁路门开度阶跃扰动试验时；（b）抽汽蝶阀开度阶跃扰动试验时；（c）吸收式热泵节流阀开度阶跃扰动试验时

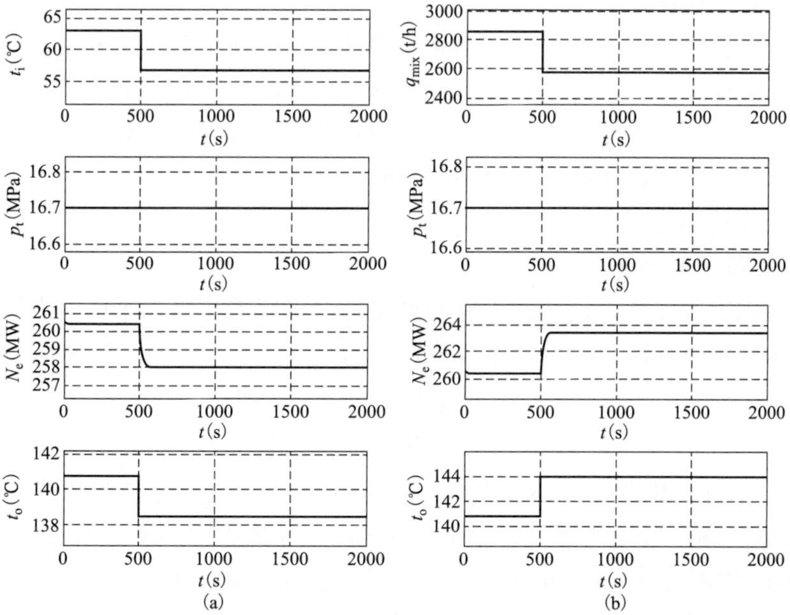

图 10-10　模型的开环特性（Ⅲ）

（a）热网水温度阶跃扰动试验时；（b）热网水流量阶跃扰动试验时

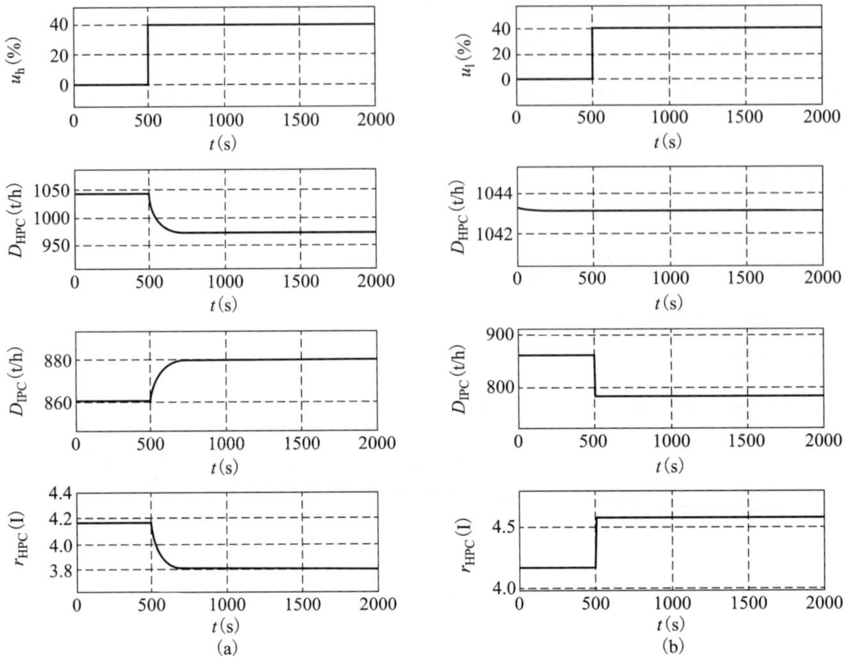

图 10-11　模型的开环特性（Ⅳ）

（a）高压旁路阀开启过程中；（b）低压旁路阀开启过程中

第四节　储热罐辅助供热模型研究

一、储热罐工作原理

储热罐辅助供热的基本原理是利用热用户热负荷需求的昼夜差异平移热负荷[180]，在白天，当供热抽汽的供热能力能够满足热网热负荷需求并有富余时，对储热罐进行储热；在夜晚，当供热抽汽流量不足以满足热网热负荷需求时，启动储热罐对外放热来补偿机组参与深度调峰时供热抽汽能力不足的部分。

二、储热罐动态模型

（一）储热罐水位动态

忽略冷热水密度变化，储热罐水位模型实际上可以简化为一个单容水箱模型，基于储热罐进出水质量平衡建立的储热罐水位模型为

$$C_{HST}\frac{dh_{level}}{dt}=q_{in}-q_{out} \tag{10-64}$$

式中：C_{HST}为储热罐的容量系数，[t/（h·s）]/m；h_{level}为储热罐水位，m；q_{in}储热罐进水流量，t/h，当储热罐处于储热过程时q_{in}为储热罐热水进水流量，$q_{in}=k_2u_2$，当储热罐处于放热过程时q_{in}为储热罐冷水进水流量，$q_{in}=k_3u_3$；q_{out}为储热罐出水流量，t/h，当储热罐处于储热过程时q_{out}为储热罐冷水出水流量，$q_{out}=k_3u_3$，当储热罐处于放热过程时q_{out}为储热罐热水出水流量，$q_{out}=k_8u_8$。u_2、u_8、u_3分别为阀门 2 和

阀门 8 的开度以及泵类型 3 的频率，%；k_2、k_3、k_8 分别为其相对应的开度/频率—流量系数。

（二）储热罐斜温层位置动态

同理，储热罐斜温层位置模型也可以简化为一个单容水箱模型，基于冷水进出水质量平衡建立的储热罐斜温层位置模型为

$$C_{\mathrm{HST}}\frac{\mathrm{d}h_{\mathrm{layer}}}{\mathrm{d}t}=q_{\mathrm{cold}} \tag{10-65}$$

式中：h_{layer} 为斜温层高度，m；q_{cold} 为冷水进水流量，当储热罐处于放热过程时，q_{cold} 为阀门 8 冷水进水流量，$q_{\mathrm{cold}}=k_8u_8$；当储热罐处于放热过程时，q_{cold} 为负的泵类型 3 的出冷水流量，$q_{\mathrm{cold}}=-k_3u_3$。

（三）模型参数确定及验证

在上述储热罐非线性动态模型中，K_2、K_3、K_8 为模型的静态参数，由于在设计工况下，$k_2u_2=k_3u_3=k_8u_8=3600\mathrm{t/h}$，而此时阀门 2 和阀门 8 的开度为 100%，泵类型 3 的频率也为 100%，因此，$K_2=K_3=K_8=36$。C_{HST} 是储热罐唯一的待定动态参数，按经典单容水箱模型理解，C_{HST} 应与储热罐的横截面积有关。由表 9-5 可知，储热罐的直径为 26m，由此计算的储热罐横截面积为 530.93m^2，水的密度按 1000kg/m^3 计算，则储热罐的容量系数 $C_{\mathrm{HST}}=1911348$ ［t/（h • s）］/m。

由储热罐系统模型可见，储热罐实际上是一个无自平衡对象，采用开环阶跃响应无法验证模型的合理性。为了验证所建立的储热罐动态模型的有效性，采用闭环控制的方式进行验证。由于储热罐的横截面积较大，即使采用最大的储放热流量进行储放热，储热罐的另一端不进行补水，储热罐水位变化 0.1m 时也需要约 1min 的时间，因此，传统的 PID 控制足以满足储热罐系统的控制要求。基于 PID 算法设计的储热罐闭环控制系统图如图 10-12 所示。

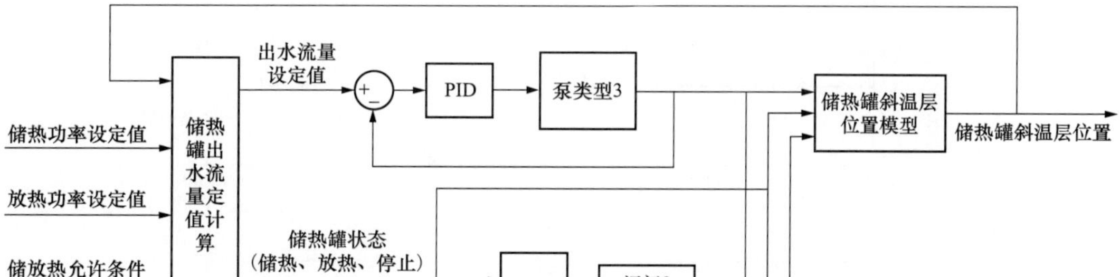

图 10-12　储热罐闭环控制系统图

由图 10-12 可见，所设计的储热罐闭环控制系统包含两个控制回路：储、放热功率控制回路和储热罐水位控制回路。其中，储、放热功率控制回路的核心在于储热罐出水

流量设定值的计算问题，储热罐出水流量与储、放热功率存在以下关系，即

$$N_s = \frac{1}{3600} D_3 c_p (t_h - t_c) \tag{10-66}$$

式中：N_s 为储热罐的储、放热功率，MW；D_3 为储热罐出水流量，t/h；c_p 为水的定压比热容，取 4.1882kJ/kg・℃；t_h 为储热罐上部热水温度，℃；t_c 为储热罐下部冷水温度，℃。

由式（10-66）可知

$$D_3 = \frac{859.56}{(t_h - t_c)} N_s \tag{10-67}$$

储热罐出水流量定值计算模块还应实时监视储热罐斜温层的位置，当储热罐斜温层靠近罐顶或罐底时，应立刻将储热罐出水流量设定值置 0，避免斜温层被移出储热罐。

储热罐水位控制回路主要是采用阀门 2 和阀门 8 对储热罐进行补水，以维持储热罐水位不变，在补水过程中，需根据储热罐运行状态（储热、放热、停止）将 PID 的输出分配给阀门 2 和阀门 8。当储热罐处于储热状态时，调节器指令分配回路会自动将 PID 输出分配给阀门 2；当储热罐处于放热状态时，调节器指令分配回路会自动将 PID 输出分配给阀门 8。

在储热罐闭环仿真验证过程中，假定储热罐储热功率为 100MW，储热时间为早上 8 点至晚上 8 点；放热功率为 200MW，放热时间为 0 点至 6 点；储热罐斜温层的初始位置为 4m。

图 10-13～图 10-15 分别给出了储放热过程中储热罐水位和斜温层位置、放热过程中泵类型 3 热水出水流量和阀门 8 冷水进水流量、储热过程中泵类型 3 冷水出水流量和阀门 2 热水进水流量的变化情况。由图 10-13～图 10-15 可见，当放热指令下发后，泵类型

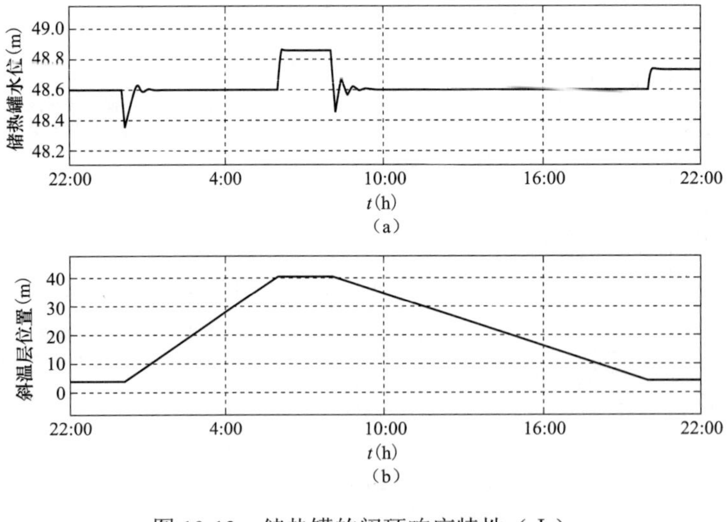

图 10-13　储热罐的闭环响应特性（Ⅰ）

（a）储热罐水位；（b）斜温层位置

3 迅速启动，将储热罐上部的热水升压后送入热网供水母管［见图 10-14（a)］，使得储热罐水位的降低［见图 10-13（a)］，储热罐水位调节器开启阀门 8 补入冷水，使水位逐渐恢复；当放热结束时，由于泵类型 3 的流量先减至 0，阀门 8 的流量经过水位反馈调节后减至 0，因此稳态水位稳定在较高的位置；当储热指令下发后，泵类型 3 迅速启动，将储热罐下部的冷水升压后送入热网回水母管［见图 10-15（a)］使储热罐水位降低［见图 10-15（a)］，储热罐水位调节器开启阀门 2 补入热水，使储热罐水位逐渐恢复；同理，当储热结束时，由于泵类型 3 和阀门 2 的调节差异，进入稳态后，储热罐水位稳定在较高的位置。

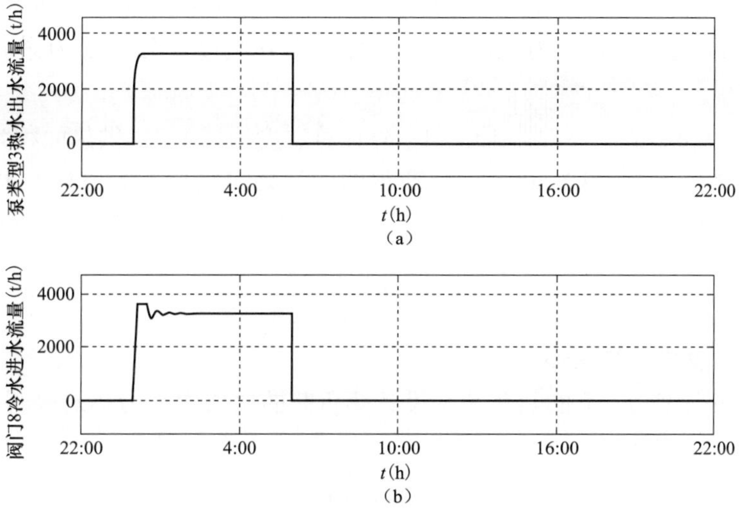

图 10-14 储热罐的闭环响应特性（II）

（a）泵类型 3 热水出水流量；（b）阀门 8 冷水进水流量

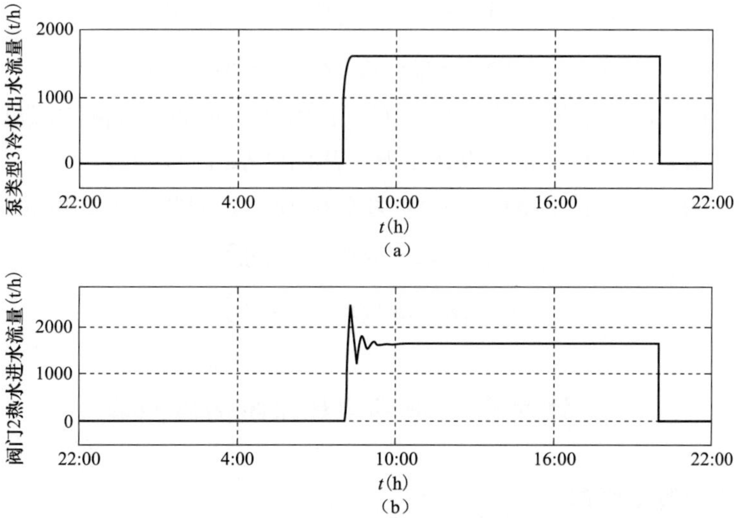

图 10-15 储热罐的闭环响应特性（III）

（a）泵类型 3 冷水出水流量；（b）阀门 2 热水进水流量

第五节 热网系统计算模型研究

一、热网热负荷计算模型

热电厂的热负荷属于集中式采暖热负荷，其需求量随天气变化而变化，任意时刻的采暖热负荷计算式为

$$Q_h' = Q_h \frac{t_n - t_e}{t_n - t_e'} \tag{10-68}$$

式中：Q_h'为任意时刻采暖需求的热量，MW；Q_h为设计采暖热负荷，MW；t_n为采暖室内设计温度，℃；t_e为采暖期任意时刻室外温度，℃；t_e'为采暖期室外计算温度，℃。

采暖室内设计温度为18℃，采暖期室外计算温度为–24℃；供热面积为1050万m^2，设计供热综合热指标为53W/m^2，计算获得的设计采暖热负荷为556.5MW。因此，式（10-68）可简化为

$$Q_h' = 556.5\frac{18 - t_e}{18 + 24} \tag{10-69}$$

二、供回水温度计算模型

将室外环境温度为t_e下的热负荷与设计热负荷的比值定义为相对采暖热负荷，则相对采暖热负荷的计算公式为

$$\tilde{Q} = \frac{t_n - t_e}{t_n - t_e'} \tag{10-70}$$

在质调节供暖方式下，热网系统的供回水温度计算式为

$$t_s = t_n + 0.5(t_s' + t_b' - 2t_n)\tilde{Q}^{0.77} + 0.5(t_s' - t_b')\tilde{Q} \tag{10-71}$$

$$t_b = t_n + 0.5(t_s' + t_b' - 2t_n)\tilde{Q}^{0.77} - 0.5(t_s' - t_b')\tilde{Q} \tag{10-72}$$

式中：t_s为任意时刻热网供水温度，℃；t_b为任意时刻热网回水温度，℃；t_s'为设计工况下热网供水温度，℃；t_b'为设计工况下热网回水温度，℃。

设计工况下的热网供回水温度分别为91℃和38℃。因此，上式可简化为

$$t_s = 18 + 46.5\tilde{Q}^{0.77} + 26.5\tilde{Q} \tag{10-73}$$

$$t_b = 18 + 46.5\tilde{Q}^{0.77} - 26.5\tilde{Q} \tag{10-74}$$

第六节 联合供热系统仿真模型

一、联合供热基本原理

热电厂联合供热基本原理框图如图10-16所示。由图10-16可见，该厂在原有抽汽供热模式的基础上：

（1）增加了两级旁路辅助供热系统，部分主蒸汽经高压旁路减温减压后与高压缸排汽混合形成再热冷段蒸汽，经再热器加热后，部分再热热段蒸汽继续被低压旁路减温减压，与供热抽汽混合形成供热蒸汽，其中一部分蒸汽进入热网加热器进行加热，另一部分蒸汽进入吸收式热泵作为驱动蒸汽。

（2）增加了吸收式热泵辅助供热系统，在驱动蒸汽的作用下，利用溴化锂浓-稀溶液的吸收性差异，将循环水中的余热进行回收利用，对热网回水进行初步加热，加热后的热网水分为两部分，一部分进入热网加热器继续吸热以提升热网水温度，另一部分则直接进入热网加热器出口母管进行混合，使得混合后的热网水温度能够满足热网热负荷需求。

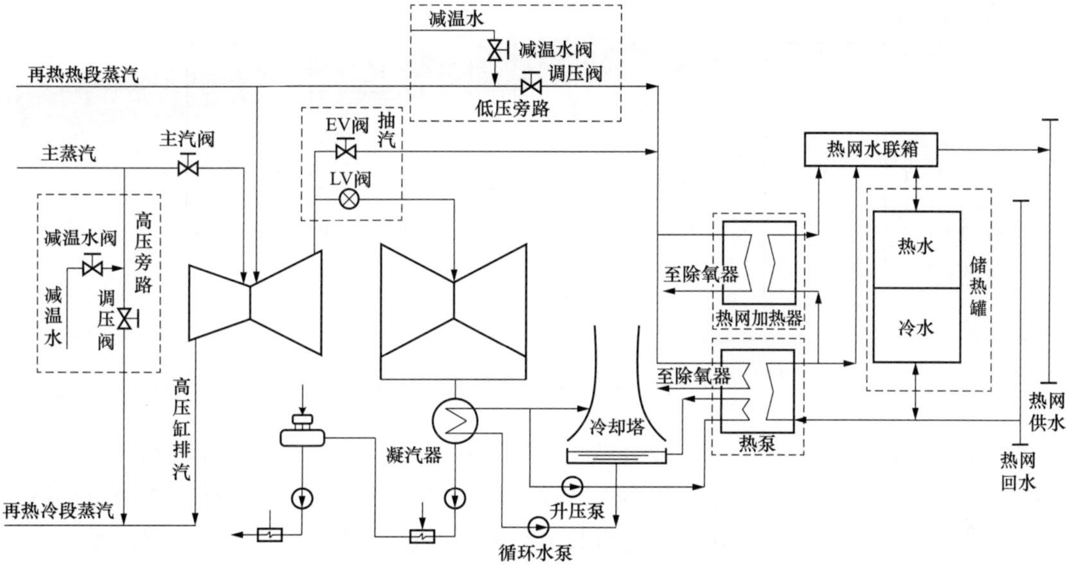

图 10-16　热电厂联合供热基本原理框图

（3）增加了储热罐辅助供热系统，当电负荷对应下供热抽汽—两级旁路—吸收式热泵组成的供热系统的供热能力能够满足热负荷需求且有富余时，热网供水母管中的热网水可流入储热罐上部进行储热，同时储热罐下部的冷水可流出储热罐进入吸收式热泵和热网加热器进行加热；反之，当供热系统的供热能力无法满足热网热负荷需求时，储热罐上部的热水可流出储热罐进行放热，同时热网回水母管中的热网水可流入储热罐下部以维持储热罐水位不变。

二、联合供热仿真模型

图 10-17 给出了热电联合供热系统仿真模型。由图 10-17 可见，热电厂联合供热系统仿真模型由 2 台含两级旁路供热机组模型、1 个吸收式热泵模型、1 个热网水联箱混合模型、1 个热网回水温度计算模型、1 个储热罐模型构成。

其中，热网回水温度计算模型能够根据环境温度实时计算热网回水温度，并将其作为吸收式热泵模型的输入。吸收式热泵模型在驱动蒸汽的作用下从循环水中吸收余热对

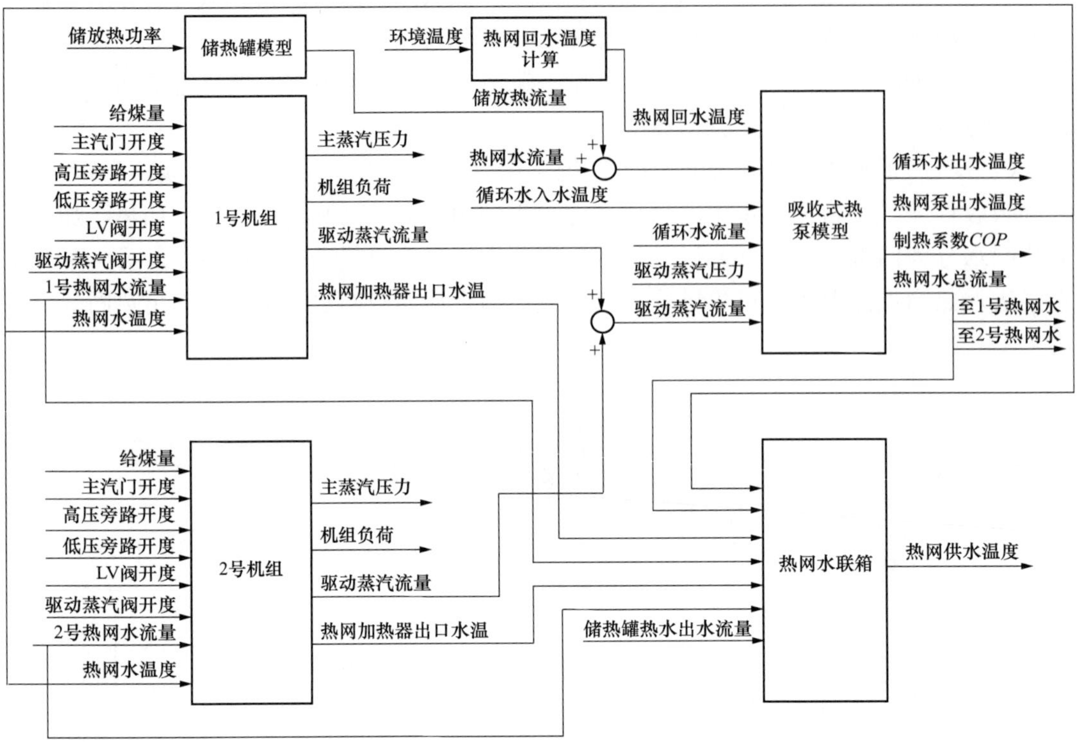

图 10-17 热电厂联合供热系统仿真模型

热网回水进行初步加热，经加热后的热网水分为两部分，其中，一部分进入 1 号、2 号机组进一步加热，另一部分进入热网水联箱。两台供热机组的热网加热器将部分热网水进一步升温后，送入热网水联箱，使得其混合后的温度能够满足热网供水温度要求；同时，两台供热机组还为吸收式热泵提供驱动蒸汽，使得吸收式热泵出水温度能够达到设计值。在热网水联箱中，对来自 1 号机组热网加热器、2 号机组热网加热器、吸收式热泵、储热罐 4 种不同温度水平的热网水进行混合，使得最终的热网水温度能够达到热网热负荷需求。在混合过程中忽略水的定压比热容变化，两种不同温度水平的热网水混合后的温度计算式为

$$t_{\text{mix}} = \frac{D_1 t_1 + D_2 t_2}{D_1 + D_2} \tag{10-75}$$

式中：t_{mix} 为混合后的热网水温度，℃；D_1 为第一种热网水流量，t/h；t_1 为第一种热网水温度，℃；D_2 为第二种热网水流量，t/h；t_2 为第二种热网水温度，℃。

实际运行过程中，9000t/h 的 38℃热网回水经吸收式热泵加热至 62.93℃后，其中，5000t/h 热网水直接进入热网供水联箱，混合对外供热；4000t/h 的热网水进入两台供热机组热网加热器进行进一步加热，单台供热机组热网加热器的热网水流量实际上是 2000t/h。忽略热网水定压比热容的变化，则热网加热器出口水温应为 126.09℃。而在第四章第三节建立的含两级旁路供热机组动态模型中，稳态工况下，热网加热器入口水流

量是 2859.50t/h，热网加热器出口水温是 141.08℃，与热网热负荷实际需求不符。为了获得实际工况下机组的运行参数，将热网加热器入口水流量置 2000t/h，采用以下三个控制回路使机组稳定在实际工况：

（1）主汽门开度控制主蒸汽压力，设定值保持 16.70MPa 不变；

（2）中低压缸连通阀（LV 阀）控制热网加热器出水温度，设定值取实际热负荷对应的 126.09℃；

（3）驱动蒸汽节流阀控制驱动蒸汽流量，设定值取 102.74t/h。

经稳定后，汽包压力为 18.4MPa，主蒸汽压力为 16.70MPa，再热蒸汽压力为 3.70MPa，中压缸排汽压力为 0.348MPa，机组功率输出为 291.3MW，热网加热器出水温度为 126.09℃。将上述参数置入图 10-18 所示的热电厂联合供热系统仿真模型，获得机组的实际初始稳态工况。

第七节 深度热电解耦控制系统

一、控制系统设计

根据本章前几节的研究内容可知，吸收式热泵辅助供热、两级旁路辅助供热、储热罐辅助供热，均能在不同程度上提高供热机组的热电解耦能力；然而热电解耦能力只系统对象的特征，其本身不具备供热机组深度调峰的能力，只有借助控制系统深度利用各辅助供热系统的解耦潜力，才能实现供热机组的深度热电解耦控制，从而达到深度调峰的目的。

图 10-18 给出了热电厂深度热电解耦控制系统的原理框图。由图 10-18 可见，该控制系统包含主蒸汽压力控制、机组负荷控制、高压旁路控制、低压旁路控制、供热抽汽控制、吸收式热泵控制、储热罐控制等多个控制模块。其中，主蒸汽压力控制以阶梯式预测控制算法为核心进行设计，并在主蒸汽压力预测模型中考虑高压旁路阀开度的影响。

在高压旁路阀控制中，设定值和反馈值采用高压排汽压比。理论上在高压旁路投运过程中，高压旁路后压力跟踪高压排汽压力即可，但在实际控制过程中，高压旁路后压力的升高会使得高压排汽后压力也随之升高，导致高压旁路后压力的跟踪目标与其反馈值的方向相同，最终形成正反馈调节，这种情况下，汽轮机的安全运行无法得到保证。然而，在汽轮机运行过程中，调节级压力与高压排汽压力的比值，即高压排汽压比实际上是基本不变的，若两级旁路辅助供热投入后高压排汽压比仍然能够保持一定的变化范围，则汽轮机的运行是安全的。基于这一分析，将高压旁路控制中的被控量选高压排汽压比，高压排汽压比的协调控制能够使得高、低压两级旁路有机地结合起来，更好地保证汽轮机的安全稳定运行。

在低压旁路控制中，设定值和反馈值包括低压缸最小流量和热网供水温度，理论上低压旁路控制的投运目的只是为了在深度调峰工况下保证热网的供热品质，但当低压缸最小流量达到低限值，并且 LV 阀达到一定开度时，通过 LV 阀来保证低压缸最小冷却流

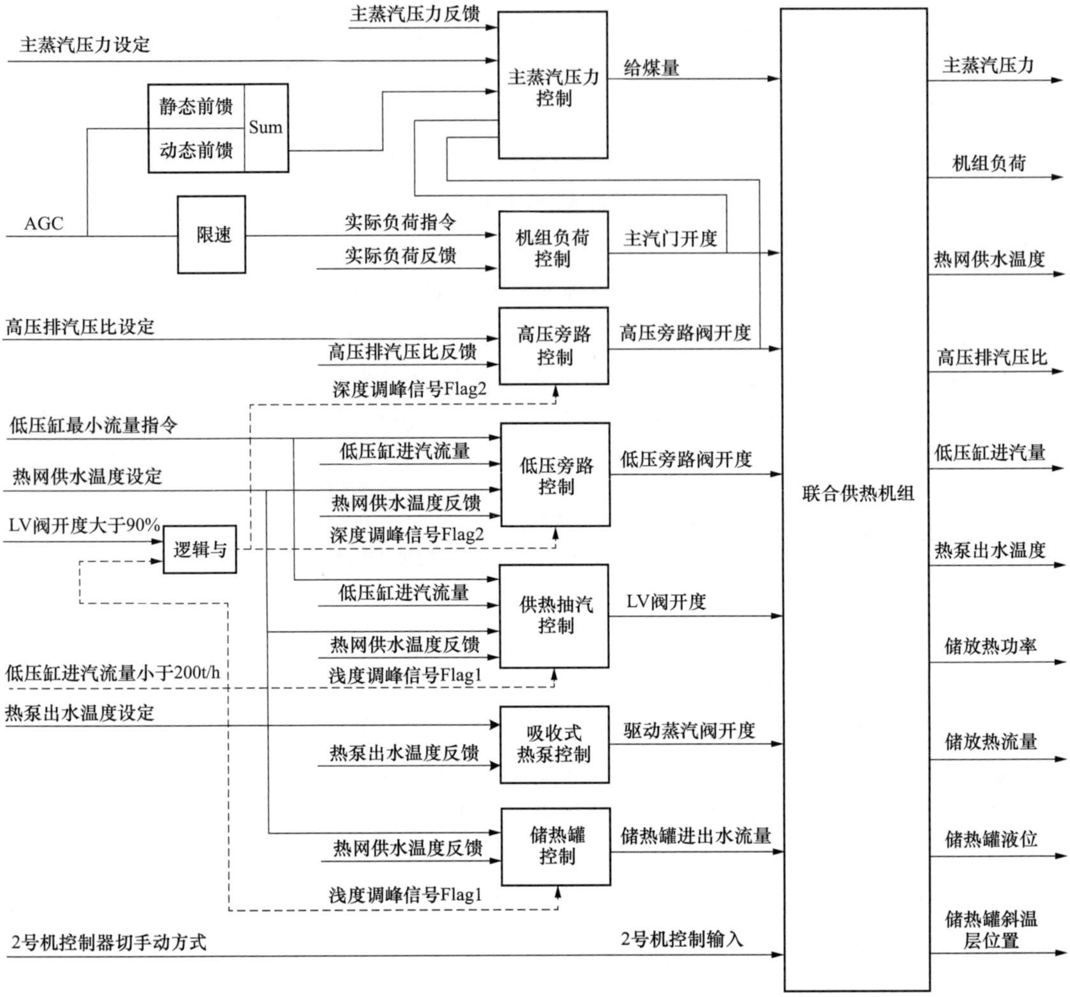

图 10-18　热电厂深度热电解耦控制系统的原理框图

量的能力已不存在，这种情况下，只有通过开启低压旁路阀来提高热网加热器内饱和水的压力，在忽略抽汽压降情况下，热网加热器内饱和水的压力实际上就是中压缸排汽压力，中压缸排汽压力的升高会直接增加进入低压缸的蒸汽量，基于这一分析，低压旁路阀在调节热网供水温度的同时还需兼顾低压缸最小冷却流量。

在供热抽汽控制中，设定值和反馈值取低压缸最小流量和热网供水温度。当供热机组处于高负荷段时，其供热抽汽能力能够满足热网供水温度需求，换句话说，此时其低压缸进汽量不会低于最小冷却流量；但当供热机组进入低负荷段时，受低压缸最小通流量的限制，其供热能力无法满足热网供水温度需求，具体表现就是低压缸进汽量低于了最小冷却流量。基于这一分析，供热抽汽控制实际上包含两个控制回路，其中一个控制回路在高负荷段完成热网供水温度的控制，另一个控制回路在低负荷段来保证低压缸最小冷却流量，并且当 LV 阀保证低压缸最小冷却流量的能力已不存在时，两级旁路辅助供热将随之投入，此时低压缸最小冷却流量将由低压旁路阀来兼顾。

在吸收式热泵控制中，设定值和反馈值取热泵出水温度。由于热泵出水温度会直接影响到冷凝器中循环工质的饱和压力，进而影响发生器中饱和水的温度，根据溴化锂溶液的物理特性，溴化锂溶液的浓度与饱和水的温度有关，过高的饱和水温度可能引起溴化锂溶液结晶析出，会直接影响吸收式热泵的正常运行，因此，吸收式热泵的控制需要实时保证其出水温度在安全范围。此外，进入热泵的循环水流量和热网水流量按额定设计参数成比例控制。由于吸收式热泵辅助供热本身较为经济，因此不对其设置调峰信号，也就是说，只要机组进入供热季，其就处于调峰状态。

储热罐控制中，设定值和反馈值取热网供水温度。随着机组负荷的降低，由抽汽和吸收式热泵组成的联合供热系统的供热能力也随之下降，当抽汽使得低压缸进汽量低于一定值时，说明由抽汽和吸收式热泵组成的联合供热系统的供热能力已无法满足热网热负荷需求，此时需投入储热罐辅助供热方式对外放热来保证热网供水温度需求。需要注意的是储热罐控制还需兼顾储热罐液位和斜温层的扩张速率。

深度调峰是热电解耦控制的终极目标，如何在机组负荷降低过程中将各辅助供热技术投运进来，并且最大程度地发挥各系统的热电解耦能力是热电厂深度热电解耦控制系统的核心。基于这一目标，本节将基于深度热电解耦控制调峰过程分为三个阶段：

（1）常规调峰阶段。当由抽汽和吸收式热泵组成的联合供热系统的供热能力能够满足热网热负荷需求时，出于供热经济性的考虑，不考虑将储热罐和两级旁路辅助供热系统的投入进来。

（2）浅度调峰阶段。当由抽汽和吸收式热泵组成的联合供热系统的供热能力无法满足热网热负荷需求时，优先考虑将储热罐辅助供热系统投入进来，这是由于与两级旁路辅助供热而言，储热罐辅助供热更经济。

（3）深度调峰阶段。当由抽汽、吸收式热泵、储热罐组成的联合供热系统的供热能力无法满足热网热负荷需求时，将两级旁路辅助供热系统投入进来，当然，在深度调峰阶段，当调峰电量补偿较为乐观的情况下，也可以将储热罐的放热功率进行限制，优先采用两级旁路对外供热，这是由于两级旁路辅助供热本身在低负荷阶段具备进一步降低机组电负荷输出的能力。

二、控制系统仿真及验证

为了验证热电厂深度热电解耦控制系统的有效性，依次对机组的常规调峰阶段、浅度调峰阶段以及深度调峰阶段的控制性能进行仿真验证，并模拟了供热机组的滑压运行过程。在仿真过程中，采样周期取 1s，在第 500s、2000s 和 3500s，机组负荷依次从 291.3MW→220MW→160MW→130MW，主蒸汽压力依次从 16.7MPa→9.2MPa→7.5MPa，其中，常规调峰阶段和浅度调峰阶段的机组变负荷速率取 6.6MW/min（2%P_e/min），在深度调峰阶段机组变负荷速率取 3.3MW/min（1%P_e/min），这是由于当机组处于深度调峰阶段时需投入两级旁路进行辅助供热，在高压旁路的投运过程中对主蒸汽压力的影响较大，使得机组运行的稳定性降低，并且两级旁路投运过快时可能直接导致高压排汽压比失调，直接威胁汽轮机的安全运行，因此在深度调峰阶段将机组变负荷速率降低至 1%P_e/min。在控制器参数方面，主蒸汽压力 GPC 控制器优化时域的起始值 N_1=70，

终止值 N_2=100，控制时域 N_u=10，控制权重$\lambda=0.01$，柔化因子$\alpha=0.98$，阶梯因子$\beta=0.8$；机组负荷 PID 控制器比例增益为 5，积分增益为 0.01；高压旁路控制器的比例增益为 5，积分增益为 0.4；低压旁路控制中包含两个控制器，其中用于热网供水温度调节的 PID 控制器比例增益为 5，积分增益为 0.1，用于兼顾低压缸最小冷却流量的 PID 控制器比例增益为 6，积分增益为 0.2；供热抽汽控制中包含两个控制器，其中用于热网供水温度调节的 PID 控制器比例增益为 0.1，积分增益为 0.05，用于低压缸最小冷却流量的 PID 控制器比例增益为 0.5，积分增益为 0.01；吸收式热泵 PID 控制器的比例增益为 8，积分增益为 0.04；储热罐 PID 控制器的比例增益为 0.05，积分增益为 0.03。

图 10-19 给出了深度热电解耦控制方式下各被控量的变化曲线。由图 10-19 可见，随着机组负荷和主蒸汽压力的降低，各被控量均能紧密地跟随其设定变化，由此可见深度热电解耦控制系统具有一定的变工况适应能力。另外，由图 10-19（c）可见，在低负荷工况下，热网供水温度仍然能够保持在设计值 91℃附近，由此可见深度热电解耦控制能够在大范围调峰时保证热网的供热品质。

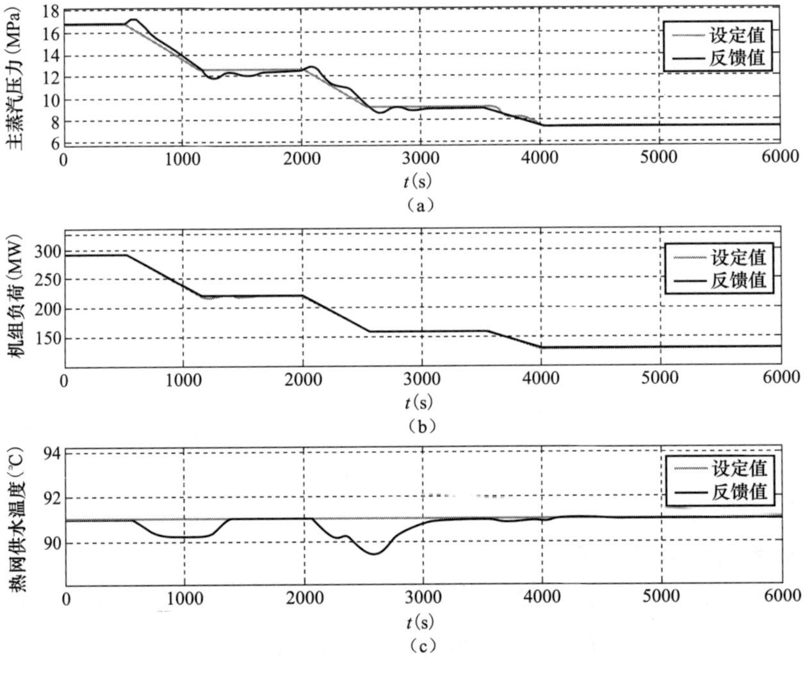

图 10-19　各被控量的变化曲线

（a）主蒸汽压力；（b）机组负荷；（c）热网供水温度

图 10-20 给出了深度热电解耦控制方式下各控制量的变化曲线。由图 10-20（a）可见，随着机组负荷的降低，给煤量也随之降低，在常规调峰阶段和浅度调峰阶段，给煤量的超调量和波动幅度较小，在变负荷结束后很快能够进入稳态，但在深度调峰阶段，给煤量的波动幅度较大，这是由于深度调峰阶段两级旁路辅助供热也参与了进来，在新的联合供热方式下，高压旁路的动作会直接影响到主蒸汽压力，虽然已将高压旁路门开

度引入主蒸汽压力预测控制器的预测模型中，但仍存在预测模型不准的问题，在这种情况下，反馈调节作用会直接导致给煤量的小幅波动，由图 10-20（b）可见，该波动范围较小，能够满足实际工程应用的需求。相比于给煤量的变化曲线而言，主汽门开度变化曲线在动态中虽有偏离，但在稳态时基本保持在 80%～90%的开度，这是由于仿真过程中采用了滑压运行模式，在降负荷过程中，进入汽轮机的蒸汽流量随着主蒸汽压力的降低自然下降，从而保证主汽门具有较高的开度，减少节流损失。由图 10-20（c）可见，在常规调峰阶段，随着机组负荷的降低，LV 阀的开度也随之减低，这是由于在该阶段机组负荷对应的抽汽加吸收式热泵的供热能力能够满足热网热负荷需求，即低压缸的进汽量还未低于其最小冷却流量，在这种情况下，关小 LV 阀能够抬高中压缸排汽压力，将更多的蒸汽压入热网进行供热；但随着机组负荷降低，当机组进入浅度调峰阶段时，机组负荷抽汽加吸收式热泵的供热能力无法满足热网热负荷需求，即低压缸进汽量已低于其最小冷却流量，在这种情况下，LV 阀需要力保低压缸进汽量高于其最小冷却流量，因此 LV 阀被打开以降低中压缸的排汽压力，使得更多的蒸汽进入低压缸做功；随着机组负荷进一步降低，中压缸排汽压力也随之降低，在相同低压缸进汽量的要求下，LV 阀的开度进一步增加，当 LV 阀开度大于 90%时，提前将两级旁路辅助供热投入进来，最终满足热网供水温度的需求。需要注意的是，在深度调峰阶段，LV 阀的开度几乎保持在全开的状态，由此可见联合供热系统的热电解耦能力已被控制系统全部激发出来，实现了热电厂的深度热电解耦控制。

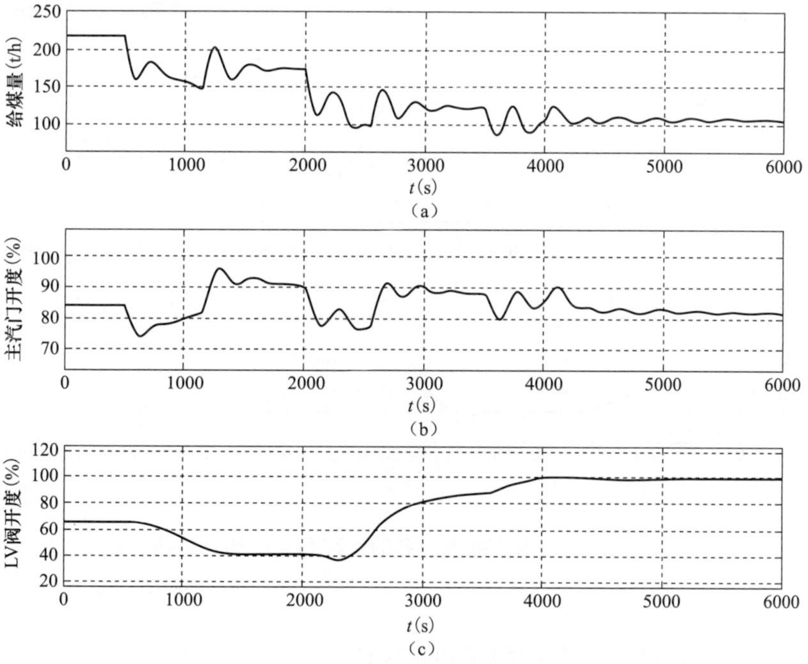

图 10-20　各控制量的变化曲线

（a）给煤量；（b）主汽门开度；（c）LV 阀开度

图 10-21 给出了供热抽汽控制的跟踪和无扰切换曲线。由图 10-21（c）可见，随着

机组负荷的降低，实际进入低压缸的蒸汽流量也随之降低，理论上低压缸的最小冷却流量为 180t/h，此处取 200t/h 是防止动态调整过程中低压缸进汽量低于最小冷却流量。当低压缸的进汽量低于 200t/h 时，浅度调峰信号 Flag1 被触发［见图 10-21（a）］，供热抽汽控制切至低压缸最小流量控制回路［见图 10-21（c）］，而原先的热网供水温度控制回路切至跟踪模式［见 10-21（b）］，图中曲线的跟踪和控制过程能够验证这一观点。由图 10-21（c）中放大的部分可见，在机组进入浅度调峰和深度调峰的过程中，低压缸最小进汽流量始终能够保持在 180t/h 的最小冷却流量以上，由此可见，深度热电解耦控制系统能够满足低压缸安全运行的基本要求。此外，结合图 10-21（a）和 10-21（d）可见，浅度调峰信号 Flag1 一经触发，LV 阀的开度就处于上升过程，由此可见，浅度调峰信号 Flag1 是该阶段保证低压缸安全稳定运行的关键信号。

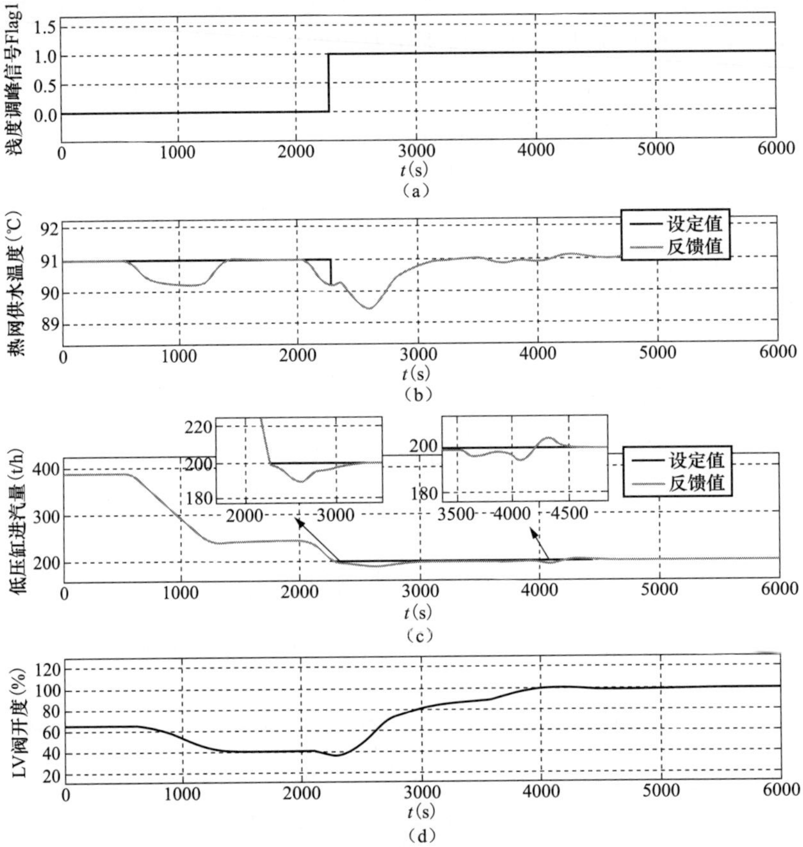

图 10-21 供热抽汽控制的跟踪和无扰切换曲线

（a）浅调峰信号 Flag1；（b）热网供水温度；（c）低压缸进汽量；（d）LV 阀开度

图 10-22 给出了储热罐控制的跟踪和无扰切换曲线。由图 10-22（a）和图 10-22（b）可见，当浅度调峰信号 Flag1 触发时，储热罐控制中的热网供水温度控制从跟踪模式切换为控制模式，图中热网供水温度的跟踪和控制曲线可以验证这一观点。由图 10-22（c）可见，当储热罐辅助供热投入后，储热罐的储放热功率缓慢沿一定速率降低，最终稳定

在-100MW 左右（注意：此处定义放热功率为负，储热功率为正），完成了储热罐的辅助供热控制任务。由图 10-22（d）可见，随着储热罐放热过程的进行，储热罐斜温层的位置不断上升，这恰好验证储热罐放热过程的基本原理。

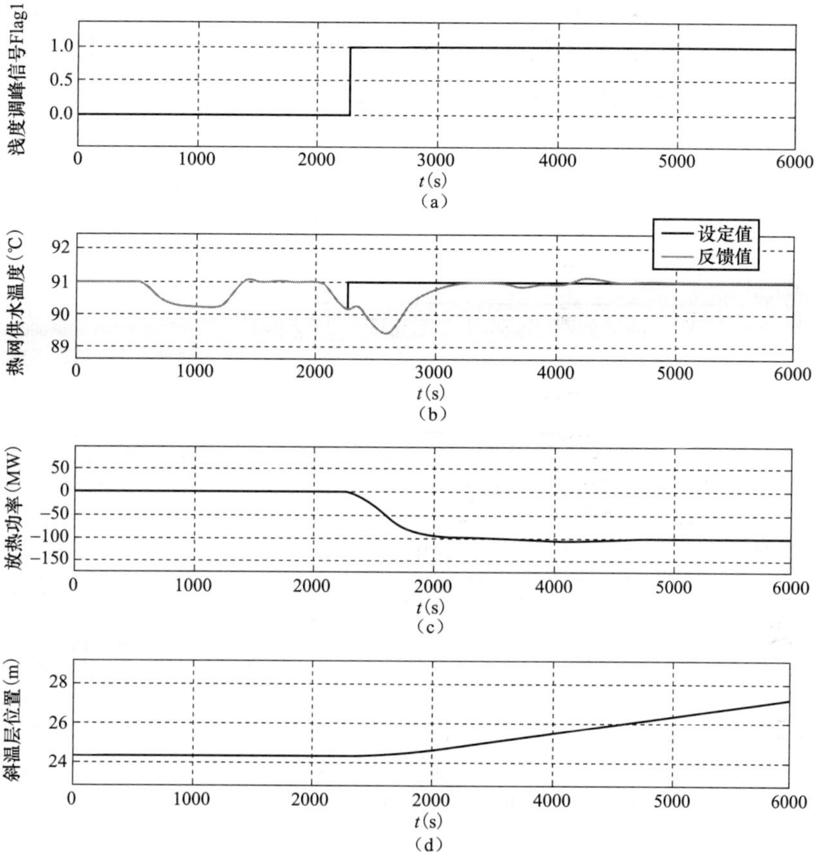

图 10-22　储热罐控制的跟踪和无扰切换曲线

（a）浅度调峰信号 Flag1；（b）热网供水温度；（c）放热功率；（d）斜温层位置

图 10-23 给出了两级旁路控制的跟踪和无扰切换曲线。随着机组负荷的进一步降低，实际进入低压缸的蒸汽流量也进一步降低，当主汽门开度大于 90%时，即认为由抽汽、吸收式热泵、储热罐组成的联合供热系统的供热能力无法满足热网热负荷需求，深度调峰信号 Flag2 触发［见图 10-23（a）］，两级旁路辅助供热被纳入进来，在两级旁路控制模式下，低压旁路控制器切入热网供水温度控制回路［见图 10-23（b）］，高压旁路控制器切入高排压比控制回路［见图 10-23（c）］，图中高低压两级旁路控制器均有跟踪模式切换至控制模式可验证这一观点。由图 10-23（b）中放大的部分可见，两级旁路辅助供热投入过程中对热网供水温度的影响很小，几乎可以忽略不计。由图 10-23（c）可见，在两级旁路辅助供热投入之前，机组正常变负荷过程中，高压排汽压比也存在一定范围的波动，只是两级旁路辅助供热投入后，理论上会增大高压排汽压比的波动幅度，基于这一分析，根据高压排汽压比的波动幅度调整深度热电解耦阶段机组的变负荷速率（由

$2\%P_e$/min 降低至 $1\%P_e$/min）和高压旁路的控制器参数，获得了图中与两级旁路投入前相仿的高排压比波动幅度，从而在两级旁路投运过程中保证了汽轮机的安全稳定运行。由图 10-23（d）可见，相比于低压旁路的动作曲线，高压旁路的动作曲线更加平滑和稳定，尤其对于图中放大的部分，当低压旁路阀开度处于小幅波动时，高压旁路阀几乎保持稳定不变，这是考虑高压旁路阀的频繁调节会引起主蒸汽压力的频繁波动，在反馈调节的作用下，会直接导致锅炉给煤量的频繁波动，如此反复，会直接降低机组运行的安全性和稳定性。

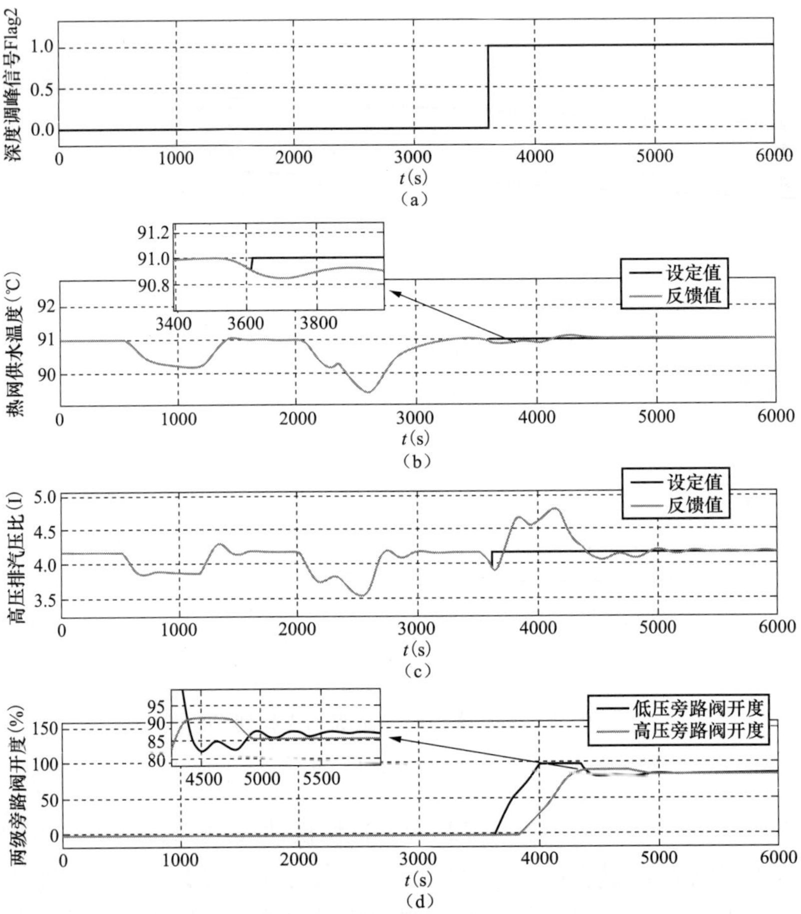

图 10-23　两级旁路控制的跟踪和无扰切换曲线

（a）深度调峰信号 Flag2；（b）热网供水温度；（c）高压排汽压比；（d）两级旁路阀开度

图 10-24 给出了吸收式热泵控制量及被控量的变化曲线。由图 10-24（a）和图 10-24（b）可见，当浅度调峰信号 Flag1 触发时，储热罐热水冷水进水流量缓慢下降并最终稳定在 1700t/h 附近，由于储热罐的进水实际上是来自热网回水母管的冷水，相对于热泵而言，原本 9000t/h 的热网水降低至了 7300t/h，在相同的热泵进水和出水温度下，热泵的热电解耦能力实现上是被削弱的，也正是由于这样，吸收式热泵加热需要的驱动蒸汽量也随之下降，从而为 LV 开大来保证低压缸最小冷却流量提供了一定的空间。此外由图 10-24（d）

和图 10-24（c）放大的部分可见，在储热罐辅助供热投入的起始阶段，热泵出水温度和驱动蒸汽开度在短时间内是反调的，这是由于进入热泵的热网水流量在储热罐投入时迅速降低，使得热泵短时间内需要的驱动蒸汽流量降低。

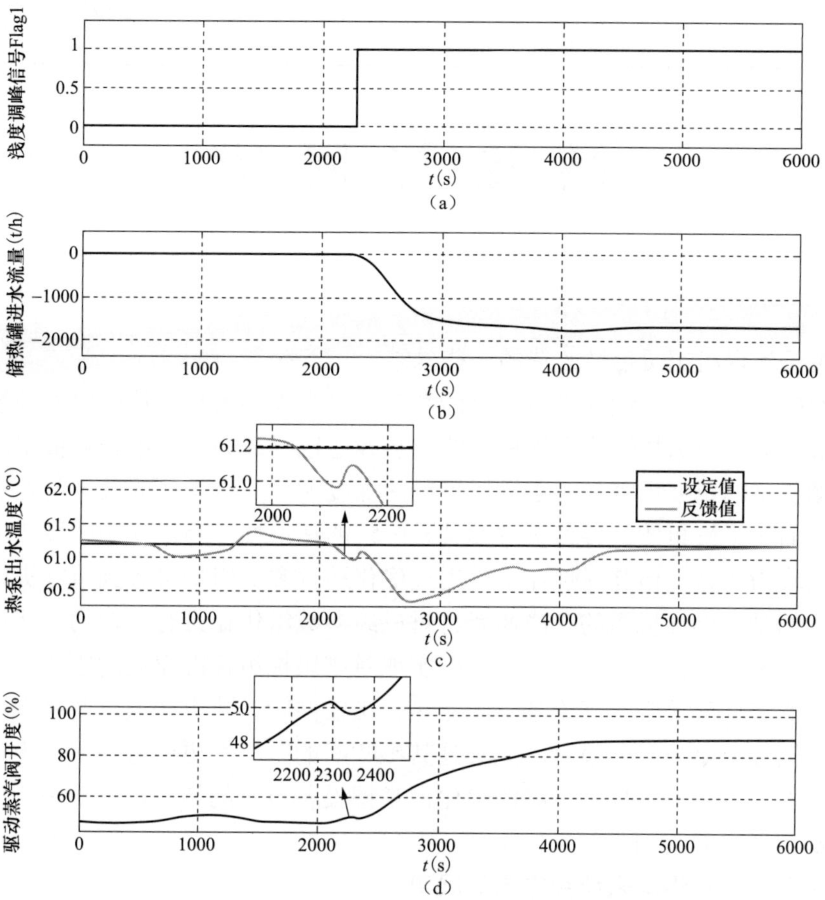

图 10-24 吸收式热泵控制量及被控量的变化曲线

（a）浅度调峰信号 Flag1；（b）储热罐进水流量；（c）热泵出水温度；（d）驱动蒸汽阀开度

第十一章

结 论 与 展 望

一、关于燃煤机组灵活性改造的一些总结

在“双碳”背景下，燃煤机组的灵活性改造已为大势所趋。从国内能源结构调整到相关政策的导向，大力探索原燃煤机组的供热改造已经成为各发电企业根据区域热电需求特点争相尝试的重要内容。对于燃煤机组的深度调峰，锅炉侧的关键问题在于实现低负荷稳燃，而对于汽机侧，各供热方案具有一定的适用性，为此受到区域热电负荷需求特点的影响较为明显，但其通性在于，通过优化运行参数组均可起到节能提效的目标。更值得关注的是，燃煤机组的升降速率将对机组参数组优化具有一定的干扰作用，但通过深入分析动态煤耗修正特点，依然可以实现对燃煤机组标准煤耗的预测，为变负荷过程下运行参数组优化奠定了理论基础。储热、飞轮储能、热电转换以及蓄电池均为提高燃煤机组灵活性的重要辅助设备，尤其是其参数间的匹配性更值得关注，也包括新能源电力等嵌入的情景。对于控制策略的优化，掌握设备自身的特性以及动态响应能力是其优化参数反馈形式的基础。

二、关于燃煤机组未来研究方向的展望

区域供热需求的持续增加以及新能源电力的占比加强，将导致燃煤机组在能源结构中的作用进行新的调整。其中主要供热改造及技术研发存在以下潜在方向。

1. 燃煤机组自身的宽负荷改造及旁路设计

高压加热器旁路调频作为机组灵活运行的调频策略之一，在未来具有较大的调频潜力，可作为辅助方式在紧急情况下大幅度加强电网内机组的调频能力。其中，高压加热器旁路调频本质上利用了高压抽汽和省煤器的蓄热能力，可作为机组提升负荷调节灵活性的重要手段。

2. 储能技术的协同调控

多种储能技术的协同调控是进一步降低投资成本，综合提高系统性能的重要途径之一。其中协同调控的主要内容包括：

（1）性能调配。储能技术性能调配可以维持电网频率稳定，减少两区域间联络线上交换功率的波动性。

（2）参数优化。参数的优化是指对原有系统耦合储能装置最佳运行工况进行改变。

对其进行参数优化能够进一步提高其机组性能。

（3）区域规划。通过区域划分，构建模型，进而便于对此分析。

（4）个例设定。以某种燃煤机组为例，通过具体的系统能力调研，确定更优的各项参数，以使得整个系统收益最大。

3. 新技术的经济性评估

经济性评估是综合供热系统合理化运营的重要方面，也是推进应用模式的关键参考指标。需要考虑的内容主要包括：

（1）储能性能老化。为保障燃煤剧组的安全运行及减缓各装置老化速度，增大收益，避免储能性能老化具有重要意义。

（2）新能源消纳扩容。新能源与燃煤机组相耦合既能够避免能源短缺以及传统能源带来污染的问题，也能够提升部分机组发电效率。

（3）区域热电负荷中长期变更。

（4）初投资与回收期的经济性分析。通过经济性分析，明确投资收益，为落实项目安排有着一定的指导意义。

参 考 文 献

[1] 穆易.《“十三五”控制温室气体排放工作方案》颁布实施 [J]. 上海化工，2016，41（12）.

[2] 赵国涛，钱国明，王盛，等.“双碳”目标下火电企业绿色低碳转型的对策分析 [J]. 华电技术，2021，43（10）：11-21.

[3]“双碳”背景下重点行业煤炭总量控制路线图发布 [J]. 环境保护，2021，49（24）：59.

[4] 国务院. 国务院关于印发“十三五”控制温室气体排放工作方案的通知 [EB/OL]. 2016.http：//www.gov.cn/zhengce/zhengceku/2016-11/04/content_5128619.htm.

[5] 国务院. 关于印发 2018 年各省（区、市）煤电超低排放和节能改造目标任务的通知 [EB/OL]. 2018. http：//www.gov.cn/zhengce/zhengceku/2018-12/31/content_5433030.htm.

[6] 国务院. 国家发展改革委 国家能源局关于建立健全可再生能源电力消纳保障机制的通知 [EB/OL]. 2019. http：//www.gov.cn/zhengce/zhengceku/201909/25/content_5432993.htm.

[7] 国务院. 国务院关于印发 2030 年前碳达峰行动方案的通知 [EB/OL]. 2021.http：//www.gov.cn/zhengce/zhengceku/2021-10/26/content_5644984.htm.

[8] 国务院. 国家发展改革委 国家能源局关于开展全国煤电机组改造升级的通知 [EB/OL]. 2021. http：//www.gov.cn/zhengce/zhengceku/2021-11/03/content_5648562.htm.

[9] 电力规划设计总院. 中国能源发展报告 2020 [R]. 2021.

[10] 吴厦成，官思发，吴洲钇，等. 低碳背景下能源系统安全不容忽视——美国德州、英国伦敦停电事故反思 [J]. 产业与科技论坛，2021，20（09）：67-69.

[11] 典焱. 英国大停电事故分析：新能源大量替代传统火电将导致系统惯量水平下降 [J]. 电力设备管理，2019（09）：98.

[12] 虎嗅网. 从数据的角度来聊一聊东北限电的原因 [EB/OL]. 2021. https：//www.huxiu.com/article/460131.html.

[13] 邓清华，胡乐豪，李军，等. 大型发电技术发展现状及趋势 [J]. 热力透平，2019，48（03）：175-181. DOI：10.13707/j.cnki.31-1922/th.2019.03.003.

[14] 赵国涛，钱国明，王盛，等.“双碳”目标下火电企业绿色低碳转型的对策分析 [J]. 华电技术，2021，43（10）：11-21.

[15] 万逵芳，赵文波，刘岩，等. 热电机组灵活性改造与循环水余热深度利用. 2017 火电灵活性改造技术交流研讨会论文集. 丹东，2017.

[16] 薛朝囡，杨荣祖，王汀，等. 汽轮机高低旁路联合供热在超临界 350MW 机组上的应用 [J]. 热力发电，2018，47（5）：101-105.

[17] 郑立军，高新勇，陈菁. 300MW 纯凝机组改供热的经济性分析 [J]. 能源与环境，2017，6：36-37.

[18] 薛智. 一种大型纯凝汽轮发电机组对外供热改造新模式 [J]. 华电技术，2018，39（4）：373-377.

[19] 陈建国，谢争先，付怀仁，等. 300MW 机组汽轮机低压缸零出力技术 [J]. 热力发电，2018，47（5）：106-110.

［20］张猛，刘鑫屏．350MW 供热机组低压缸切除改造灵活性提升分析［J］．华北电力大学学报．2019．46（3）：73-79．

［21］李树明，刘青松，朱小东，等．350MW 超临界热电联产机组灵活性改造分析［J］．发电技术，2018，39（5）：449-454．

［22］张学镭，陈海平．回收循环水余热的热泵供热系统热力性能分析［J］．中国电机工程学报，2013，33（8）：1-8．

［23］Wang H，Li H，Bu X，et al. Effects of the generator and evaporator temperature differences on a double absorption heat transformer-Different control strategies on utilizing heat sources［J］. Energy Conversion and Management，2017，138：12-21.

［24］Hu T，Xie X，Jiang Y. Simulation research on a variable-lift absorption cycle and its application in waste heat recovery of combined heat and power system［J］. Energy，2017，140：912-921.

［25］Sun J，Ge Z，Fu L. Investigation on LiBr-H_2O double evaporation-absorption heat pump（DEAHP）for heat recovery under lower driving sources［J］. Applied Thermal Engineering，2017，125：978-985.

［26］Sun J，Fu L，Zhang S. Experimental study of large temperature lift heat pump（LTLHP）in CHP system［J］. Energy and Buildings，2017，149：73-82.

［27］Wang Z，Zhang X，Li Z. Evaluation of a flue gas driven open absorption system for heat and water recovery from fossil fuel boilers［J］. Energy Conversion and Management，2016，128：57-65.

［28］Lizarte R，Marcos J D. COP optimisation of a triple-effect H_2O/LiBr absorption cycle under off-design conditions［J］. Applied Thermal Engineering，2016，99：195-205.

［29］谭晶，蔡莹，罗微，等．考虑供热机组与电锅炉互动的热电协调调度方法［J］．电力系统及其自动化，2018，40（2）：63-65．

［30］Zhao S，Ge Z，Sun J，et al. Comparative study of flexibility enhancement technologies for the coal-fired combined heat and power plant［J］. Energy Conversion and Management，2019，184：15-23.

［31］Nielsen M G，Morales J M，Zugno M，et al. Economic valuation of heat pumps and electric boilers in the Danish energy system［J］. Applied Energy，2016，167：189-200.

［32］Ondeck A D，Edgar T F，Baldea. Impact of rooftop photovoltaics and centralized energy storage on the design and operation of a residential CHP system［J］. Applied Energy，2018，222：280-299.

［33］Hu K，Chen L，Chen Q，et al. Phase-change heat storage installation in combined heat and power plants for integration of renewable energy sources into power system［J］. Energy，2017，124：640-651.

［34］Navarro J P J，Kavvadias K C，Quoilin S，et al. The joint effect of centralised cogeneration plants and thermal storage on the efficiency and cost of the power system［J］. Energy，2018，149：535-549.

［35］Kia M，Nazar M S，Sepasian M S，et al. Optimal day ahead scheduling of combined heat and power units with electrical and thermal storage considering security constraint of power system［J］. Energy，2017，120：241-252.

［36］Zhang N，Lu X，Mcelroy M B，et al. Reducing curtailment of wind electricity in China by employing electric boilers for heat and pumped hydro for energy storage［J］. Applied Energy，2016，184：987-994.

［37］Daniel B M，Kosanovic D. Modeling of combined heat and power plant performance with seasonal

thermal energy storage [J]. Journal of Energy Storage，2016，7：13-23.
[38] 刘刚. 火电机组灵活性改造技术路线研究 [J]. 电站系统工程，2018，34（1）：12-15]
[39] 华志刚，周乃康，袁建丽，等. 燃煤供热机组灵活性提升技术路线研究 [J]. 电站系统工程，2018，34（6）：9-12.
[40] 方旭，彭雪风，张凯，等. 燃煤热电联产系统冷端余能供热改造研究进展. 华电技术，2021，43（3），48-56.
[41] SILER-EVANS K，MORGAN M G，AZEVEDO I L. Distributed cogeneration for commercial buildings：Can we make the economics work? [J]. Energy Policy，2012，42：580-590.
[42] ROSEN M A.Energy，environmental，health and cost benefits of cogeneration from fossil fuels and nuclear energy using the electrical utility facilities of a province [J]. Energy for Sustainable Development，2009，13（1）：43-51.
[43] 汪滔. 吸收式热泵用于大连华能电厂的供暖改造研究 [D]. 哈尔滨：哈尔滨工业大学，2010.
[44] KEIL C，PLURA S，RADSPIELER M，et al. Application of customized absorption heat pumps for utilization of low-grade heat sources [J]. Applied Thermal Engineering，2008，28（16）：2070-2076.
[45] Nyers J M，Nyers A J. COP of Heating-Cooling System with Heat Pump [C] // EXPRES 2011 • 3rd IEEE International Symposium on Exploitation of Renewable Energy Sources. Subotica，Serbia，2011，3（11）：17-21.
[46] 吕蒙，周斌，宁罡. 300MW 汽轮机光轴供热改造及启动运行方式的研究 [J]. 电站系统工程，2018，34（6）：41-44，48.
[47] 万燕，孙诗梦，戈志华，等. 大型热电联产机组高背压供热改造全工况热经济分析 [J]. 电力建设，2016，37（4）：131-137.
[48] 王力，陈永辉，李波，等. 300MW 机组高背压供热改造方案及试验分析 [J]. 汽轮机技术，2018，60（5）：385-388.
[49] 田松峰，王少雷，陈曦. 330MW 空冷机组供热节能改造技术研究 [J]. 节能，2016，35（6）：72-74.
[50] 张攀，杨涛，杜旭，等. 直接空冷机组高背压供热技术经济性分析 [J]. 汽轮机技术，2014，56（3）：209-212.
[51] 张新雷. 单侧高背压供热技术在辽宁清河电厂供热改造中的应用 [C] //北京能源与环境学会. 2018 火电灵活性改造及深度调峰技术交流研讨会论文集. 沈阳，2018：38-42.
[52] 弓学敏，崔后品，徐承美，等. 大型空冷机组高背压供热运行特性分析 [J]. 热力发电，2018，47（8）：103-109.
[53] 赵惠中，赵欣刚. 热电厂余热利用技术综述及工程实例 [J]. 煤气与热力，2018，38（7）：1-5.
[54] 高杏存，赵海谦，刘晓燕. 利用热泵技术回收热电厂乏汽余热综述 [J]. 节能技术，2017，35（1）：94-97.
[55] Wang J D，Zhou Z G，ZHAO J N，et al. Improving wind power integration by a novel short-term dispatch model based on free heat storage and exhaust heat recycling[J]. Energy，2018，160：940-953.
[56] 冯贺. 清苑电厂热泵吸收循环水余热的供热系统改造 [D]. 保定：华北电力大学，2019.

[57] 蒋奎振．利用热泵回收电厂余热综合研究［D］．保定：华北电力大学，2019．
[58] 冀佳蓉．热泵技术及其在空冷热电厂的应用研究［D］．保定：华北电力大学，2015．
[59] 刘启军．低压缸“零出力”技术在抽凝供热机组上的应用［J］．吉林电力，2019，47（5）：1-4，52．
[60] 刘帅，郑立军，俞聪，等．200MW 机组切除低压缸进汽供热改造技术分析［J］．华电技术，2020，42（6）：76-82．
[61] 马晓丽．300MW 级供热机组热负荷与电负荷多季节适应性研究［D］．北京：华北电力大学，2019．
[62] 郭容赫，王丽萍，潘云亮，等．200MW 纯凝机组低压转子光轴改造供热研究应用［J］．资源节约与环保，2019（4）：3-5．
[63] 戈志华，孙诗梦，万燕，等．大型汽轮机组高背压供热改造适用性分析［J］．中国电机工程学报，2017，37（11）：3216-3222，3377．
[64] 刘明军，葛茂清，卢尚有，等．吸收式热泵在热电厂乏汽余热回收领域的应用［J］．流体机械，2013，41（2）：83-87．
[65] 孙天宇，王庆阳，张健，等．压缩式与吸收式热泵系统的分析比较［J］．上海电力学院学报，2014，30（2）：115-118．
[66] 王海成．三缸三排汽 200MW 汽轮机低压转子光轴供热改造的节能减排效益研究［J］．环境科学与管理，2017，42（10）：13-15，70．
[67] 赵英博．发电厂光轴供热改造技术研究［D］．保定：华北电力大学，2018．
[68] 关新河，李彦，朱群志，等．1000MW 超超临界锅炉低 NO_x 燃烧器改造的数值模拟研究［J］．中国电机工程学报，2019，39（8）：2376-2383．
[69] 刘福国，郭新根，王守恩，等．一种空气分级切向燃烧烟煤锅炉的燃尽特性［J］．中国电机工程学报，2019，39（7）：2113-2124．
[70] GLUSHKOV D O，KUZNETSOV G V，CHEBOCHAKOVA D A，et al. Experimental study of coal dust ignition characteristics at oil-free start-up of coal-fired boilers［J］. Applied Thermal Engineering，2018（142）：371-379．
[71] 张广才，周科，鲁芬，等．燃煤机组深度调峰技术探讨［J］．热力发电，2017，46（9）：17-23．
[72] Han Y F，Shen B，Zhang T. A techno-economic assessment of fuel switching options of addressing environmental challenges of coal-fired industrial boilers：an analytical work for China［J］. Energy Procedia，2017（142）：3083-3087．
[73] 申融容，玄婉玥，张健，等．面向电源侧灵活性提升的热电解耦技术综述［J］．中国能源，2021，43（5）：51-59．
[74] 牛艳青，薛旭峰，张浩，等．多级调风预燃式旋流燃烧器冷态实验研究［J］．洁净煤技术，2021，27（5）：196-203．
[75] 陈迪训，邱纪华．双回流稳燃腔的实验研究［J］．华中理工大学学报，1990，18（6）：119-120．
[76] 宋民航，黄云，黄骞，等．旋流煤粉燃烧器低负荷稳燃技术探讨［J］．中国电机工程学报，2021，41（13）：4552-4565．
[77] Li S，Chen Z C，He E，et al. Combustion characteristics and NO_x formation of a retrofitted low-

volatile coal-fired 330 MW utility boiler under various loads with deep-air-staging[J]. Applied Thermal Engineering，2017（110）：223-233.

［78］李伟，蔡勇，张晓磊，等. 深度调峰工况锅炉主要辅机运行安全性分析［J］. 广东电力，2019，32（11）：63-69.

［79］陈辉，王爱英，戴维葆，等. 高灰分烟煤煤粉细度对燃烧特性及低负荷稳燃影响研究［J］. 电站系统工程，2020，36（5）：13-15.

［80］昂永波. 350MW 超临界机组深度调峰运行优化调整技术分析［J］. 内蒙古电力技术，2018，36（1）：32-36.

［81］MESSERLE V E，KARPENKO E I，USTIMENKO A B. Plasma assisted power coal combustion in the furnace of utility boiler：numerical modeling and full-scale test［J］. Fuel，2014（126）：294-300.

［82］Liu C L，Li Z Q，Kong W G，et al. Bituminous coal combustion in a full-scale start-up ignition burner：influence of the excess air ratio［J］. Energy，2010，35（10）：4102-4106.

［83］Li W J，Cen K F，Zheng C G，et al. Induction-heating ignition of pulverized coal stream［J］. Fuel，2004，83（16）：2103-2107.

［84］Shen T，Song M H，Huang Y，et al. The effectiveness of a novel coal-igniting-fuel technology and its application in a direct-flow burner［J］. Fuel，2021，306：121503.

［85］刘维岐，汪山入，吴炬. 350MW 超临界机组低负荷运行优化试验研究［J］，东北电力技术，2021，42（7）：5-8.

［86］周俊波，刘茜，张华，等. 典型燃煤锅炉低负荷及变负荷运行控制特性分析［J］. 热力发电，2018，47（9）：34-40.

［87］王桂林，甘智勇，周义刚，等. 深度调峰燃煤锅炉超净排放关键因素分析［J］. 资源节约与环保，2017（10）：10-12.

［88］王憧北. 应用热水再循环技术实现宽负荷脱硝［J］. 锅炉技术，2018，49（4）：71-75.

［89］王凤池，靖长财，王晨. 600MW 亚临界机组超低负荷脱硝技术研究与应用［J］. 锅炉技术，2018，49（4）：16-19.

［90］王鹏. 低负荷运行方式对机组经济性的影响［J］. 城市建设理论研究（电子版），2013（35）.

［91］周文胜. 提高机组低负荷运行经济性的讨论［J］. 湖南电力，2003，（3）：56-57.

［92］沈建龙，李晓东. 机组在低负荷运行下的节能控制方式探讨［J］. 宁夏电力，2007，（6）：53-55.

［93］朱光明，焦庆丰，李明，等. 大型火电机组低负荷运行经济性研究［J］. 湖南电力，2008，（1）：24-26，34.

［94］吕泉，陈天佑，王海霞，等. 热电厂参与风电调峰的方法评述及展望［J］. 中国电力，2013，46（11）：129-141.

［95］陈翠琴，田亮. 深度调峰工况下锅炉汽包虚假水位分析［J］. 电力科学与工程，2019，35（5）：52-57.

［96］马玉华，邢长清，徐君诏，等. 深度调峰负荷时亚临界自然循环锅炉水循环安全计算与分析［J］. 热力发电，2018，47（10）：108-114.

［97］王桂林，甘智勇，周义刚，等. 深度调峰燃煤锅炉超净排放关键因素分析［J］. 资源节约与环保，

2017（10）：10-12.
［98］马军，王福平. 300MW锅炉深度调峰运行调整的探索和实践［J］. 黑龙江科学，2018，9（18）：1-5.
［99］张广才，周科，鲁芬，等. 燃煤机组深度调峰技术探讨［J］. 热力发电，2017，46（9）：17-23.
［100］王斌，马涛. 低负荷时炉膛出口烟温偏差大的原因分析及运行调整［J］. 河北电力技术，2019，38（4）：44-46.
［101］周科，成汭珅，解冰，等. 典型旋流燃烧器低负荷稳燃特性试验［J］. 热力发电，2020，49（9）：121-126.
［102］刘辉. 新型低 NO_x 旋流燃烧器关键参数对稳燃特性的影响研究［D］. 西安：西安热工研究院有限公司，2019.
［103］鲁学斌，姚力. 600MW超临界四墙切圆燃烧机组深度调峰技术研究［J］. 电力学报，2021，36（3）：283-290.
［104］张振宇，王刚，刘宗奎，等. 330MW机组深度调峰控制系统问题分析及优化［J］. 能源研究与管理，2021（2），119-123.
［105］鲍铁军，刘建平，侯志，等. 440t/h循环流化床机组深度调峰工况下燃烧优化与机炉协调控制的实现［J］. 锅炉制造，2021（4），25-30.
［106］王立，王燕晋，李战国，等. 火力发电机组深度调峰试验及优化［J］. 发电设备，2019，33（2）：133-135.
［107］张振星. 基于智能优化算法的电站锅炉燃烧优化［D］. 北京：华北电力大学，2015.
［108］高明明，于浩洋，吕俊复，等. 循环流化床氮氧化物排放预测模型及优化控制研究［J］. 洁净煤技术，2020，26（3）：46-51.
［109］吕泉，陈天佑，王海霞，等. 热电厂参与风电调峰的方法评述及展望［J］. 中国电力，2013，46（11）：129-141.
［110］孙萌萌，王雷. 采用电极锅炉蓄能的调峰方法经济性分析［J］. 沈阳工程学院学报（自然科学版），2019，15（4）：327-331.
［111］ANDERSEN T V. Integration of 50% wind power in a CHP based power system：A model -based analysis of the impacts of increasing wind power and the potentials of flexible power generation［D］. Denmark：Technical University of Denmark，2009.
［112］孙海峰，王兆辉，王建峰，等. 600MW超临界机组深度调峰安全可靠运行解析［J］. 华电技术，2020，42（12）：94-100.
［113］李伟，蔡勇，张晓磊，等. 储能辅助火电机组深度调峰的分层优化调度［J］. 电网技术，2019，43（11）：3961-3963.
［114］杨韵，蔡秋娜，闫斌杰，等. 燃煤机组调峰特性分析及优化运行［J］. 电气应用，2018，37（12）：89-92.
［115］Sun Y，Xu C，Xin T，et al. A comprehensive analysis of a thermal energy storage concept based on low-rank coal pre-drying for reducing the minimum load of coal-fired power plants［J］. Applied Thermal Engineering，2019，156：77-90.

［116］王金星，郝剑，刘畅，等．抽凝机组热电联产系统中扩大热电负荷比的灵活性研究．热力发电，2020．49（12）．41-50．

［117］徐大懋，邓德兵，王世勇，等．汽轮机的特征通流面积及弗留格尔公式改进［J］．动力工程学报，2010，30（7）：473-477．

［118］王振浩，杨璐，田春光，等．考虑风电消纳的风电—电储能—蓄热式电锅炉联合系统能量优化［J］．中国电机工程学报，2017，37：137-143．

［119］Zhao S F，Ge Z H，Sun J，et al. Comparative study of flexibility enhancement technologies for the coal-fired combined heat and power plant［J］．Energy Conversion and Management，2019，184：15-23．

［120］姜秀华．单双效结合运行的溴化锂第一类吸收式热泵［J］．节能，2009，12：21-24．

［121］周专，左雅，许叶林，等．燃煤空冷机组热泵供热经济性研究［J］．煤炭技术，2018，37（5）：327-329．

［122］代玉新，王振军，高继录，等．某350MW机组锅炉燃烧优化调整试验研究［J］．东北电力技术，2017，38（9）：10-12．

［123］Liu F，Sui J，Liu T，et al. Performance investigation of a combined heat pump transformer operating with water/lithium bromide［J］．Energy Conversion and Management，2017，140：295-306．

［124］Zheng W，Yang J，Zhang H，et al. Simulation and optimization of steam operated double effect water-LiBr absorption heat pump［J］．Applied Thermal Engineering，2016，109：454-465．

［125］王金星，张翼，卓建坤，等．凝汽机组循环水吸收式热泵余热利用提效方法研究．区域供热，2022，2：1-9．

［126］Zhang H S，Zhao H B，Li Z L. Performance analysis of the coal-fired power plant with combined heat and power（CHP）based on absorption heat pumps［J］．Journal of the Energy Institute，2016，89：70-80．

［127］Xu C，Bai P，Xin T，et al. A novel solar energy integrated low-rank coal fired power generation using coal pre-drying and an absorption heat pump［J］．Applied Energy，2017，200：170-179．

［128］Wang H，Li H，Bu X，et al. Optimum performance of a double absorption heat transformer［J］．Energy Conversion and Management，2016，122：350-356．

［129］Wang H，Li H，Bu X，et al. Effects of the generator and evaporator temperature differences on a double absorption heat transformer-Different control strategies on utilizing heat sources［J］．Energy Conversion and Management，2017，138：12-21．

［130］Lefebvre E，Fana L，Gagnière E，et al. Lithium bromide crystallization in water applied to an inter-seasonal heat storage process［J］．Chemical Engineering Science，2015，133：2-8．

［131］Zhang H，Zhao H，Li Z. Thermodynamic performance study on solar-assisted absorption heat pump cogeneration system in the coal-fired power plant［J］．Energy，2016，116：942-955．

［132］Zhao S，Du X，Ge Z，et al. Cascade utilization of flue gas waste heat in combined heat and power system with high back-pressure（CHP-HBP）［J］．Energy Procedia，2016，104：27-31．

［133］Gladysz P，Ziebik A. Complex analysis of the optimal coefficient of the share ofcogeneration in district heating systems [J]. Energy，2013，62：12-22.

[134] Xu C，Bai P，Xin T，et al. A novel solar energy integrated low-rank coal fired power generation using coal pre-drying and an absorption heat pump [J]. Applied Energy，2017，200：170-179.

[135] Zhuzhou Wei，Haiwen Song，Jinxing Wang. Technical and economic evaluation on the integrated heating system with coupled heat pump and backpressure turbine. Journal of Energy Resources Technology. 2022，144：035001-1.

[136] 居文平，吕凯，马汀山，等. 供热机组热电解耦技术对比. 热力发电. 2018，47（09）：115-121.

[137] 葛挺. 热电联产机组常见灵活性改造技术调峰能力分析. 河南电力，2020，（S1）. 1-5，18.

[138] Li Ruihua and SaeidNahaei Sanam. Optimal operation of energy hubs integrated with electric vehicles，load management，combined heat and power unit and renewable energy sources [J]. Journal of Energy Storage，2022，48.

[139] Wang J J，Hua J K，Zhang S，et al. Flexibility Transformation Decision-Making Evaluation of Coal-Fired Thermal Power Units Deep Peak Shaving in China [J]. Sustainability，2021，13（4）：1882-1882.

[140] Giovanni Cauchi and Sandro Magnani and Piero Danti. Thermal-electric decoupling approach for a medium-size CHP system：electric storage vs thermal storage，economic comparison with different constraints [J]. Energy Procedia，2018，148：559-566.

[141] Karrari Shahab and De Carne Giovanni and Noe Mathias. Model validation of a high-speed flywheel energy storage system using power hardware-in-the-loop testing [J]. Journal of Energy Storage，2021，43.

[142] Kim Heejoon et al. Development and evaluation of an integrated operation strategy for a poly-generation system with electrical and thermal storage systems [J]. Energy Conversion and Management，2022，256.

[143] 董学会. 配置蓄热装置的供热机组灵活性分析 [D]. 华北电力大学，2019.

[144] 张翼，魏书洲，任学武，等. 风电—抽凝机组耦合系统供暖方案研究 [J]. 热力发电，2021，50（11）：54-60，67.

[145] 马大卫，王正风，何军，等. 安徽煤电深度调峰下机组煤耗和污染物排放特征研究 [J]. 华电技术，2019，41（12）：1-7，15.

[146] 刘圣冠，乔磊，翟鹏程，等. 蓄热电锅炉供热技术及工程应用 [J]. 热力发电，2020，49（08）：91-96.

[147] 田景奇，方旭，王天堃，等. 风—光—蓄电—燃煤互补系统的参数匹配优化 [J]. 热力发电，2022，51（5）：27-33.

[148] 刘伟，束继伟，金宏达，等. 三北地区光煤互补发电机组变工况性能研究 [J]. 黑龙江电力，2021，43（06）：542-547，551.

[149] Wang Z，Zhang X，REZAZADEH A. Hydrogen fuel and electricity generation from a new hybrid energy system based on wind and solar energies and alkaline fuel cell [J]. Energy Reports，2021，7（1）：2594-2604.

[150] 胡康，陈群．电—热综合能源系统整体能效及灵活性改造方案分析［J］．热力发电，2018，47（5）：14-21．
[151] 王金星．大型燃煤热电联产系统研究现状和展望［J］．华北电力大学学报，2019．46（6）：90-98．
[152] 邢志同．电池储能协调电采暖消纳弃风的运行控制与配置优化［D］．吉林：东北电力大学，2018．
[153] 李军徽，付英男，李翠萍，等．提升风电消纳的储热电混合储能系统经济优化配置［J］．电网技术，2020，44（12）：4547-4557．
[154] 朱炳铨，钱韦廷，张俊，等．考虑风电消纳的电热混合储能系统优化定容方法［J］．电力建设，2020，41（12）：16-24．
[155] 李敏超，杨俊友，韩子娇，等．计及电热混合储能的风电消纳低碳经济调度模型研究［J］．东北电力技术，2020，41（05）：53-59，62．
[156] 杨玉龙，李湃，黄越辉，等．面向弃风消纳的电储能-热电分级协调优化方法［J］．中国电力，2020，53（12）：127-135．
[157] Wang，Haichao，YIN，WUSONG，ABDOLLAHI，ELNAZ，et al. Modelling and optimization of CHP based district heating system with renewable energy production and energy storage［J］．Applied energy，2015，159（Dec.1）：401-421．
[158] Kasturi Kumari，Kumar Nayak Chinmay，Patnaik Samarjit，Ranjan Nayak Manas. Strategic integration of photovoltaic，battery energy storage &　switchable capacitor for multi-objective optimization of low voltage electricity grid：assessing grid benefits［J］. Renewable Energy Focus，2022（prepublish）．
[159] Li Peng，Hu Qingya，Sun Ye，Han Zhonghe. Thermodynamic and economic performance analysis of heat and power cogeneration system based on advanced adiabatic compressed air energy storage coupled with solar auxiliary heat［J］．Journal of Energy Storage，2021，42．
[160] 胡基栋．光储直流微电网运行协调控制技术研究［D］．内蒙古：内蒙古工业大学，2021．
[161] 乔亮波，张晓虎，孙现众，等．电池-超级电容器混合储能系统研究进展［J］．储能科学与技术，2022，11（01）：98-106．
[162] 姚海涛．混合储能在风光互补发电系统中的容量优化研究［D］．江苏大学，2021．
[163] 吴瑞鹏，张程翔．基于混合储能的风光储联合发电系统优化研究［J］．应用能源技术，2022（3）：47-51．
[164] Su Guo，Yi He，Huanjin Pei，Shuyan Wu. The multi-objective capacity optimization of wind-photovoltaic-thermal energy storage hybrid power system with electric heater［J］. Solar Energy，2020，195（C）．
[165] 郑琼，江丽霞，徐玉杰，等．碳达峰、碳中和背景下储能技术研究进展与发展建议［J］．中国科学院院刊，2022，37（04）：529-540．
[166] 刘胜崇，帕孜来・马合木提，葛震君．基于模糊控制的蓄电池系统储能单元 SOC 均衡方法［J］．现代电子技术，2020，43（24）：135-139．
[167] 陈海生，李泓，马文涛，等．2021 年中国储能技术研究进展［J］．储能科学与技术，2022，11（03）：1052-1076．
[168] 周科，李银龙，李明皓，等．燃煤发电-物理储热耦合技术研究进展与系统调峰能力分析［J］．洁

净煤技术，2022，28（03）：159-172.

［169］陈铁，张会颖，李咸善，等. 基于超级电容的交直交牵引供电系统及控制策略［J］. 科学技术与工程，2022，22（05）：1921-1928.

［170］章艳，吕泉，李杨，等. 四种热电厂电热解耦改造方案的运行灵活性剖析［J］. 电力系统自动化，2020，44（02）：164-177.

［171］高耀岿. 火电机组灵活运行控制关键技术研究［D/OL］. 北京：华北电力大学，2019.

［172］王耀函. 火电机组蓄能特性与灵活性控制研究［D/OL］. 北京：华北电力大学，2018.

［173］CHRISTIDIS A，KOCH C，POTTEL L，et al. The contribution of heat storage to the profitable operation of combined heat and power plants in liberalized electricity markets［J/OL］. Energy，2012，41（1）：75-82.

［174］王磊，陆震. 溴化锂溶液 h-ξ 图的扩展［J］. 流体机械，2001，29（7）：58–60.

［175］王磊，陆震. 溴化锂水溶液的比焓分析［J］. 制冷学报，2002（1）：10–13.

［176］贾明生. 溴化锂水溶液的几个主要物性参数计算方程［J］. 广东海洋大学学报，2002，22（3）：52–58.

［177］吴业正. 制冷原理及设备［M］. 西安：西安交通大学出版社，1997.

［178］蒋寻寒，曹祖庆. 一组性能优良的水和水蒸气高精度特性公式［J］. 动力工程，2003，23（6）：2777–2780.

［179］王硕. 基于吸收式热泵的热电联产机组调峰能力研究［D］. 吉林：东北电力大学，2018.

［180］Christidis A，Koch C，Pottel L，et al. The contribution of heat storage to the profitable operation of combined heat and power plants in liberalized electricity markets［J］. Energy，2012，41（1）：75-82.